全国中等职业学校机械类专业通用教材
全国技工院校机械类专业通用教材（中级技能层级）

金属材料与热处理

（第八版）

韩志勇　主编

中国劳动社会保障出版社

简介

本书主要内容包括金属的结构与结晶、金属材料的性能、铁碳合金、非合金钢、钢的热处理、低合金钢与合金钢、铸铁、有色金属与硬质合金、国外金属材料牌号及新型工程材料简介等。

本书由韩志勇任主编，果连成任副主编，韩畅、王华江、陈兆良、李贝贝、孙杨参加编写，周华任主审。

图书在版编目（CIP）数据

金属材料与热处理 / 韩志勇主编 . -- 8版 . 北京 : 中国劳动社会保障出版社，2024. --（全国中等职业学校机械类专业通用教材）（全国技工院校机械类专业通用教材）. -- ISBN 978-7-5167-6506-7

Ⅰ. TG1

中国国家版本馆 CIP 数据核字第 20245PV884 号

中国劳动社会保障出版社出版发行

（北京市惠新东街 1 号　邮政编码：100029）

*

河北燕山印务有限公司印刷装订　　新华书店经销

787 毫米 ×1092 毫米　16 开本　13.5 印张　320 千字

2024 年 7 月第 8 版　　2024 年 7 月第 1 次印刷

定价：33.00 元

营销中心电话：400-606-6496

出版社网址：http://www.class.com.cn

http://jg.class.com.cn

前　言

为了更好地适应全国技工院校机械类专业的教学要求，全面提升教学质量，人力资源社会保障部教材办公室组织有关学校的一线教师和行业、企业专家，在充分调研企业生产和学校教学情况、广泛听取教师对教材使用反馈意见的基础上，对全国技工院校机械类专业通用教材进行了修订和补充开发。本次修订（新编）的教材包括：《机械制图（第八版）》《机械基础（第七版）》《极限配合与技术测量基础（第六版）》《金属材料与热处理（第八版）》《机械制造工艺基础（第八版）》《电工学（第七版）》《工程力学（第七版）》《数控加工基础（第五版）》《计算机制图——AutoCAD 2023》《计算机制图——CAXA 电子图板 2023》《计算机制图——中望 CAD 2023》等。

本次教材修订（新编）工作的重点主要体现在以下三个方面：

第一，更新教材内容，提升表现形式。

根据机械类专业毕业生所从事岗位的实际需要和教学实际情况的变化，合理确定学生应具备的能力与知识结构，对部分教材内容及其深度、难度做了适当调整；根据相关专业领域的最新发展，在教材中充实新知识、新技术、新设备、新材料等方面的内容，体现教材的先进性；采用最新国家技术标准，使教材更加科学和规范；在教材插图的制作中全面采用立体造型技术，并采用四色印刷，提升教材的表现力。

第二，打造新形态教材，体现时代发展。

《机械制图（第八版）》《机械基础（第七版）》《机械制图（第八版）习题册》为 AR（增强现实）教材。学生在移动终端上安装 App，扫描教材中带有 AR 图标的页面，可以对呈现的立体模型进行缩放、旋转、剖切等操作，以及观察模型的运动和拆分动画，便于更直观、细致地探究机构的内部结构和工作原理，还可以浏览相关视频、图片、文本等拓展资料。其他教材为融媒体教材。针对教材中的教学重点和难点制作了动画、视频、微课等多媒体资源，学生使用移动终端扫描二维码即可在线观看相应内容。

第三，开发配套资源，提供教学服务。

本套教材配有习题册、教学参考书、多媒体电子课件和电子教案，可以通过技工教育网（http://jg.class.com.cn）下载电子课件、电子教案等教学资源。

本次教材的修订（新编）工作得到了河北、辽宁、江苏、山东、广东、广西、陕西等省、自治区人力资源社会保障厅及有关学校的大力支持，在此我们表示诚挚的谢意。

人力资源社会保障部教材办公室

2023 年 4 月

目　录

"*"表示选学内容。

绪 论

一、金属材料的发展历程及其在现代工业中的地位

材料是指人类用于制造各种有用器件的物质，是人类生产和生活所必需的物质基础。从人类开始认识和使用材料到科技发达的现代社会，材料的发展共经历了石器时代、青铜器时代、铁器时代、水泥时代、钢铁时代、硅时代、新材料时代七个时代，如图 0–1 所示。

图 0–1 材料发展经历的七个时代

如今，材料、能源和信息已成为社会发展的三大支柱，而材料又是能源和信息发展的物质基础。现代材料种类繁多，机械工程材料按化学成分可分为金属材料和非金属材料，其中应用最广的是金属材料。金属是由单一元素构成的具有特殊光泽、延展性、导电性、导热性的物质，如金、银、铜、铁、锰、锌、铝等。而合金是由一种金属元素与其他金属元素或非金属元素通过熔炼或其他方法合成的具有金属特性的物质。金属材料是金属及其合金的总称，即指以金属元素或以金属元素为主构成的，具有金属特性的物质。

金属材料是人类较早开发利用的材料。约 4 000 年前的夏朝，我们的祖先已经能够炼铜；到殷商时期，我国的青铜冶炼和铸造技术已达到很高水平；春秋时期，我国已能对青铜冶铸技术做出规律性的总结。河南安阳出土的后母戊鼎（图 0–2）和湖北江陵楚墓出土的越王勾践剑（图 0–3）便是商周、春秋时期青铜器发展的例证。

我国早在周代就开始冶铁，比欧洲最早使用生铁早约 2 000 年。至战国晚期，中国的冶铁技术得到了很大的发展，已经利用生铁退火制造韧性铸铁并且掌握钢的冶炼技术。在热处

理技术方面，早在西汉时就有“水与火合为淬”之说，东汉时则有“清水淬其锋”等有关热处理技术的记载。明代宋应星的《天工开物》对采用预冷淬火技术制锉的记载：“以已健钢錾划成纵斜文理，划时斜向入，则文方成焰。划后浇红，退微冷，入水健。”其中“退微冷”就是预冷淬火技术。

图 0–2　后母戊鼎

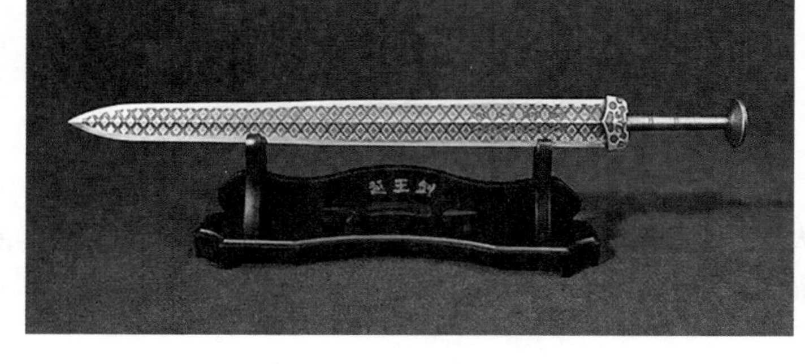

图 0–3　越王勾践剑

中华民族在金属材料的发展史上创造了辉煌的成就，但长期以来人们对金属材料及热处理的认识一直停留在工匠和艺人经验技术的水平上。直到 1863 年，光学显微镜首次应用于金属研究，诞生了金相学，使人们能够将材料的宏观性能与微观组织联系起来。1912 年 X 射线衍射技术的发明和 1932 年电子显微镜的问世，把人们带到了金属材料微观世界的更深层次（分辨力可达 10^{-7} m），电子显微镜及金属显微组织如图 0–4 所示。

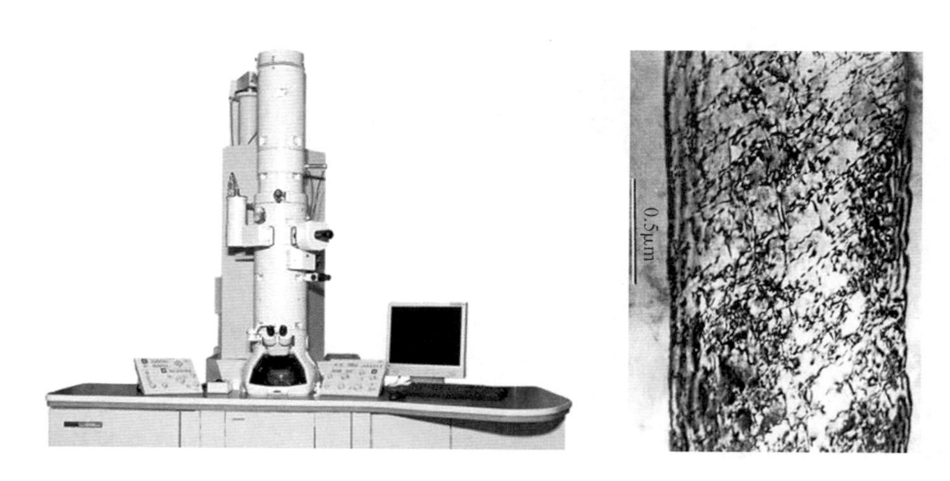

图 0–4　电子显微镜及金属显微组织

新中国成立后，传统的钢铁工业在冶炼、浇铸、加工和热处理等方面不断出现新工艺。特别是近些年来，新型的金属材料如高温合金、形状记忆合金、储氢合金、永磁合金、非晶态合金相继问世，超高强度钢、超低碳不锈钢等新的合金钢和新的有色合金也应运而生，大大扩展了金属材料的应用范围，使其成为现代化建设中工农业、国防工业及科学技术的重要物质基础，如图 0–5 所示。

图 0–5　金属材料在现代化建设中的应用

在可以预见的未来，金属材料仍将占据材料工业的主导地位，不仅因为其具有优良的力学性能和工艺性能，更为重要的是，金属材料可以通过调整化学成分、热处理或其他加工工艺使自身性能在较大范围内变化，满足工程需要。随着经济的飞速发展和科学技术的日新月异，对材料的要求将向着高强度、高刚度、高韧性、耐高温、耐腐蚀、抗辐照和多功能的方向发展。

二、学习本课程的目的

作为一名技术工人，从手中的工具到加工的零件，我们每天都要与各种各样的金属材料打交道，为了能够正确地认识和使用金属材料，合理地确定不同金属材料的加工方法，充分发挥它们的作用，我们就必须比较深入地学习有关金属材料的知识。金属材料与热处理正是这样一门研究金属材料的成分、热处理与金属材料的性能间的关系和变化规律的学科。

三、本课程的特点及学习方法

金属材料与热处理是一门从生产实践中发展起来，又直接为生产服务的专业基础课，具有很强的实践性。由于金属材料的种类繁多，其性能又千变万化，因此课程涉及的术语多、概念多，而且较抽象，学习起来有一定的难度。但只要弄清楚重要的概念和基本理论，按照材料的成分和热处理决定其性能、性能又决定其用途这一内在关系进行学习和记忆（图 0–6）；注意理论联系实际，认真完成作业和试验等教学环节，就可以学好这门课程。

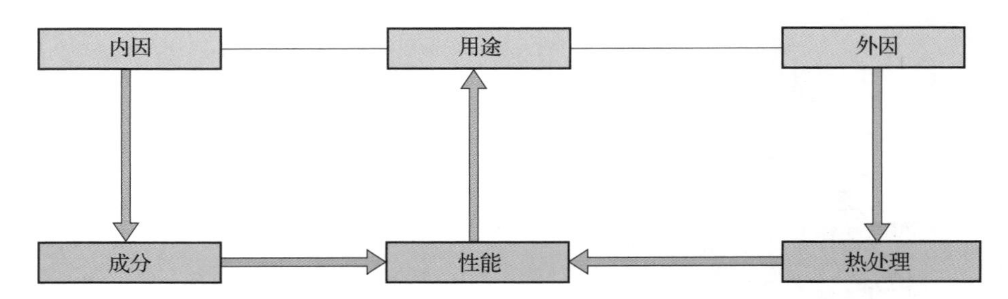

图 0–6　金属材料的成分、热处理与性能的关系

秦始皇陵铜车马

秦始皇陵铜车马结构复杂，其形体大、部件多、制作精、形象真，被称为“青铜之冠”。图片所示为秦始皇陵出土的二号铜车马，经考古专家仔细清理发现，二号铜车马总共由 3 462 个铸件组成，其中铜铸件 1 742 件，金铸件 737 件，银铸件 983 件，总质量达 1 241 kg。

铜车马制造工艺精湛，堪称伟大的奇迹。零部件基本上都是铸造成形，还使用了嵌铸、焊接、镶嵌、锉磨、抛光、錾刻等技术。它虽在地下沉睡了 2 000 多年，腐蚀深度却不超过万分之一毫米。车上各活动部分至今仍很灵活，车窗开启自如，牵引辕衡还能使车轮转动，使车辆前行。铜马的笼头由 82 节小金管和 78 节小银管连接起来，每节扁状金、银管长仅 0.8 cm，一节金管与一节银管以子母卯形式相连接，其精细和灵活程度较之现代的表链毫不逊色。更令人感到惊奇的是马脖子下悬挂的璎珞，它们全是采用一根根细如发丝的铜丝制作的，专家用放大镜反复观察，惊奇地发现铜丝表面无锻打痕迹，粗细均匀，表明其很可能是用拔丝法制成的。尤其是以铜丝组成的链环由铜丝两端对接焊成，对接面合缝严密。如此纤细的铜丝（直径 0.5 mm）到底是用什么方法制作，又采取什么样的工艺焊接，目前还是一个谜。

试想当时没有车床和现代化的冶铸设备，却能制造出如此精美且不同规格的金、银、铜构件，说明我们的祖先早在 2 000 多年前就掌握了相当成熟的金属材料及相关工艺知识。

习题

1. 什么是金属与金属材料？
2. 金属材料与热处理是一门怎样的课程？
3. 怎样才能学好金属材料与热处理这门课程？

第一章 金属的结构与结晶

1. 熟悉金属的晶体结构，了解晶体的缺陷。
2. 了解纯金属的结晶过程，掌握金属晶粒的大小对其性能的影响。
3. 掌握生产中常用细化晶粒的方法及纯铁的同素异构转变。

大家知道金刚石和石墨都是由碳元素构成的，可谓“孪生兄弟”，但二者却“性格迥异”。金刚石具有正八面体结构，不导电，但硬度极高，能做成玻璃刀；石墨具有层状的六边形结构，能导电，但硬度低。你知道二者“性格迥异”的原因吗?

§1-1 金属的晶体结构

一、晶体与非晶体

物质是由原子和分子构成的，其存在状态有气态、液态和固态。固态物质根据其结构特点不同可分为晶体与非晶体。

你能区分下列物质是晶体还是非晶体吗?

玻璃

石英

蜂蜡

食盐

晶体与非晶体的对比见表 1–1，通过定义和性能特点可以容易地区分晶体与非晶体。自然界的绝大多数物质在固态下为晶体，只有少数为非晶体。所有的金属都是晶体。

表 1–1　晶体与非晶体的对比

项目	晶体	非晶体
定义	原子呈有序、规则排列的物质	原子呈无序、无规则堆积的物质
性能特点	具有规则的几何形状 有一定的熔点，性能呈各向异性（在各方向上表现出不同的性能）	没有规则的几何形状 没有固定的熔点，性能呈各向同性（在各方向上表现出相同的性能）
典型物质	石英、云母、明矾、食盐、硫酸铜、糖、味精	玻璃、蜂蜡、松香、沥青、橡胶

小试验

取一张云母薄片，在上面涂一层很薄的石蜡，用烧热的钢针接触云母片，观察接触点周围的石蜡熔化后所成的形状，然后在玻璃片上做同样的试验。从试验中我们看到，熔化了的石蜡在云母片上呈椭圆形，而在玻璃片上呈圆形。这说明了什么？

二、金属的晶格类型

金属的晶格类型是指金属中原子排列的规律。如果把金属原子看作一个直径一定的小球，则某金属中原子的排列情况如图 1–1 所示。为了更清楚地表示金属中原子排列的规律，可将原子简化为一个质点，再用假想的线将它们连接起来，这样就形成了一个能反映原子排列规律的空间格架，称为晶格，如图 1–2a 所示。

由图可见，晶格是由许多形状、大小相同的小几何单元重复堆积而成的。我们把其中能够完整地反映晶体晶格特征的最小几何单元称为晶胞，如图 1–2b 所示。

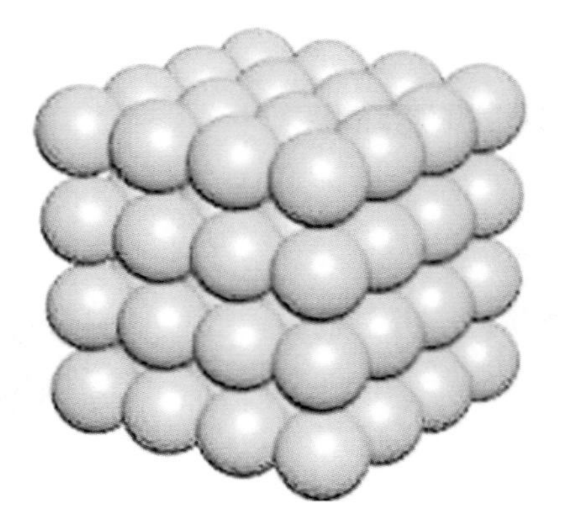

图 1-1　金属中原子的排列情况

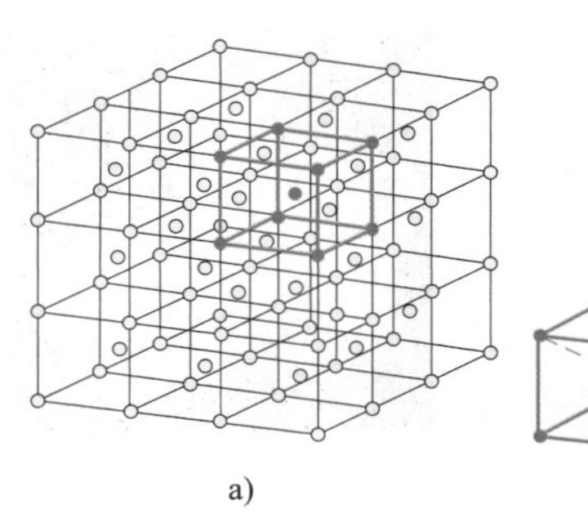

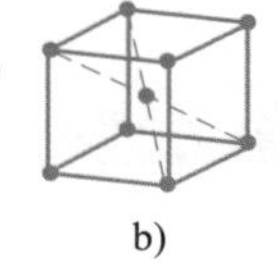

图 1-2　晶格和晶胞示意图
a）晶格　b）晶胞

晶胞是可以反映金属原子排列规律的最小单元，所以一般都是取出晶胞来研究金属的晶格结构。

在已知的 80 多种金属元素中，除少数金属具有复杂的晶体结构外，绝大多数（约占 85%）金属属于三种简单晶格类型，见表 1-2。

表 1-2　常见的三种金属晶格类型

名称	结构特点	晶胞示意图	典型金属
体心立方晶格	晶胞是一个立方体，原子位于立方体的八个顶点和立方体的中心	原子排列模型　晶胞　晶胞原子个数	钨（W）、钼（Mo）、钒（V）、铌（Nb）、钽（Ta）、铬（Cr）及 α-铁（α-Fe）等
面心立方晶格	晶胞是一个立方体，原子位于立方体的八个顶点和六个面的中心	原子排列模型　晶胞　晶胞原子个数	金（Au）、银（Ag）、铜（Cu）、铝（Al）、铅（Pb）、镍（Ni）及 γ-铁（γ-Fe）等

续表

名称	结构特点	晶胞示意图	典型金属
密排六方晶格	晶胞是一个正六棱柱，原子除排列于柱体的每个顶点和上、下两个底面的中心外，正六棱柱的中心还有三个原子	原子排列模型　晶胞　晶胞原子个数	镁（Mg）、铍（Be）、镉（Cd）、锌（Zn）等

即使是相同原子构成的晶体，只要原子排列的晶格形式不同，则它们之间的性能也会存在很大的差别，如金刚石与石墨就是典型的例子。

三、单晶体与多晶体

只由一个晶粒组成的晶体称为单晶体，如图 1–3 所示。单晶体的晶格排列方位完全一致。单晶体必须人工制作，如生产半导体元件的单晶硅、单晶锗等。单晶体在不同方向上具有不同性能的现象称为各向异性。

多晶体是由很多大小、外形和晶格排列方向均不相同的小晶体组成的，小晶体称为晶粒，晶粒间交界的地方称为晶界，如图 1–4 所示。

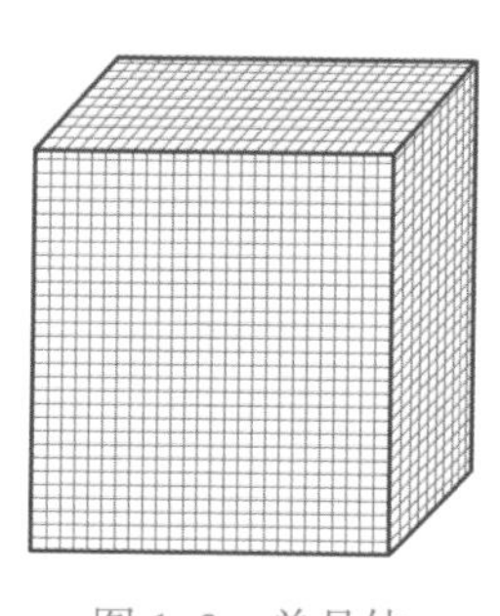

图 1–3　单晶体

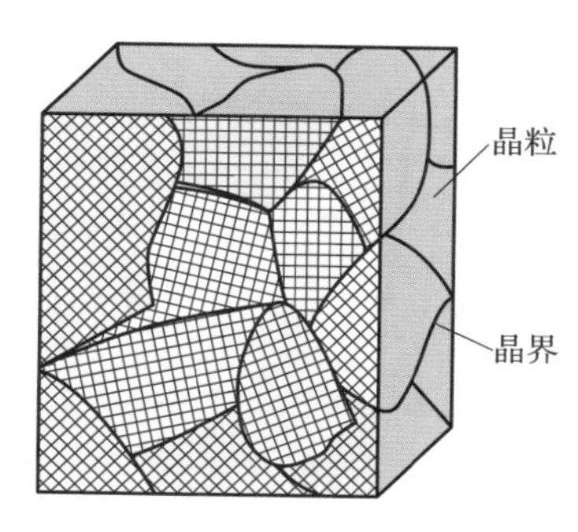

图 1–4　多晶体

普通金属材料都是多晶体，虽然每个晶粒具有各向异性，但由于各个晶粒位向不同，加上晶界的作用，这就使各晶粒的有向性互相抵消，因而整个多晶体呈现出无向性，即各向同性。

四、晶体的缺陷

实际上由于各种原因，金属原子的规律排列受到干扰和破坏，使晶体中的某些原子偏离正常位置，我们把这种晶体中原子紊乱排列的现象称为晶体缺陷。晶体缺陷对金属材料的许多性能都有很大的影响，特别是在金属的塑性变形及热处理过程中起着重要作用。常见的晶体缺陷及影响见表 1–3。

表 1–3　　常见的晶体缺陷及影响

<table>
<tr><th>类型</th><th>名称</th><th>缺陷示意图</th><th>说明</th><th>对性能的影响[①]</th></tr>
<tr><td rowspan="3">点缺陷</td><td>间隙原子</td><td rowspan="3">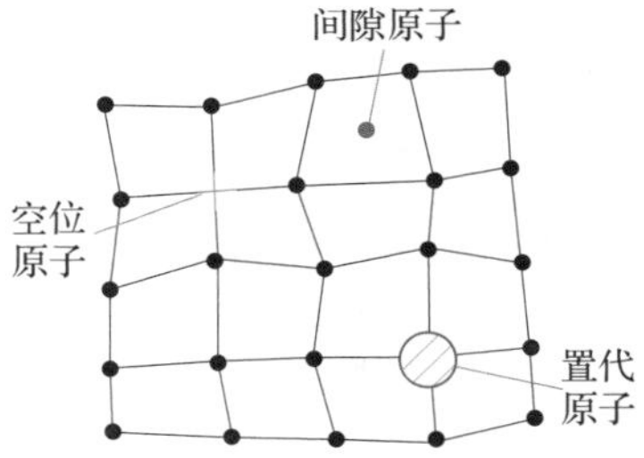</td><td rowspan="3">点缺陷是指晶体在三维方向上尺寸很小，不超过几个原子直径的缺陷。常见的点缺陷有间隙原子、空位原子和置代原子</td><td rowspan="3">在宏观上，使材料的强度、硬度和电阻增加，同时使处于缺陷处的原子易于移动</td></tr>
<tr><td>空位原子</td></tr>
<tr><td>置代原子</td></tr>
<tr><td>线缺陷</td><td>刃位错</td><td>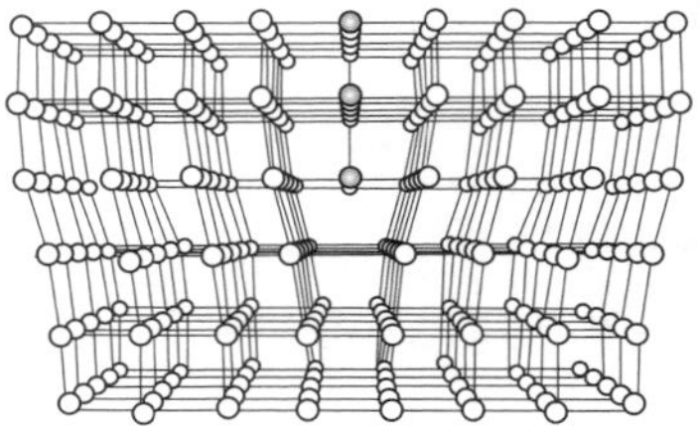
刃位错</td><td>线缺陷是指晶体某一平面中呈线状分布的缺陷，它的具体形式为位错。最常见的位错为刃位错</td><td>在位错周围，由于错排晶格产生较严重的畸变，所以内应力较大。位错很容易在晶体中移动，位错的存在在宏观上表现为使金属材料的塑性变形更加容易</td></tr>
<tr><td rowspan="2">面缺陷</td><td>晶界</td><td>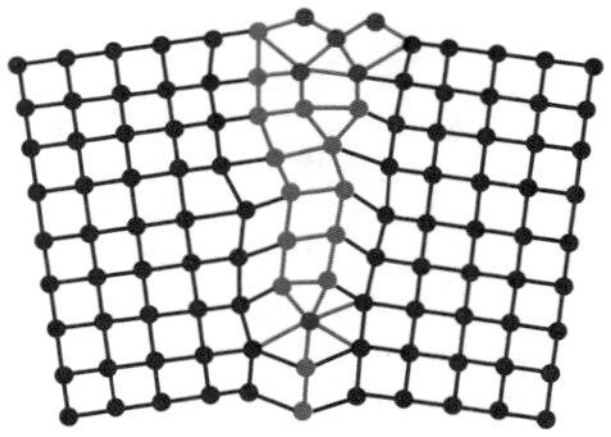</td><td rowspan="2">面缺陷是指在晶体的空间中分布着的较大的缺陷。常见的面缺陷有金属晶体中的晶界和亚晶界</td><td rowspan="2">晶界处的原子排列极不规则，造成晶格畸变而处于不稳定状态，高温下晶界处的原子极易扩散。而在常温下，晶界使金属的塑性变形阻力增大
在宏观上表现为晶界较晶粒内部具有更高的强度和硬度。因此，晶界越多，金属材料的力学性能越好</td></tr>
<tr><td>亚晶界</td><td>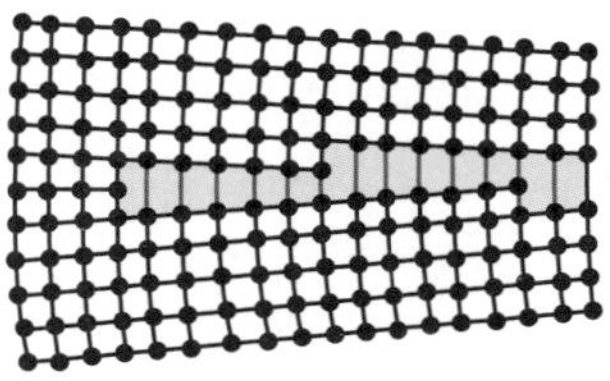</td></tr>
</table>

① 金属的性能主要包括物理性能、化学性能、工艺性能和力学性能等，这里主要指材料在受到外力作用时表现出的强度、硬度等力学性能的改变。

§1-2　纯金属的结晶

工业上使用的金属材料通常要经过液态和固态的加工过程。例如，制造机器零件的钢材，要经过冶炼、铸锭、轧制、锻造、机加工和热处理等工艺过程，图 1–5 所示为炼钢的过程。

结晶是金属从高温液体状态冷却凝固为原子有序排列的固体状态的过程。这一过程实际上是原子由一个高能量级向一个较低能量级转变的过程，所以在结晶过程中会放出一定的热量，称为结晶潜热。

*一、纯金属的结晶过程

金属的结晶必须在低于其理论结晶温度（熔点 T_0）条件下才能进行。理论结晶温度和实际结晶温度（T_1）之间存在的温度差称为过冷度（$\Delta T=T_0-T_1$），如图 1–6 所示。金属结晶时，过冷度的大小与冷却速度有关。冷却速度越快，过冷度 ΔT 越大，其实际结晶的温度就越低。

图 1–5　炼钢的过程

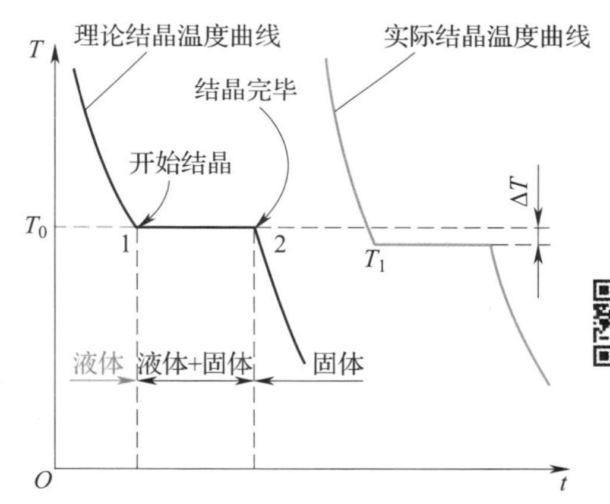

图 1–6　结晶时的冷却曲线及过冷度示意图

纯金属的结晶是在恒温下进行的。结晶结束，不再有潜热放出来补充散发的热量，温度又重新下降，直至室温。

图 1–7 所示为金属结晶过程示意图。金属的结晶过程由晶核的产生（形核）和生成枝晶（长大）两个基本过程组成，并且这两个过程是同时进行的。形核与长大的过程是一切晶体物质（包括非金属物质）进行结晶的普遍规律。例如，下雪时，刚开始落下的是小雪粒（小

“*”表示选学内容。

晶体），随着空气中的水蒸气不断地向小雪粒上凝聚，慢慢地小雪粒就变成了飘舞的雪花（树枝状晶体）。

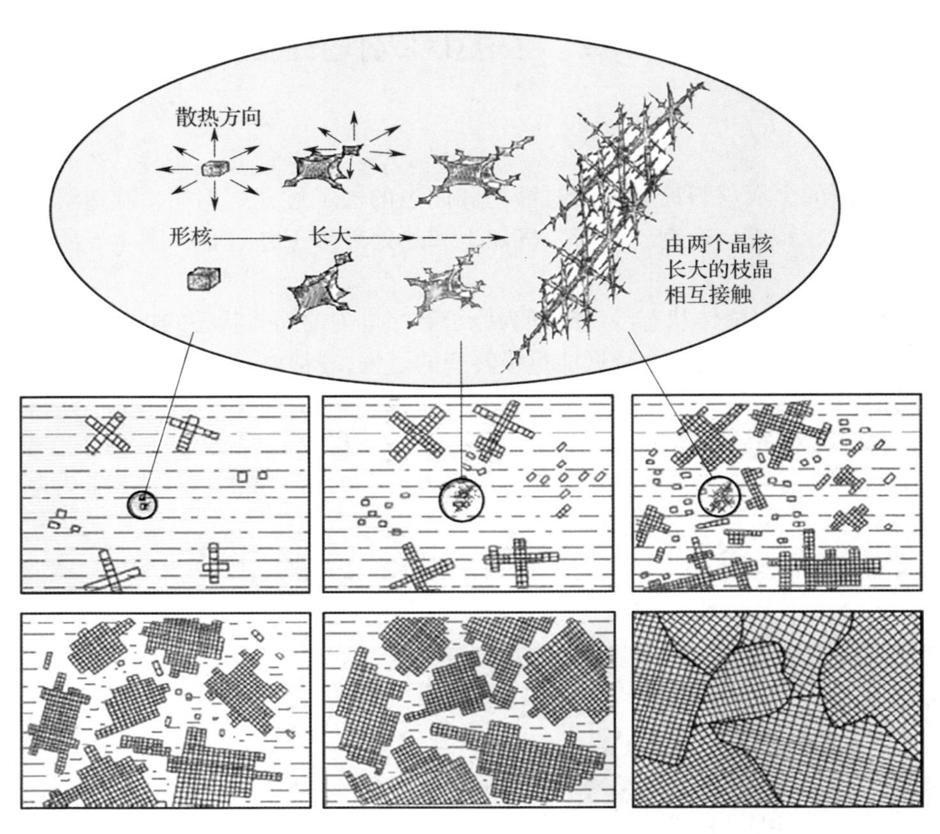

图 1–7　金属结晶过程示意图

由于树枝状晶体在金属结晶时是不透明的，所以很难看到。但在一些情况下，由于结晶时没有得到足够的原子填充，所以其形态被保存下来，比如在一些纯金属的表面、铸锭或厚大铸件的缩孔中，通常可以观察到如下图所示的结构。

玻璃上的冰花（树枝状冰晶）

镀锌铁皮表面的树枝状锌晶（放大）

二、晶粒大小对金属材料的影响

小试验

在显微镜下观察纯铁晶粒的大小、形态和晶界形式，如下图所示。

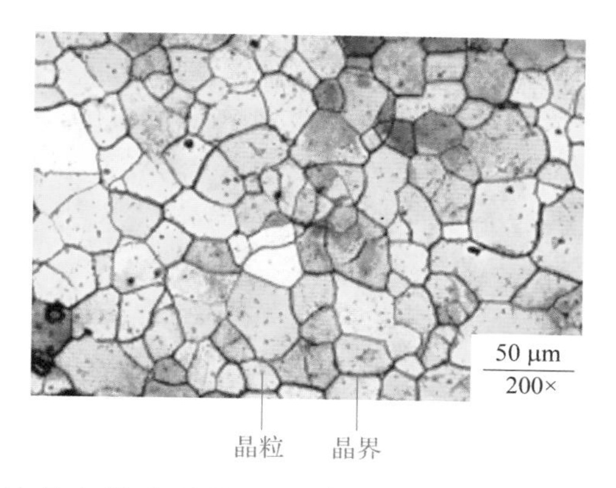

从图中可以看出，纯铁是由许多形状不规则的晶粒所组成的。显然，金属材料的晶粒越细，其晶界总面积越大，对塑性变形的抗力越大，其强度也就越高；同时由于晶粒越细，在相同体积内的晶粒数目就越多，在同样的变形条件下，变形可分散在更多的晶粒中进行，使变形量的分配更均匀，因而金属不易因变形过大而断裂，其塑性提高。

有色金属的晶粒一般都比钢铁中的晶粒大一些，有时甚至不用显微镜就能直接看见，如镀锌钢板表面的锌晶粒，其尺寸通常可达几毫米至十几毫米，用肉眼便可观察到其晶粒及晶粒表面树枝状晶体组成的花纹。

金属结晶后，一般晶粒越细，其强度和硬度越高，塑性和韧性也越好，所以控制材料的晶粒大小具有重要意义。铸造生产中总是希望得到较细晶粒的铸件，而晶粒的大小与结晶过程中晶核形成的数目及长大速率有关，其关系如图 1–8 所示，图中单位时间、单位体积所形成的晶核数（形核率）用字母 N 表示。从图中不难看出，形核率越高，长大速率（G）相对增长较慢，则结晶后的晶粒越细，因而在生产中一般通过提高形核率并控制晶粒长大速率的方法来细化晶粒。具体方法有：

1. 增加过冷度

金属结晶过程中过冷度越大，晶粒越细。薄壁铸件的晶粒较细；厚大铸件往往是粗晶，铸件外层的晶粒较细，心部则是粗晶。

2. 变质处理

生产中最常用的细化晶粒的方法是变质处理。即在浇注前向液态金属中加入一些细小的变质剂，以提高形核率。例如，在钢中加入钛、硼、铝等，在铸铁中加入硅铁、钙铁等，均能起到细化晶粒的作用。

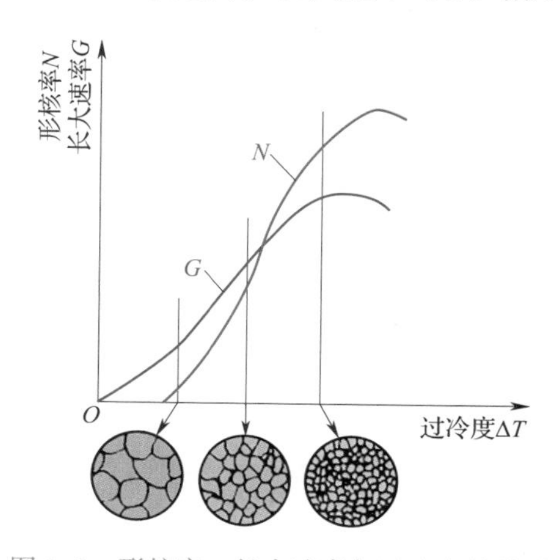

图 1–8　形核率、长大速率与过冷度的关系

3. 振动处理

金属在结晶时，对液态金属采取机械振动、超声波振动和电磁振动等措施，使生长中的枝晶破碎而细化，破碎的枝晶还可作为结晶核心，从而达到提高形核率、阻碍晶粒长大的双重目的，以细化晶粒。

此外，对于固态下晶粒粗大的金属材料，可通过热处理的方法来细化晶粒，相关内容将在热处理的有关章节中加以介绍。

三、同素异构转变

大多数金属的晶格类型都是固定不变的，但是铁、锰、锡、钛等金属的晶格类型会随温度的升高或降低而发生改变。一种固态金属，在不同的温度区间具有不同的晶格类型的性质，称为同素异构性。

在固态下，金属随温度的改变由一种晶格转变为另一种晶格的现象，称为金属的同素异构转变。

纯铁是具有同素异构性的金属，图 1–9 所示为纯铁的同素异构转变冷却曲线。由图可知，液态纯铁在 1 538 ℃进行结晶，得到具有体心立方晶格的 δ –Fe；继续冷却到 1 394 ℃时发生同素异构转变，δ –Fe 转变为面心立方晶格的 γ –Fe；再冷却到 912 ℃，γ –Fe 转变为体心立方晶格的 α –Fe；如再继续冷却到室温，晶格类型将不再发生变化。在三次转变过程中，冷却曲线在相应转变温度上都出现了等温保持，说明在转变过程中都有热量放出。

金属的同素异构转变也是一种结晶过程，它同样包含形核和长大两个过程（图 1–10），故又称为重结晶，但其过程是在固态下进行的。铁的同素异构转变是钢铁能够进行热处理的重要依据。但在同素异构转变时，新晶格的晶核优先在原来晶粒的晶界处形成，转变需

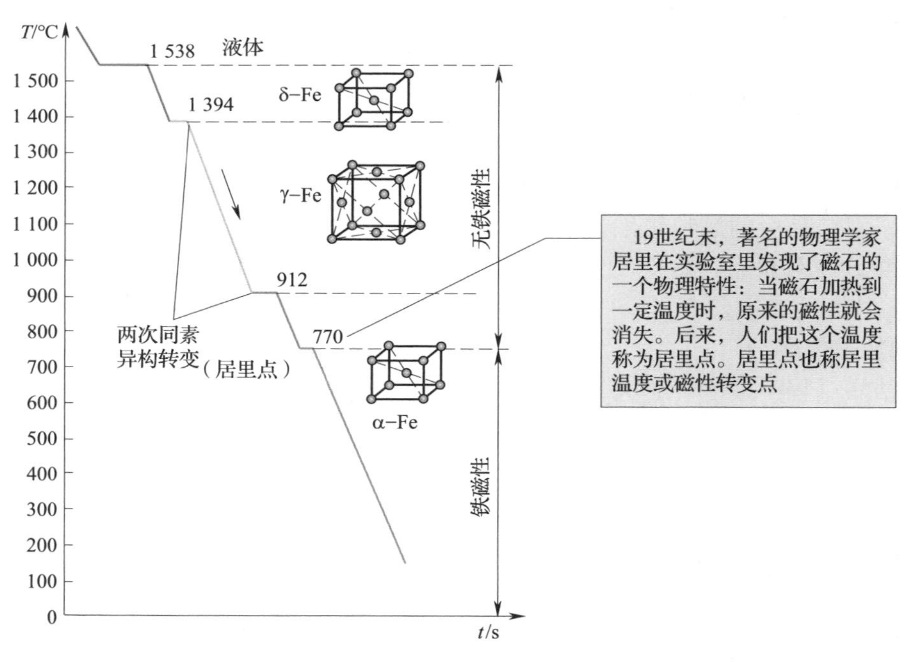

图 1–9　纯铁的同素异构转变冷却曲线

要较大的过冷度；晶格的变化会带来金属体积的变化，转变时会产生较大的内应力。例如，γ-Fe 转变为 α-Fe 时，铁的体积会膨胀约 1%，这是热处理时引起内应力导致零件变形和开裂的重要原因。

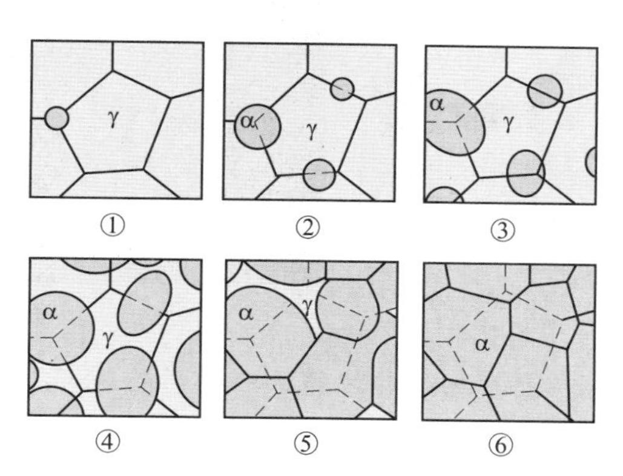

图 1-10　纯铁同素异构转变示意图

同素异构转变可使金属在固态下重组晶粒，获得所需性能。也就是说，可在不改变零件尺寸、形状的情况下，使其内部组织结构和性能发生变化。

准晶体与“准科学家”

以色列科学家丹尼尔·谢赫特曼（Daniel Shechtman）因发现准晶体而一人独享了 2011 年诺贝尔化学奖。准晶体翻开了晶体学新的一页，同时也在材料领域开拓了新的研究方向。可以说，准晶体带来了材料化学、结构化学的革命。准晶体是一种介于晶体和非晶体之间的固体结构，其中的原子是一种不重复的非周期性对称有序排列方式，这种原子的排列可描述为“完美的排列，无限但不重复”。准晶体具有独特的属性，坚硬又有弹性，非常平滑，与大多数金属不同的是，其导电、导热性很差，因此在日常生活中大有用武之地。科学家正尝试将其应用于其他产品中，如不粘锅和发光二极管等。另外，尽管其导热性很差，但因为其能将热转化为电，因此，可以用作理想的热电材料，将热量回收利用，有些科学家正在尝试用其捕捉汽车废弃的热量。目前，准晶体在材料学、生物学领域得到了广泛应用。

准晶体的发现过程很有意思。1982 年 4 月 8 日上午，谢赫特曼借助电子显微镜获得一幅晶体衍射图，即日后所确认的“准晶体”。当时，国际上大多数科学家都反对准晶体理论，但是谢赫特曼还是坚持准晶体的研究，其中反对最激烈、声望最高的是两度获得诺贝尔奖的莱纳斯·鲍林。鲍林在一场新闻发布会上说：“谢赫特曼在胡说。没有准晶体这东西，只有准科学家。”由于鲍林在国际化学界影响很大，他给谢赫特曼的“准科学家”的称谓不胫而走。

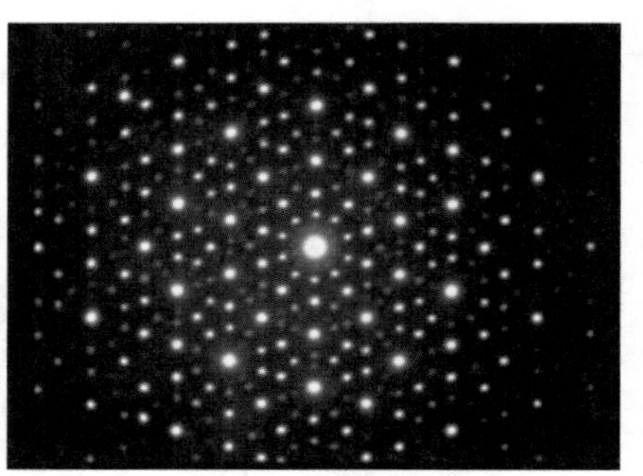

1987 年，法国和日本科学家制出足够大的准晶体，可以经由 X 射线和电子显微镜直接观察到这种晶体。至此，谢赫特曼的理论才得到科学界的认可。诺贝尔奖评选委员会在高度评价了谢赫特曼的研究的同时，也对全世界的科学家们发出了警告：“即使最伟大的科学家也会陷于传统藩篱的桎梏中，保持开放的头脑、敢于质疑现有认知是科学家最重要的品质。”

§1-3 观察结晶过程（试验）

一、试验目的

1. 通过观察透明盐类的结晶过程及组织特征，理解金属的结晶理论。
2. 通过观察铸锭表面，建立金属晶体以树枝状形态生长的直观认识。

二、试验原理

由于液态金属的结晶过程难以直接观察，而盐类也是晶体物质，其溶液的结晶过程和金属很相似，区别仅在于盐类是在室温下依靠溶剂蒸发使溶液过饱和而结晶，金属则主要依靠过冷，故完全可通过观察透明盐类溶液的结晶过程来了解金属的结晶过程。

图 1–11 所示为氯化铵溶液结晶过程。在玻璃片上滴一滴接近饱和的氯化铵或硝酸铅水溶液，随着水分的蒸发，溶液逐渐变浓而达到饱和，继而开始结晶。我们可观察到其结晶大致分为三个阶段：

第一阶段开始于液滴边缘，因为该处最薄，蒸发最快，易于形核，故产生大量晶核而先形成一圈细小的等轴晶（图 1–11a），接着形成较粗大的柱状晶（图 1–11b）。

第二阶段因液滴的饱和顺序是由外向里，故位向利于生长的等轴晶得以继续长大（图 1–11c），形成伸向中心的柱状晶（图 1–11d）。

第三阶段是在液滴中心形成杂乱的枝晶，且枝晶有许多空隙（图 1–11e）。这是因为液滴已越来越薄，蒸发较快，晶核也易形成。然而由于已无充足的溶液补充，结晶出的晶体填不满枝晶的空隙（图 1–11f），从而能观察到明显的枝晶，如图 1–12 所示。

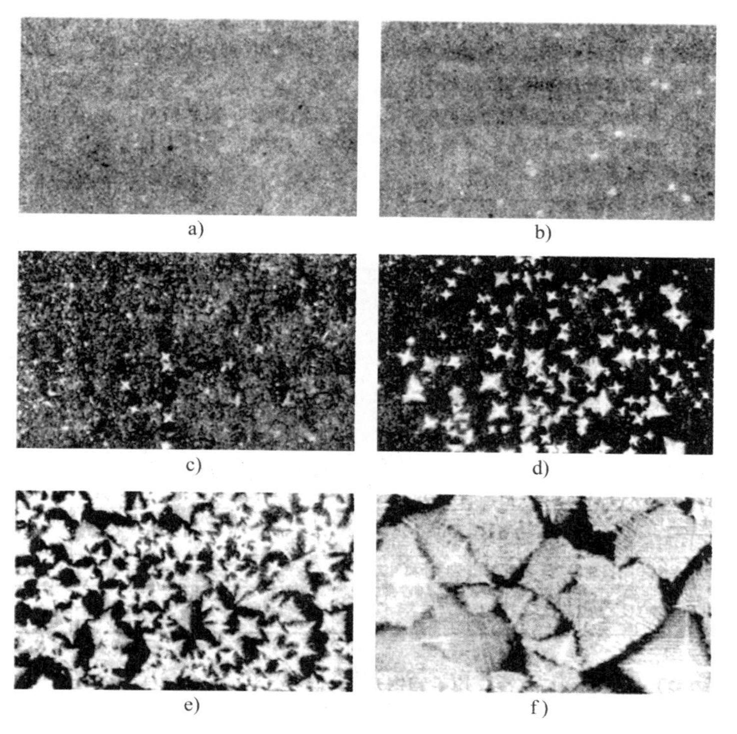

图 1–11　氯化铵溶液结晶过程

金属实际结晶时，一般均按树枝状方式长大。但若冷却速度低，液态金属的补给充分，则显示不出枝晶。因此，在纯金属铸锭内部是看不到枝晶的，只能看到外形不规则的等轴晶粒。但若冷却速度高，液态金属补给不足而在枝晶间留下空隙，就可明显地观察到枝晶。某些金属表面即能清楚地看到枝晶组织，如图 1–13 所示。若金属在结晶过程中产生了枝晶偏析（固溶体晶粒内部化学成分的不均匀现象），由于枝干和枝间成分不同，因而在其金相试样被浸蚀时，枝晶特征能显示出来。

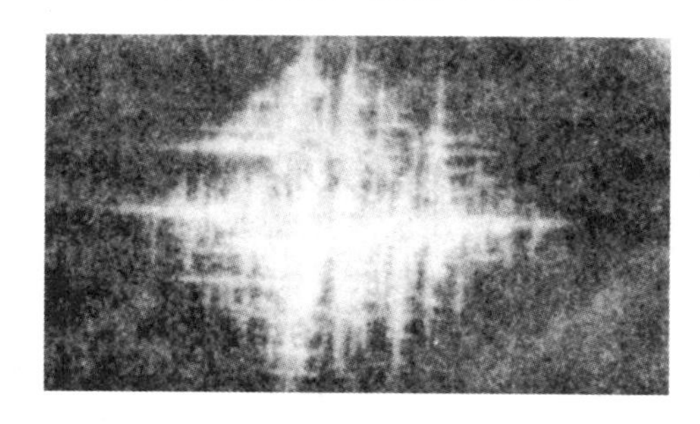

图 1–12　单个枝晶形貌

图 1–13　金属表面枝晶组织

三、试验器材

1. 生物显微镜和放大镜。
2. 接近饱和的氯化铵或硝酸铅水溶液（由试验室预先制好）。
3. 干净的玻璃片和吸管。
4. 酒精灯或电吹风。

5．有枝晶的金属铸件实物。

四、试验步骤

试验步骤见表 1–4。

表 1–4　　试验步骤

步骤	操作示例	要点说明
第一步	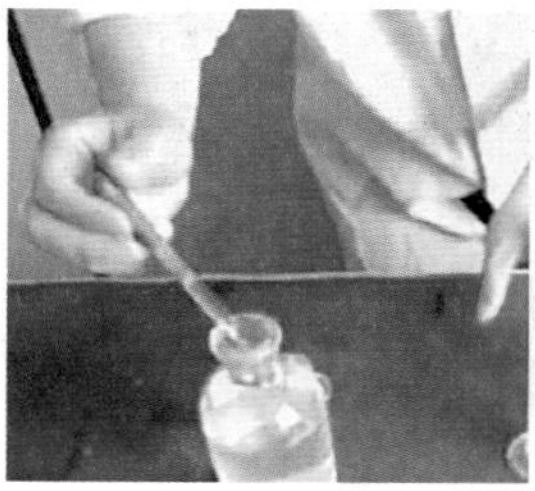 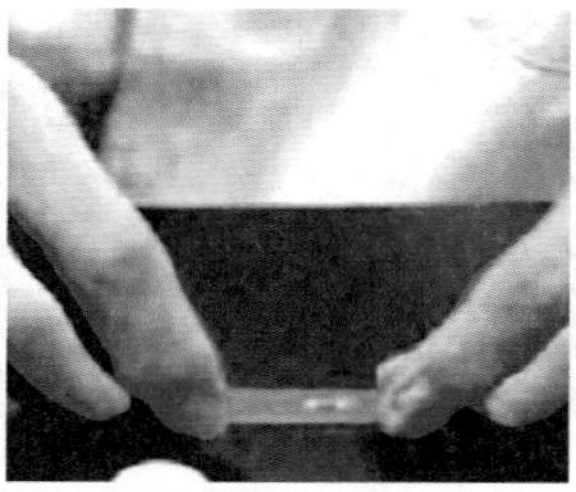	在干净玻璃片上，用吸管滴上一滴配制好的氯化铵或硝酸铅水溶液。液滴不宜太厚，否则因蒸发太慢而不易结晶
第二步	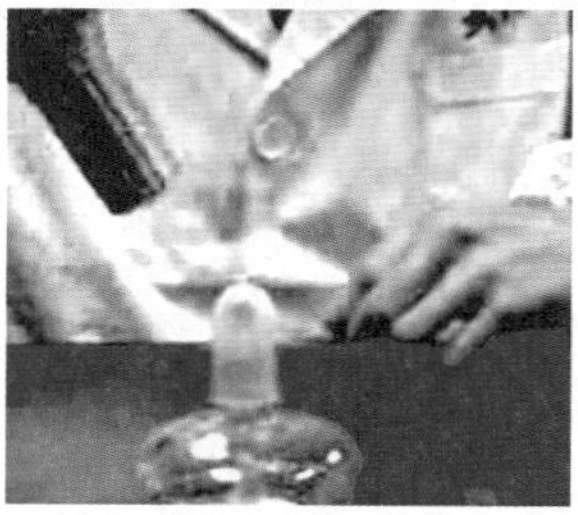	将上述滴有溶液的玻璃片放在酒精灯上烘烤，以加速水分的蒸发
第三步	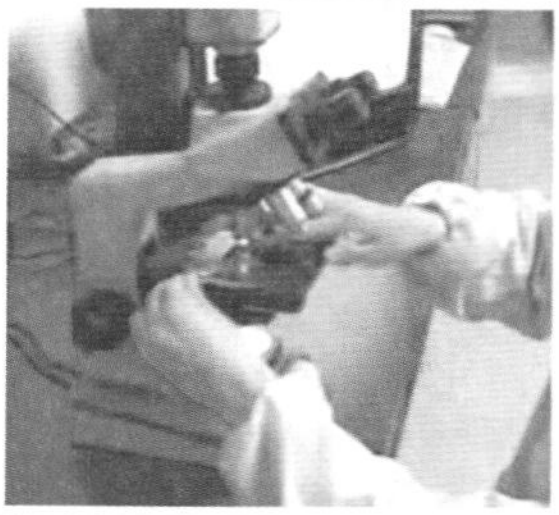 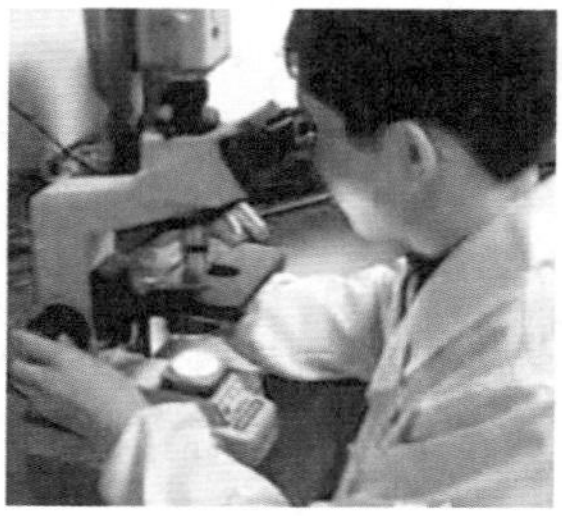	将玻璃片置于生物显微镜下，调节物镜、目镜，从液滴边缘开始观察
第四步	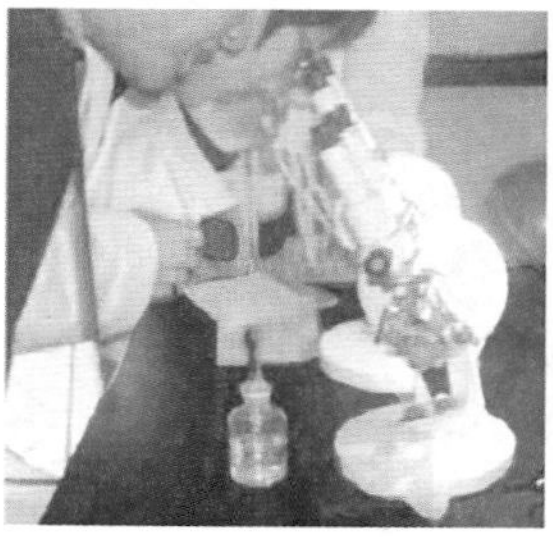 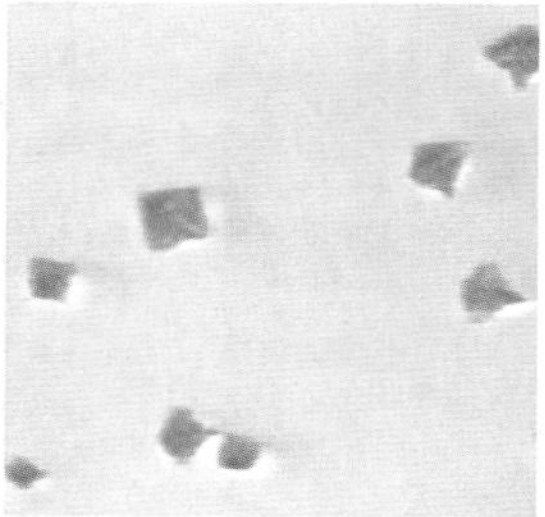  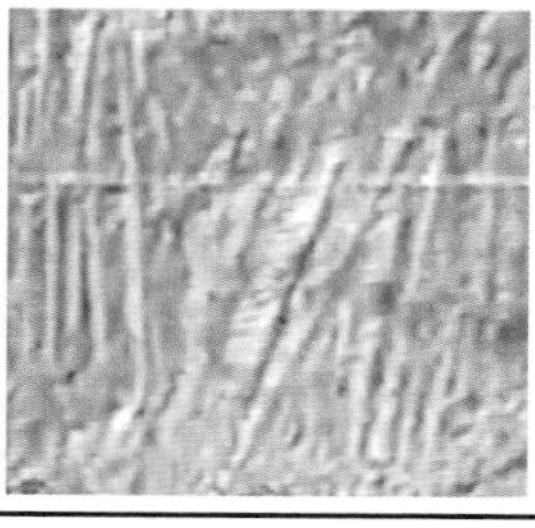	观察氯化铵或硝酸铅的结晶过程

五、注意事项

1. 溶液烘烤时间不宜过长，一般以肉眼观察到边缘稍许发白为宜。
2. 试验时应注意试样的清洁，不要让异物落入液滴内，以免影响对结晶过程的观察。
3. 应注意不能让液滴流到显微镜上，尤其不能碰到物镜，以免损坏显微镜。

六、试验报告

1. 简述试验原理。
2. 绘出所观察到的盐类溶液结晶过程示意图，并简述结晶过程（表 1–5）。

表 1–5 盐类结晶过程

阶段	结晶过程示意图	简述结晶过程
第一阶段		
第二阶段		
第三阶段		

3. 根据试验观察，简述枝晶成长过程并总结结晶规律。

习题

1. 什么是晶体和非晶体？它们在性能上有什么不同？想一想，除了金属，你在日常生活中还见过哪些晶体？
2. 什么是晶格和晶胞？金属中主要有哪三种晶格类型？它们的晶胞各有何特点？
3. 晶体在结构上有哪些缺陷？
4. 什么是结晶？结晶由哪两个基本过程组成？
5. 晶粒大小对金属材料性能有什么影响？铸件在浇注过程中是如何细化晶粒的？
6. 什么是同素异构转变？具有同素异构性的金属有哪些？
7. 金属的同素异构转变与结晶相比有哪些异同点？

第二章 金属材料的性能

1. 了解机械零件失效的形式，了解金属材料塑性变形的基本原理及冷塑性变形对金属材料性能的影响。

2. 掌握金属材料常用力学性能指标的含义、符号及工程意义。

3. 了解金属材料拉伸试验、硬度试验和冲击试验的工作原理。

4. 了解金属材料的物理性能、化学性能、工艺性能及其相关影响因素。

金属材料的性能是零件设计中选材的主要依据，也是技术工人在加工过程中合理选择加工方法、正确刃磨刀具、合理选择切削用量的重要依据。金属材料的性能包括使用性能和工艺性能。使用性能是金属材料在使用条件下表现出来的性能，包括物理性能、化学性能和力学性能；工艺性能是金属材料在制造过程中适应加工的性能。你知道金属材料的这些性能指标包括哪些内容吗？如何衡量、评价这些指标？

§2-1 金属材料的损坏与塑性变形

在生产中，许多零件在使用过程中会发生损坏，严重影响生产，甚至造成人身事故。机械零件常见的损坏形式有变形、断裂及磨损等，见表 2-1。

塑性变形也有有益的一面，可以作为零件成形和强化的重要手段。工业上使用的许多金属产品一般都是先浇注成铸锭后，再经过压力加工制成的，如图 2-1 所示。压力加工的目的不仅在于使产品成形，更重要的是改善其组织和性能。

表 2–1　机械零件常见的损坏形式

分类	图示	说明
变形	螺栓弯曲	零件在外力作用下形状和尺寸所发生的变化称为变形 变形分为弹性变形和塑性变形。弹性变形是外力消除后能够恢复的变形；塑性变形是外力消除后无法恢复的永久性变形。造成零件损坏的变形通常是塑性变形
断裂	螺栓折断	零件在外力作用下发生开裂或折断的现象，称为断裂
磨损	螺纹前端磨损	因摩擦而使零件尺寸、表面形状和表面质量发生变化的现象，称为磨损

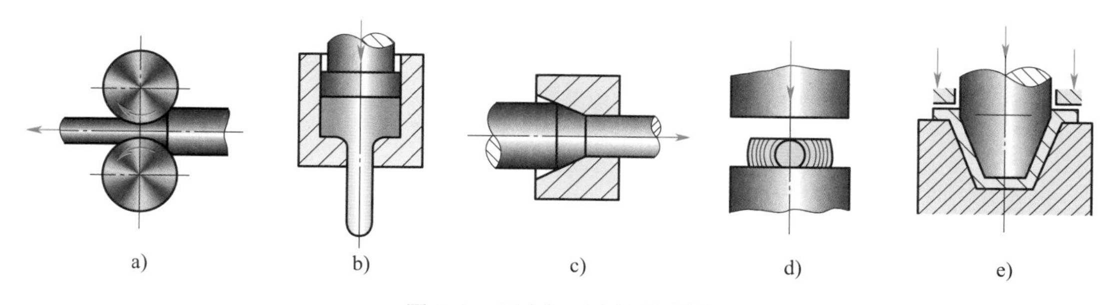

图 2–1　压力加工方法示意图

a）轧制　b）挤压　c）冷拔　d）锻压　e）冷冲压

了解金属变形的规律对理解金属材料力学性能指标的物理意义，以及在生产中针对不同金属材料选择合理的强化手段，具有非常重要的意义。

一、与变形相关的概念

1. 载荷

金属材料的变形通常是在外力作用下发生的，金属材料在加工及使用过程中所受的外力称为载荷。根据载荷作用性质的不同，载荷可分为静载荷、冲击载荷和交变载荷三种。

（1）静载荷　指大小不变或变化过程缓慢的载荷。

（2）冲击载荷　指在短时间内以较高速度作用于零件上的载荷。

（3）交变载荷　指大小、方向或大小和方向随时间发生周期性变化的载荷。

根据载荷作用形式不同，载荷又可分为拉伸载荷、压缩载荷、弯曲载荷、剪切载荷和扭转载荷等，如图 2–2 所示。

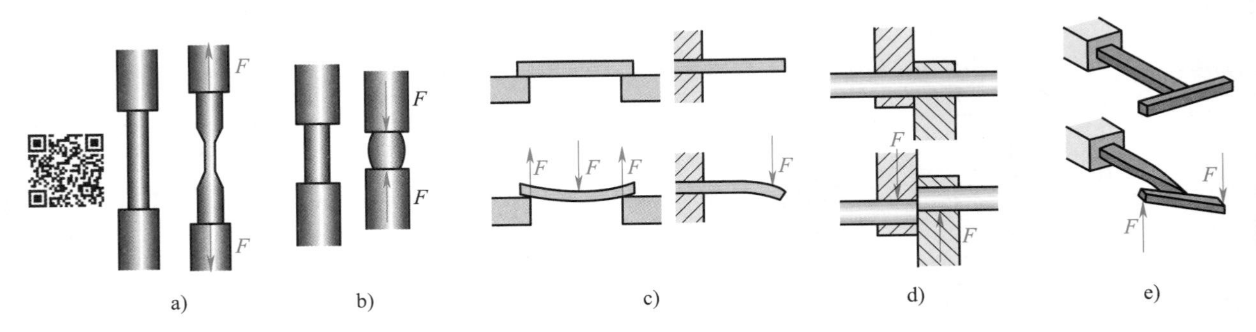

图 2–2　载荷的作用形式

a）拉伸载荷　b）压缩载荷　c）弯曲载荷　d）剪切载荷　e）扭转载荷

2. 内力

工件或材料在受到外部载荷作用时，为使其不变形，在材料内部产生的一种与外力相对抗的力，称为内力。这种内力的大小与外力相等，并作用于材料内部（注意：外力和内力有别于作用力与反作用力）。

3. 应力

同样材料、不同直径的螺栓在相同拉力作用下，细的可能被拉断，粗的则可能不会被拉断。因此，金属材料的力学性能只凭外力的大小是无法判定的。为此，假设作用在零件横截面上的内力大小是均匀分布的情况下，采用横截面单位面积上的内力——应力来加以判定。材料受拉伸或压缩载荷作用时，其应力按下式计算：

$$R=\frac{F}{S}$$

式中　R——应力，Pa，1 Pa=1 N/m^2，当面积以 mm^2 为单位时，则应力可以 MPa 为单位，1 MPa=1 N/mm^2=10^6 Pa；

F——外力，N；

S——横截面面积，m^2。

二、金属的变形

对一个铝制的空易拉罐作用很小的力，当外力去除后，微微凹陷的罐体表面能反弹回到原来的位置。

当作用力加大时，罐体被压扁，产生永久的不能恢复的变形。

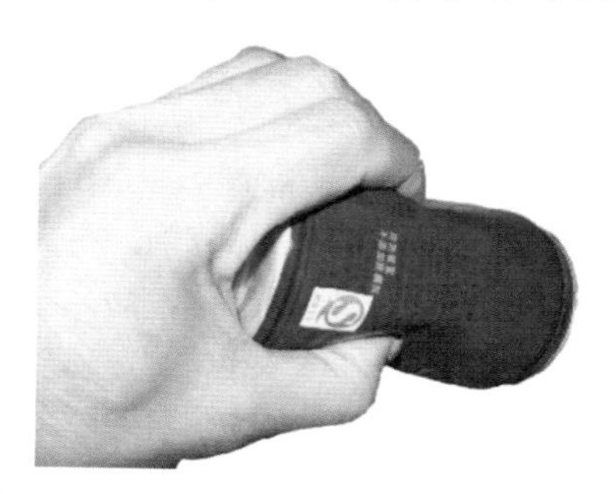

金属在外部载荷作用下，首先发生弹性变形；载荷增加到一定值后，除了发生弹性变形外，还发生塑性变形，即弹 - 塑性变形；继续增加载荷，塑性变形也将逐渐增大，直至金属发生断裂。即金属在外力作用下的变形可分为弹性变形、弹 - 塑性变形和断裂三个连续的阶段。

弹性变形时，当外力消除后变形消失，金属恢复到原来的形状，因此，金属发生弹性变形后的组织和性能将不发生变化。

滑　　移

滑移是借助位错的移动来实现的，位错的原子面受到前后两边原子的排斥，处于不稳定的平衡位置。只需加上很小的力就能打破平衡，使位错前进一个原子间距。在切应力作用下，位错继续移动到晶体表面，就形成了一个原子间距的滑移量，如下图所示。大量位错移出晶体表面，就产生了宏观的塑性变形。

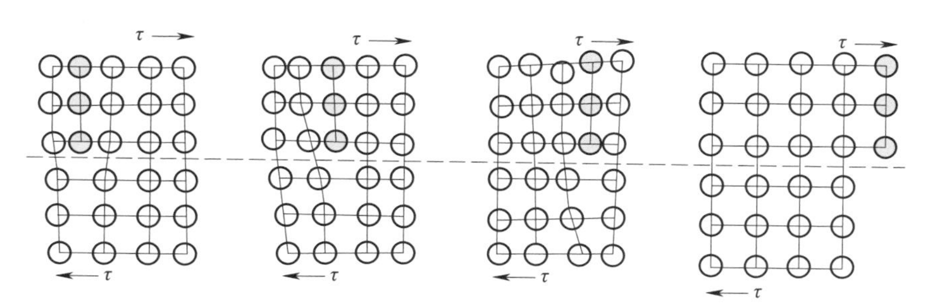

塑性变形后金属的组织和性能发生变化。金属材料都是多晶体，各相邻晶粒的位向不同，并且各晶粒之间由晶界相连接。因此，金属的塑性变形受到下列因素的影响：

1. 晶粒位向的影响

多晶体中各个晶粒的位向不同，在外力作用下，当处于有利于滑移位置的晶粒要进行滑移时，必然受到周围位向不同的其他晶粒的约束，使滑移的阻力增加，从而提高了塑性变形的抗力。同时，多晶体各晶粒在塑性变形时受到周围位向不同的晶粒与晶界的影响，使多晶体的塑性变形呈逐步扩展和不均匀的形式，产生内应力。

2. 晶界的作用

晶界处原子排列比较紊乱，阻碍位错的移动，因而阻碍了滑移。很显然，晶界越多，则晶体的塑性变形抗力越大。

3. 晶粒大小的影响

在一定体积的晶体内，晶粒的数目越多，晶界就越多，晶粒就越细，并且不同位向的晶粒也越多，因而塑性变形抗力也越大。细晶粒的多晶体不仅强度较高，而且塑性和韧性也较好，故生产中总是尽可能地细化晶粒。

三、金属材料的冷塑性变形与加工硬化

金属材料发生冷塑性变形，在外形变化的同时，晶粒的形状也会发生变化。通常晶粒会沿变形方向压扁或拉长，如图 2–3 所示。冷塑性变形除了使晶粒的外形发生变化外，还会使晶粒内部的位错密度增加，晶格畸变加剧，从而使金属随着变形量的增加，其强度、硬度提高，而塑性、韧性下降，这种现象称为形变强化或加工硬化。

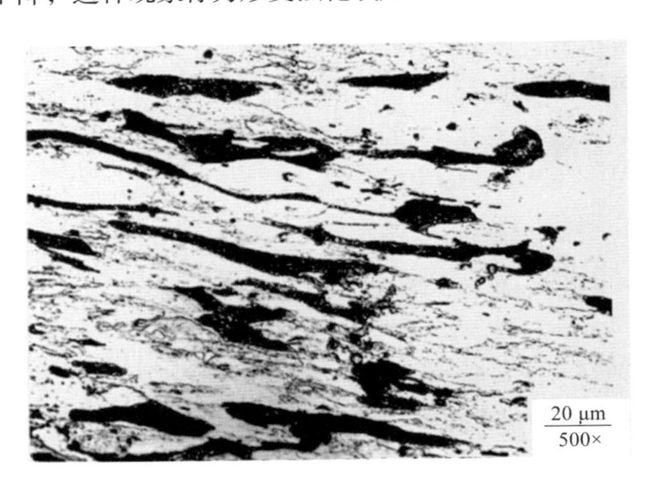

图 2–3　塑性变形后的金属组织

日常生活中的许多金属结构件，都是通过形变强化来提高性能的，如汽车、洗衣机、电冰箱的外壳等，在通过冷冲压成形的同时也提高了其强度、安全性和使用寿命。

  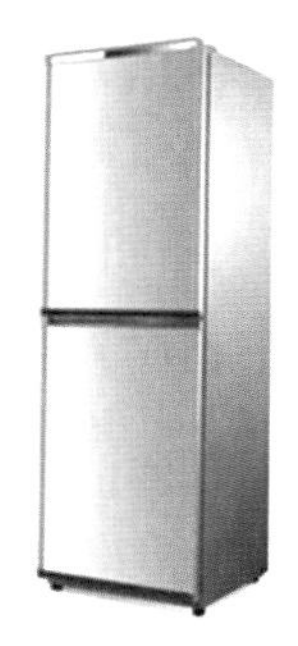

形变强化是一种重要的金属强化手段，对那些不能用热处理强化的金属尤为重要。此外，它还可使金属具有偶然抗超载的能力。塑性较好的金属材料在发生变形后，由于形变强化的作用，必须承受更大的外部载荷才会发生破坏，这在一定程度上提高了金属构件在使用中的安全性。如压力容器的罐底总是做成向内凸起的形状，其目的就是当内部压力过大时，可在罐底先产生塑性变形而不致突然破裂。

但另一方面，金属发生加工硬化也会给金属的切削加工或进一步的变形加工带来困难。为了改善发生加工硬化金属的加工条件，生产中必须进行中间热处理，以消除加工硬化带来的不利影响。如变形量较大的冷拉成形容器，在加工过程中要通过多次拉伸、再结晶退火和再拉伸，就是为了避免塑性变形过程中的加工硬化而造成的开裂。

塑性变形除了影响金属材料的力学性能外，还会使其物理性能和化学性能发生变化，如电阻增加、化学活性增大、耐腐蚀性降低等。

§2-2 金属材料的力学性能

机械零件或工具在使用过程中往往要受到各种形式外力的作用。如起重机上的钢索受到悬吊物拉力的作用；柴油机上的连杆在传递动力时，不仅受到拉力的作用，还受到冲击力的作用；轴类零件要受到弯矩、扭力的作用等。这就要求金属材料必须具有一种承受机械载荷而不超过许可变形及不被破坏的能力，这种能力就是材料的力学性能。金属材料表现出来的强度、塑性、硬度、冲击韧性、疲劳强度等特性，就是金属材料在外力作用下表现出的力学性能指标。

一、强度

金属在静载荷作用下抵抗塑性变形或断裂的能力称为强度。强度的大小用应力表示。

根据载荷的作用方式不同，强度可分为抗拉强度、抗压强度、抗剪强度、抗扭强度和抗弯强度。通常以抗拉强度代表材料的强度指标。

抗拉强度是通过拉伸试验测定的。它利用拉伸试验机（图 2–4）产生的静拉力，对标准试样进行轴向拉伸，同时连续测量变化的载荷及对应的试样伸长量，直至断裂，并根据测得的数据计算出有关的力学性能指标。

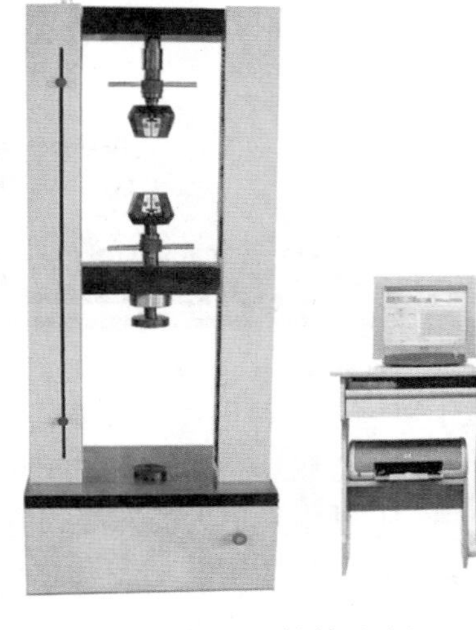

图 2–4　拉伸试验机

1. 拉伸试样

拉伸试样的截面可以为圆形、矩形、多边形等，在国家标准（GB/T 228.1—2021）中规定了试样的形状、尺寸及加工要求等。

图 2–5 所示为圆形拉伸试样。图中，L_o 为原始标距，d_o 为试样平行长度的原始直径。标准拉伸试样两者的比例系数 k=5.65（$L_o=k\sqrt{S_o}$），即 $L_o \approx 5d_o$；当以此比例系数决定的原始标距 L_o 小于 15 mm 时，应优先选用 k=11.3 的拉伸试样（$L_o \approx 10d_o$）。

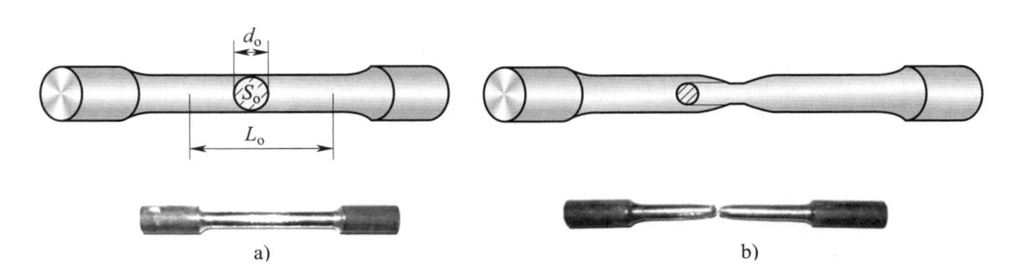

图 2–5　圆形拉伸试样

a）拉伸前　b）拉伸后

2. 力 – 伸长曲线

拉伸试验中，依据拉力 F 与伸长量 ΔL 之间的关系在直角坐标系中绘出的曲线，称为力 – 伸长曲线。拉伸过程可分为弹性变形阶段、屈服阶段、强化阶段和颈缩阶段，低碳钢的力 – 伸长曲线如图 2–6 所示。

3. 强度指标

（1）屈服强度　屈服强度是当金属材料呈现屈服现象时，材料发生塑性变形而力不增加的应力点。屈服强度分为上屈服强度 R_{eH} 和下屈服强度 R_{eL}。在金属材料中，一般用下屈服强度代表其屈服强度。

$$R_{eL}=\frac{F_{eL}}{S_o}$$

式中　R_{eL}——试样的下屈服强度，MPa；

F_{eL}——试样屈服时的最小载荷，N；

S_o——试样原始横截面面积，mm^2。

除低碳钢、中碳钢及少数合金钢有屈服现象外，大多数金属材料没有明显的屈服现象。因此，这些材料规定用塑性延伸率为 0.2% 时的应力作为屈服强度，可以替代 R_{eL}，称为规定塑性延伸强度，计为 $R_{p0.2}$。

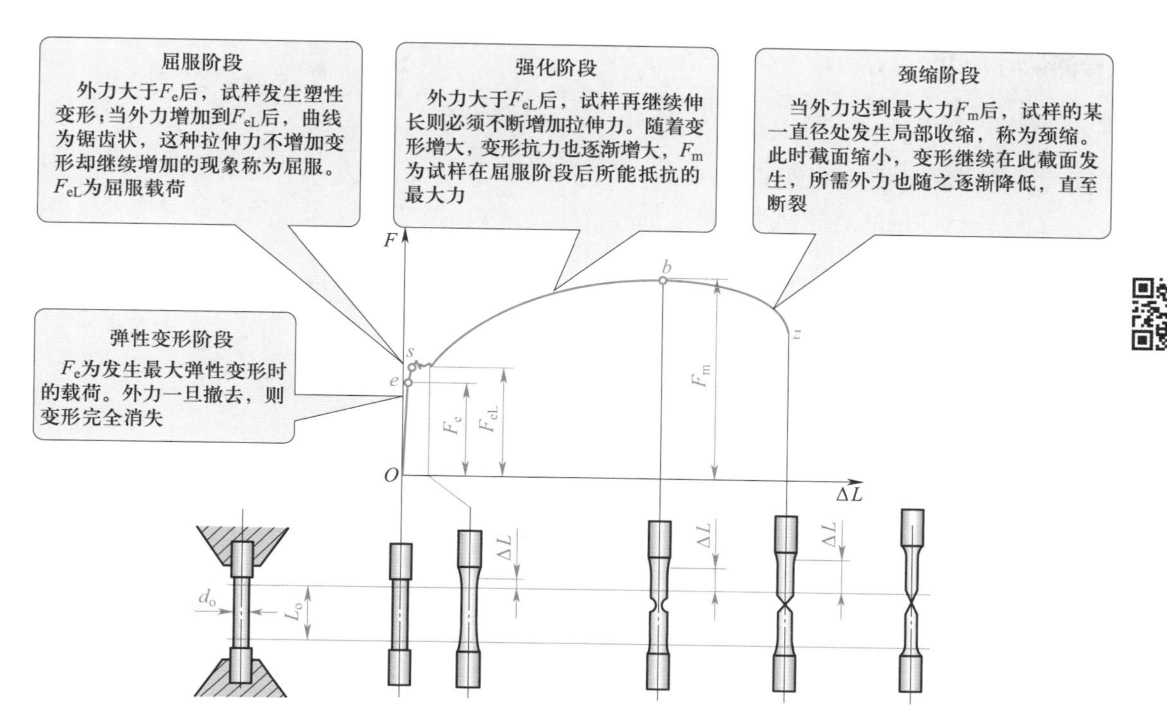

图 2-6　低碳钢的力－伸长曲线

屈服强度是工程技术中最重要的力学性能指标之一，设计零件时常以 R_{eL} 或 $R_{p0.2}$ 作为选用金属材料的依据。

（2）抗拉强度 R_m　材料在断裂前所能承受的最大力的应力称为抗拉强度。

$$R_m=\frac{F_m}{S_o}$$

式中　R_m——抗拉强度，MPa；

F_m——试样在屈服阶段后所能抵抗的最大力（无明显屈服的材料为试验期间的最大力），N；

S_o——试样原始横截面面积，mm^2。

材料的 R_{eL}、R_m 可在材料手册中查得。一般零件都是在弹性变形状态下工作，不允许有微小的塑性变形，更不允许工作应力大于 R_m。R_m 数据较准确和方便，也可作为零件设计和选材的依据。

二、塑性

材料受力后在断裂之前产生塑性变形的能力称为塑性。

1. 断后伸长率 A

断后伸长率是试样拉断后，标距的伸长量与原始标距之比的百分率。若改用 k=11.3 的试样测试时，用 $A_{11.3}$ 表示。

$$A=\frac{L_u-L_o}{L_o}\times 100\%$$

式中 L_o——试样原始的标距长度，mm；

L_u——试样拉断后的标距长度，mm。

2. 断面收缩率 Z

断面收缩率是试样拉断后，颈缩处面积变化量与原始横截面面积之比的百分率。

$$Z=\frac{S_o-S_u}{S_o}\times 100\%$$

式中 S_o——试样原始的横截面面积，mm^2；

S_u——试样拉断后颈缩处的横截面面积，mm^2。

例 有一直径 d_o=10 mm，标距 L_o=100 mm 的低碳钢试样，拉伸试验时测得 F_{eL}=21 kN，F_m=29 kN，试样拉断后颈缩处横截面直径 d_u=5.65 mm，试样拉断后的标距 L_u=138 mm。求此试样的 R_{eL}、R_m、$A_{11.3}$、Z。

解

（1）计算 S_o、S_u：

$$S_o=\frac{\pi d^2}{4}\approx\frac{3.14\times 10^2}{4}\ mm^2=78.5\ mm^2$$

$$S_u=\frac{\pi d_u^2}{4}\approx\frac{3.14\times 5.65^2}{4}\ mm^2\approx 25.1\ mm^2$$

（2）计算 R_{eL}、R_m：

$$R_{eL}=\frac{F_{eL}}{S_o}=\frac{21\ 000}{78.5}\ MPa\approx 267.5\ MPa$$

$$R_m=\frac{F_m}{S_o}=\frac{29\ 000}{78.5}\ MPa\approx 369.4\ MPa$$

（3）计算 $A_{11.3}$、Z：

$$A_{11.3}=\frac{L_u-L_o}{L_o}\times 100\%=\frac{138\ mm-100\ mm}{100\ mm}\times 100\%=38\%$$

$$Z=\frac{S_o-S_u}{S_o}\times 100\%\approx\frac{78.5\ mm^2-25.1\ mm^2}{78.5\ mm^2}\times 100\%\approx 68\%$$

金属材料的断后伸长率和断面收缩率越高，其塑性越好。塑性好的材料，易于变形加工，而且在受力过大时，首先发生塑性变形而不致突然断裂，因此比较安全。

三、硬度

在钢板和铝板之间放一个滚珠，然后在台虎钳上夹紧。在夹紧力的作用下，两块板料的表面会留下不同直径和深度的浅坑压痕。你能根据压痕来判断出钢板、铝板、滚珠谁硬谁软吗？

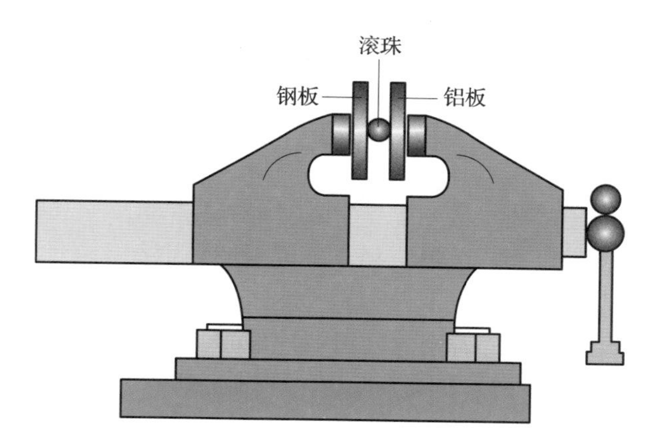

材料抵抗局部变形，特别是塑性变形、压痕或划痕的能力称为硬度。它是衡量材料软硬程度的指标。硬度越高，材料的耐磨性越好。机械加工中所用的刀具、量具、模具以及大多数机械零件都应具备足够的硬度，以保证使用性能和寿命，否则容易因磨损而失效。因此，硬度是金属材料的一项重要力学性能。通常，硬度是通过在专用的硬度计上试验测得的，如图 2-7 所示。常用的硬度试验法有布氏硬度试验法、洛氏硬度试验法和维氏硬度试验法。

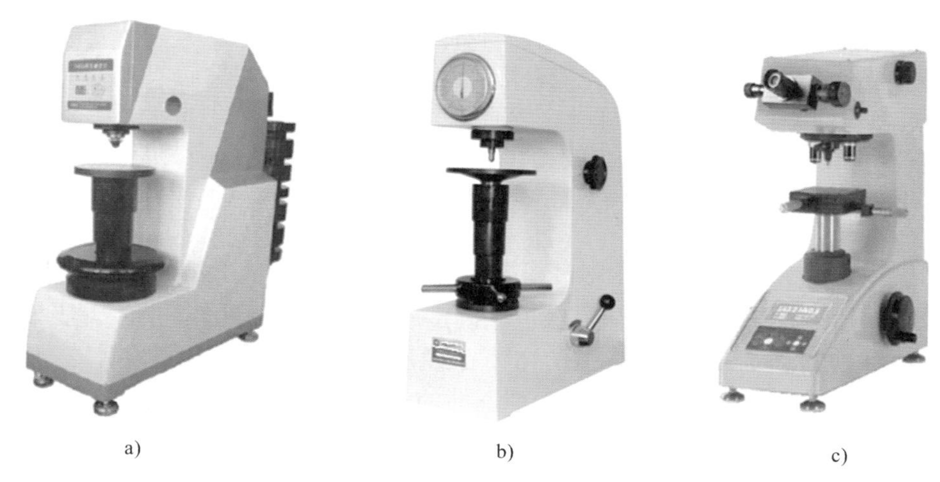

a)　　b)　　c)

图 2-7　硬度计

a）布氏硬度计　b）洛氏硬度计　c）维氏硬度计

1. 布氏硬度

（1）布氏硬度的测试原理（GB/T 231.1—2018）　使用一定直径的硬质合金球体，以规定试验力压入试样表面，并保持规定时间后卸除试验力，然后通过测量表面压痕直径来计算硬度，如图 2-8 所示。

布氏硬度值用球面压痕单位面积上所承受的平均压力来表示，所以布氏硬度是有单位的，其单位为 MPa，但一般不标出，用符号 HBW 表示，即：

$$\text{HBW}=\frac{F}{S}=0.102\times\frac{2F}{\pi D\left(D-\sqrt{D^2-d^2}\right)}$$

式中　S——球面压痕表面积，mm^2；

F——试验力，N；

D——压头直径，mm；

d——压痕平均直径，mm。

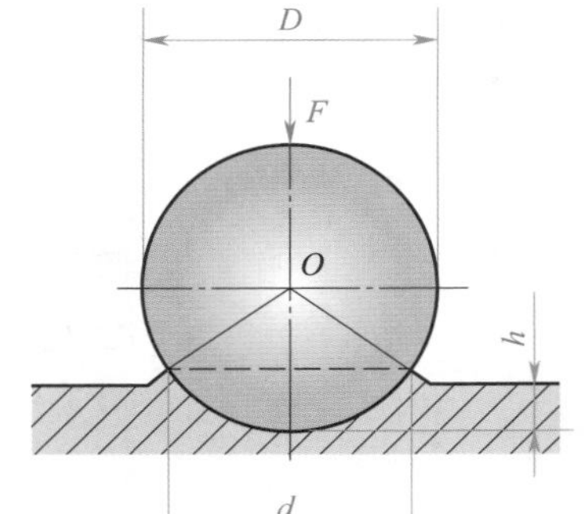

图 2–8　布氏硬度的测试原理

在实际应用中，布氏硬度值一般不需要计算，而是用专用的刻度放大镜量出压痕直径，再从压痕直径与硬度对照表中查出相应的布氏硬度值，详见附录Ⅰ。

（2）布氏硬度的表示方法　布氏硬度用硬度值、硬度符号、压头直径、试验力及保持时间表示。当保持时间为 10 ~ 15 s 时可不标。

例如，170HBW10/1000/30 表示用直径为 10 mm 的压头，在 9 807 N（1 000 kgf）试验力作用下，保持 30 s 时测得的布氏硬度值为 170；又如 600HBW1/30/20 表示用直径为 1 mm 的压头，在 294.2 N（30 kgf）试验力作用下，保持 20 s 时测得的布氏硬度值为 600。

进行布氏硬度试验时，应根据被测材料的种类、厚度及硬度值范围选择试验力、压头直径和保持时间。

（3）布氏硬度的应用范围及优缺点　布氏硬度主要用于测定铸铁、有色金属以及退火、正火、调质处理后的各种软钢等硬度较低的材料。

布氏硬度试验的压痕直径较大，能较准确地反映材料的平均性能。由于强度和硬度间有一定的近似比例关系（参见附录Ⅱ），因而在生产中较为常用。但由于测压痕直径费时费力，而且不适于测高硬度材料，压痕较大，所以只适宜对毛坯和半成品进行测试，而不宜对成品及薄壁零件进行测试。

2. 洛氏硬度

（1）洛氏硬度的测试原理（GB/T 230.1—2018）　洛氏硬度试验是目前应用范围最广的硬度试验方法。它是直接测量压痕深度来确定硬度值的，如图 2–9 所示，压头是 120° 金刚石圆锥体或直径为 1.587 5 mm（1/16″）的硬质合金球。同一台硬度计，当采用不同的压头和不同的总试验力时，可组成几种不同的洛氏硬度标尺。常用的洛氏硬度标尺有 A、B、C 三种，其中 C 标尺应用最广。常用的三种洛氏硬度标尺的试验条件和适用范围见表 2–2。

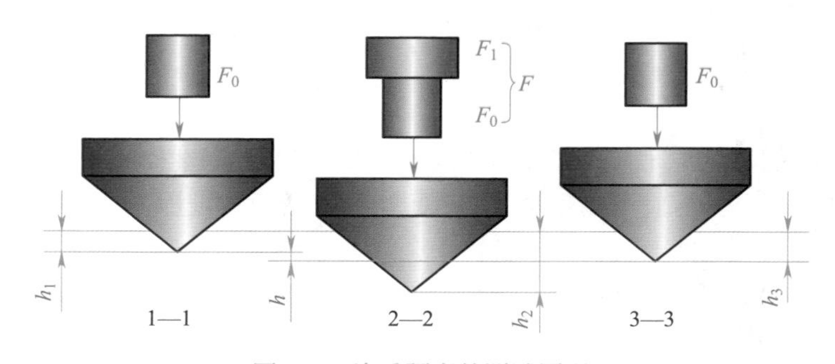

图 2–9　洛氏硬度的测试原理

表 2-2　　常用的三种洛氏硬度标尺的试验条件和适用范围

标尺	硬度符号	压头类型	总试验力 / N（kgf）	表盘刻度	测量范围	应用举例
A	HRA	120° 金刚石圆锥体	588.4（60）	黑色	20~95	硬质合金、表面淬火钢等
B	HRBW	ϕ1.587 5 mm 硬质合金球	980.7（100）	红色	10~100	软钢、退火钢、铜合金等
C	HRC	120° 金刚石圆锥体	1 471.0（150）	黑色	20~70	一般淬火钢

在初始试验力 F_0 作用下，试样压痕深度为 h_1，压头位置为 1—1；加上主试验力 F_1 后，总试验力为 F_0+F_1，试样压痕深度为 h_2，压头位置为 2—2；经一定时间保持后撤去主试验力 F_1，仍保留初始试验力 F_0，试样的弹性变形恢复，压头上升到 3—3 位置。压头在主试验力作用下的压痕深度为 h_3。此时，残余深度为 h，其数值为 h_3-h_1。洛氏硬度计算式如下：

$$\mathrm{HR}=N-\frac{h}{0.002}$$

式中　N——给定洛氏硬度标尺的硬度数，若是 A、C 标尺取 100，若是 B 标尺取 130；

　　h——残余压痕深度数值，以 mm 计。

洛氏硬度无单位。实际测量时，洛氏硬度值可直接从洛氏硬度计表盘（图 2-10）上读取。

（2）洛氏硬度的表示方法　符号 HR 前面的数字表示硬度值，后面的字母表示不同的洛氏硬度标尺。例如，45HRC 表示用 C 标尺测定的洛氏硬度值为 45。

若用 B 标尺，硬度标尺符号后面还要加“W”。例如，60HRBW 表示用 B 标尺采用硬质合金球压头，测定的洛氏硬度值为 60。

图 2-10　洛氏硬度计表盘

（3）洛氏硬度试验法的优缺点　洛氏硬度试验操作简单、迅速，可直接从表盘上读出硬度值；压痕直径很小，可以测量成品及较薄工件；测试的硬度值范围较大，可测从很软到很硬的金属材料，所以在生产中广为应用，其中 HRC 的应用尤为广泛。但由于压痕小，当材料组织不均匀时，测量值的代表性差，一般需在不同的部位测试几次，取读数的平均值代表材料的硬度。

维 氏 硬 度

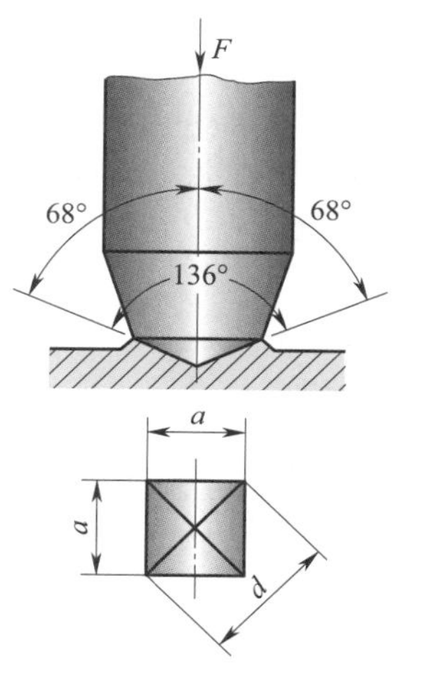

维氏硬度试验原理基本上和布氏硬度试验原理相同，如右图所示。相对两面为 136° 的正四棱锥金刚石压头以选定的试验力压入试样表面。经规定保持时间后，卸除试验力，测量压痕两对角线的平均长度 d，根据 d 值查 GB/T 4340.4—2022 中的维氏硬度值表，即可得出硬度值（也可用公式计算），用符号 HV 表示。例如 640HV30 表示用 294.2 N（30 kgf）试验力，保持 10～15 s（可省略不标），测定的硬度值为 640。维氏硬度因试验力小、压入深度浅，故可测量较薄材料，也可测量表面渗碳、渗氮层的硬度。因维氏硬度值具有连续性（10～1 000HV），故可测从很软到很硬的金属材料的硬度，且准确度高。维氏硬度试验的缺点是需测量压痕对角线的长度；压痕小，对试样表面质量要求较高。

四、冲击韧性

机械零件在工作中往往要受到冲击载荷的作用，如活塞销、锻锤杆、冲模、锻模等。制造此类零件所用材料必须考虑其抗冲击载荷的能力。金属材料抵抗冲击载荷作用而不破坏的能力称为冲击韧性。材料的冲击韧性用夏比摆锤冲击试验来测定。

根据国家标准（GB/T 229—2020）规定，做夏比摆锤冲击试验前，先将被测材料加工成图 2–11 所示的冲击试样。试样分为带有 U 型缺口、V 型缺口和无缺口三种，其外形尺寸为 10 mm × 10 mm × 55 mm。

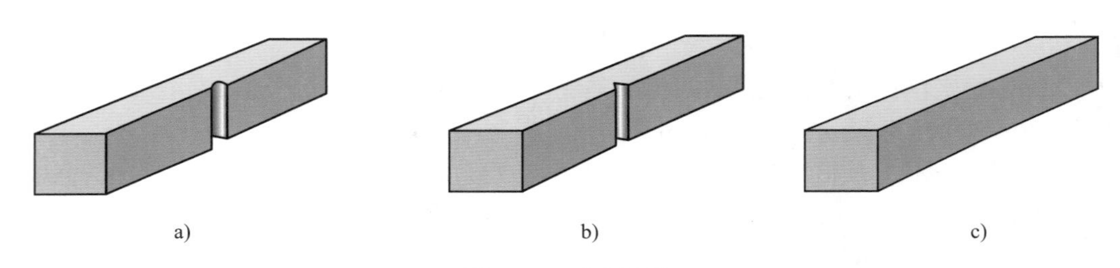

图 2–11　冲击试样

a）U 型缺口冲击试样　b）V 型缺口冲击试样　c）无缺口冲击试样

夏比摆锤冲击试验机如图 2–12 所示，试验时将试样缺口背对摆锤刀刃对称放置在砧座上，摆锤的刀刃半径分为 2 mm 和 8 mm 两种。

试样放置好后，让摆锤从一定高度落下，将试样冲断。在这一过程中，用试样所吸收的能量 K 的大小作为衡量材料冲击韧性的指标，称为冲击吸收能量。用 U 型和 V 型缺口冲击试样测得的冲击吸收能量分别用 KU 和 KV 表示。如 KU_2 就表示 U 型冲击试样在 2 mm 刀刃下的冲击吸收能量。冲击吸收能量越大，说明材料的冲击韧性越好。

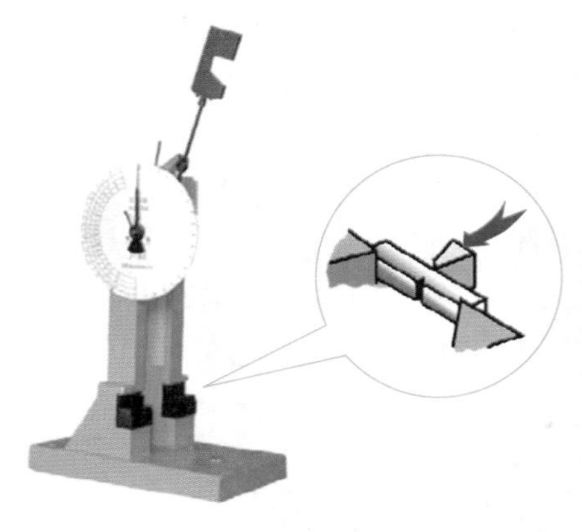

图 2–12　夏比摆锤冲击试验机

* 五、疲劳强度

弹簧、曲轴、齿轮等机械零件在工作过程中所承受载荷的大小、方向随时间做周期性变化，在金属材料内部引起的应力发生周期性波动。此时，由于所承受的载荷为交变载荷，零件承受的应力虽低于材料的屈服强度，但经过长时间的工作后，仍会产生裂纹或突然发生断裂，金属的这种断裂现象称为疲劳断裂。金属材料抵抗交变载荷作用而不产生破坏的能力称为疲劳强度。

金属材料的疲劳强度是采用专门试验设备，通过疲劳试验的方法测量的。将材料制成试样，对其施加交变应力（图 2–13），观察交变应力 R 与试样断裂前的应力循环次数 N 的关系。如果将交变应力 R 和 N 的对应关系绘制成图，就得到 $R–N$ 曲线，也称为疲劳曲线，如图 2–14 所示。

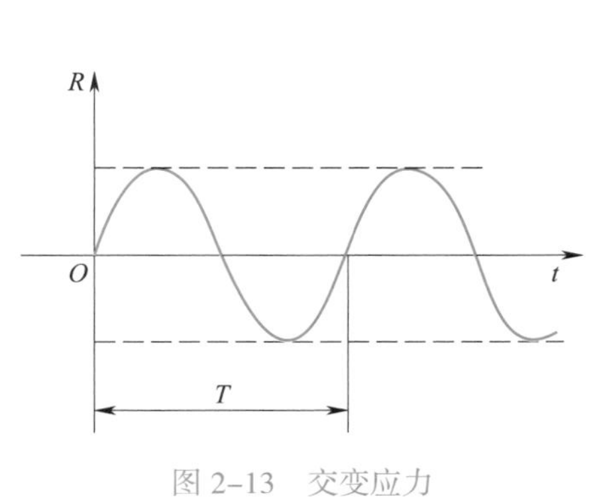

图 2–13　交变应力

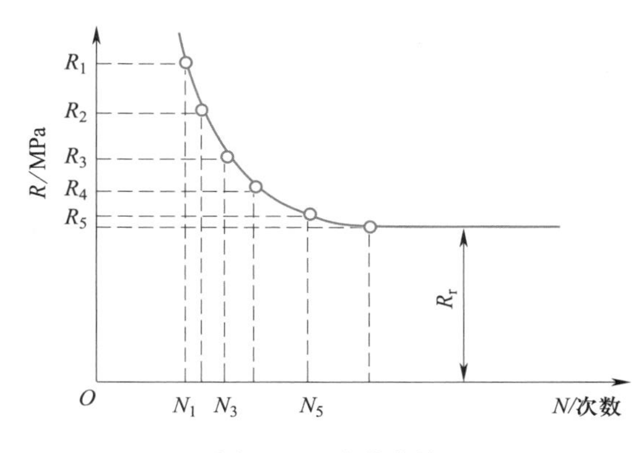

图 2–14　疲劳曲线

曲线表明，金属承受的交变应力越小，则断裂前的应力循环次数 N 越大，反之则 N 越小。当应力降到某个数值时，曲线与横坐标平行，表示应力低于此值时，试样可以经受无数次应力周期循环而不被破坏，此应力值称为材料的疲劳强度，表示为 R_r。显然疲劳强度的数值越大，材料抵抗疲劳破坏的能力越强。当交变应力为对称循环应力时，疲劳强度用符号 R_{-1} 表示。

实际上，金属材料不可能做无数次交变载荷试验。对于黑色金属，一般规定应力循环 10^7 周次而不断裂的最大应力为疲劳强度；有色金属、不锈钢等则取 10^8 周次而不断裂的最大应力为疲劳强度。

疲劳破坏是机械零件失效的主要原因之一。据统计，在失效的机械零件中，80% 以上属于疲劳破坏，而且疲劳破坏前没有明显的变形，断裂前没有预兆，所以疲劳破坏经常造成重大事故。

神秘坠落的飞机

在第二次世界大战中，德国派出轰炸机频频轰炸英国本土。英国皇家空军驾驶战机在空中拦截，战况惨烈。突然，在不长的一段时间内，英国战机相继坠落，机毁人亡。英国军方对坠落飞机介入调查，最初认为德国发明了什么新式武器，因为在坠落飞机的残骸上无任何弹痕，因而引起一片恐慌。但随着调查的深入，最终结论是：这些坠落的战机无一例外是由于疲劳破坏的发生而坠毁的。也就是说，飞机发动机内的零件出现了疲劳断裂。经过进一步的分析，机械零件之所以产生疲劳破坏，主要是由于制造这些机械零件的材料表面或内部有缺陷，如夹杂、划痕、尖角、软点、显微裂纹等。

机械零件产生疲劳破坏的原因是材料表面或内部有缺陷（如夹杂、划痕、尖角等）。显微裂纹随应力循环次数的增加而逐渐扩展，使承力面积大大减小，以致承力面积减小到不能承受所加载荷而突然断裂。疲劳断裂的零件断口示意图如图 2–15 所示。

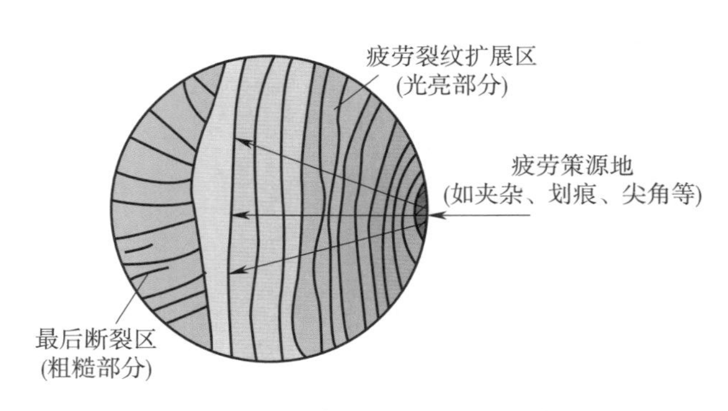

图 2–15　疲劳断裂的零件断口示意图

为了提高零件的疲劳强度，除合理选材外，细化晶粒、均匀组织、减少材料内部缺陷、改善零件的结构形式、减小零件表面粗糙度值及采取各种表面强化的方法（如对工件表面淬火、喷丸、渗、镀等），都能取得一定的效果。

现将本节介绍的常用的力学性能指标及其含义总结于表 2–3。

表 2–3　常用的力学性能指标及其含义

力学性能	性能指标				含义
	符号	名称	旧标符号	单位	
强度	R_m	抗拉强度	σ_b	MPa	试样拉断前所能承受的最大力的应力
	R_{eL}	下屈服强度	σ_s		发生塑性变形而力不增加时的应力点
	$R_{p0.2}$	规定塑性延伸强度	$\sigma_{0.2}$		规定用塑性延伸率为 0.2% 时的应力来表示
塑性	A（$A_{11.3}$）	断后伸长率	δ_5（δ）	—	断后标距的伸长量与原始标距之比的百分率
	Z	断面收缩率	ψ		断后试样的颈缩处面积变化量与原始横截面面积之比的百分率
硬度	HBW	布氏硬度	HBS、HBW	MPa	球形压痕单位面积上所受的平均压力
	HR（A、BW、C）	洛氏硬度（A、B、C 标尺）	HR（A、B、C）	—	用洛氏硬度相应标尺刻度满程与压痕深度之差计算的硬度值
	HV	维氏硬度	HV	MPa	正四棱锥压痕单位面积上所受的平均压力
冲击韧性	K	冲击吸收能量	α_k	J	试验时冲击试样所吸收的能量
疲劳强度	R_{-1}	疲劳极限	σ_{-1}	MPa	试样承受无数次（或给定次数）交变应力仍不断裂的最大应力

§2-3 金属材料的物理性能与化学性能

一、物理性能

物理性能是材料固有的属性，金属的物理性能包括密度、熔点、导电性、导热性、热膨胀性、磁性等。

1. 密度

密度是指在一定温度下单位体积物质的质量。密度小于 4.5×10^3 kg/m^3 的金属称为轻金属，如铝及其合金、镁及其合金、钛及其合金；密度大于 4.5×10^3 kg/m^3 的金属称为重金属，如金、银、铜、铁、铅等。密度的大小很大程度上决定了零件的自重。例如工业上采用密度较大的钢铁材料制成机床底座（图 2–16）以加强机床的刚度；对于要求质量小的航天器材（如图 2–17 所示隐形飞机）零件宜采用密度较小的材料。工程上对零件或毛坯的质量计算也要利用密度。

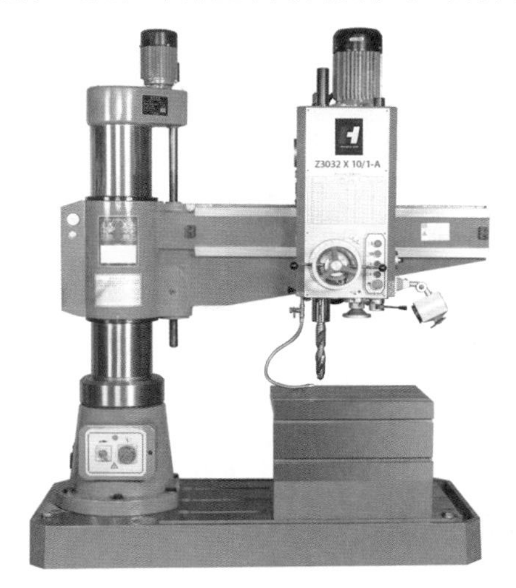

图 2–16　机床底座

图 2–17　隐形飞机

2. 熔点

熔点是材料从固态转变为液态的温度，金属等晶体材料一般具有固定的熔点，而高分子材料等非晶体材料一般没有固定的熔点。金属的熔点是热加工的重要工艺参数，对选材有影响。不同熔点的金属具有不同的应用场合：高熔点金属（如钨、钼等）可用于制造耐高温的零件，如火箭、导弹、燃气轮机零件，电火花加工的工作部分、焊接电极（图 2–18）等；低熔点金属（如铅、铋、锡等）可用于制造熔丝（图 2–19）、焊接钎料等。

3. 导电性

传导电流的能力称为导电性，用电阻率来衡量。电阻率越小，金属材料导电性越好。金属导电性以银为最好，铜、铝次之。合金的导电性比纯金属差。电阻率小的金属如纯铜、纯

图 2-18　氩弧焊钨极

图 2-19　熔丝

铝等，适于制造电气产品触点（图 2-20）等导电零件和电线。电阻率大的金属或合金如钨、钼、铁铬铝合金等，适于制造电热元件（图 2-21）。

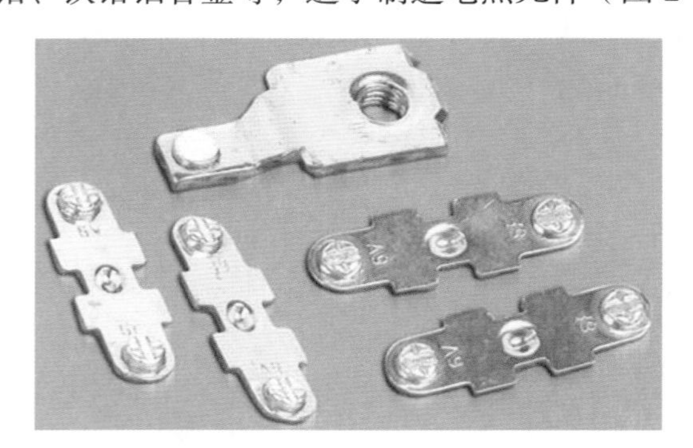

图 2-20　电气产品触点

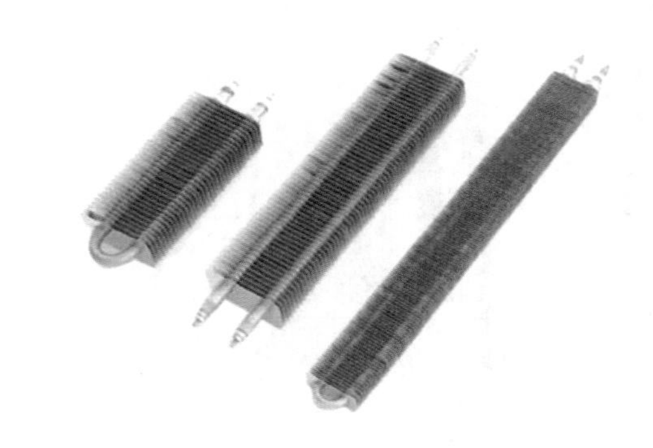

图 2-21　电热元件

4. 导热性

导热性通常用热导率来衡量。热导率越大，导热性越好。金属的导热性以银为最好，铜、铝次之。合金的导热性比纯金属差。在热加工和热处理时，必须考虑金属材料的导热性，防止材料在加热或冷却过程中形成过大的内应力，以免零件变形或开裂（图 2-22）。导热性好的金属散热也好，在制造散热器、热交换器与活塞等零件时，要选用导热性好的金属材料。

5. 热膨胀性

金属材料随着温度变化而膨胀、收缩的特性称为热膨胀性，其大小可用线膨胀系数衡量。由线膨胀系数大的材料制造的零件，在温度变化时，尺寸和形状变化较大。例如，轴和轴瓦之间的间隙尺寸要根据其线膨胀系数来控制；在热加工和热处理时也要考虑材料的热膨胀影响，以减少工件的变形和开裂。

6. 磁性

金属材料在磁场中被磁化的性能称为磁性。根据磁化程度的不同，金属材料分为：

（1）铁磁性材料　在外磁场中能强烈地被磁化，如铁、钴等。

（2）顺磁性材料　在外磁场中只能微弱地被磁化，如锰、铬等。

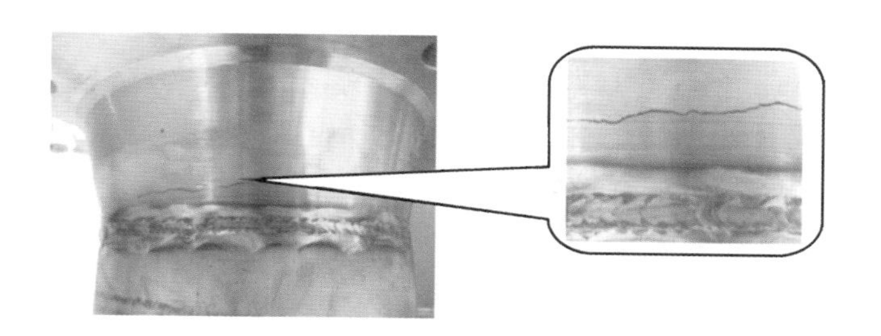

图 2-22　焊接热裂纹

（3）抗磁性材料　能抗拒或削弱外磁场对材料本身的磁化作用，如铜、锌等。

铁磁性材料可用于制造变压器、发电机转子（图 2-23）、测量仪表等。抗磁性材料则用于要求避免电磁场干扰的零件和结构，如航海罗盘（图 2-24）等。

图 2-23　发电机转子

图 2-24　航海罗盘

铁磁性材料当温度升高到一定数值时，变为顺磁体，这个转变温度称为居里点，如铁的居里点是 770 ℃。

二、化学性能

1. 耐腐蚀性

金属材料在常温下抵抗氧、水及其他化学物质腐蚀破坏的能力称为耐腐蚀性。

金属材料的腐蚀（图 2-25）既造成表面金属光泽的缺失和材料的损失，也造成一些隐蔽性和突发性的事故。金属材料中铬镍不锈钢可以耐含氧酸的腐蚀；而耐候钢、铜与铜合金、铝与铝合金能耐大气的腐蚀。

2. 高温抗氧化性

在高温下金属材料易与氧结合，形成氧化皮，造成金属的损耗和浪费，因此高温下使用的零件，要求材料具有高温抗氧化的能力。如各种加热炉等要选用高温抗氧化性良好的材料。材料中的耐热钢、高温合金、钛合金、陶瓷材料等都具有好的高温抗氧化性。

提高高温抗氧化性的措施是：使材料在迅速氧化后能在表面形成一层连续而致密并与母体结合牢固的膜，从而阻止深层金属进一步氧化。

图 2-25　金属材料的腐蚀

§2-4　金属材料的工艺性能

金属材料的一般加工过程如图 2-26 所示。

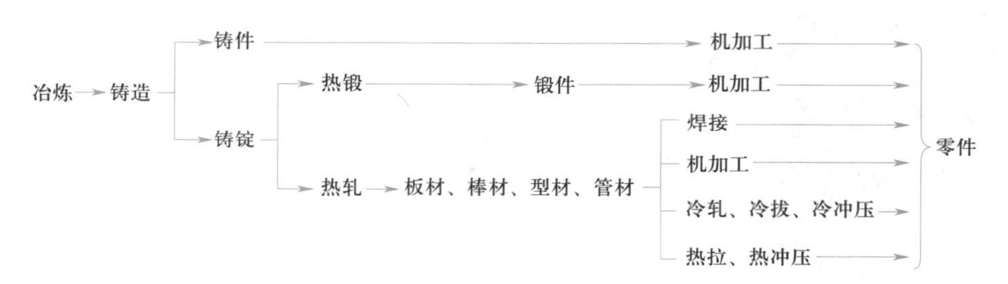

图 2-26　金属材料的一般加工过程

金属材料的工艺性能是金属材料对不同加工工艺方法的适应能力，包括铸造性能、锻压性能、焊接性能、切削加工性能和热处理性能等。工艺性能直接影响零件制造的工艺、质量及成本，是选材和制定零件工艺路线时必须考虑的重要因素。

一、铸造性能

铸造性能是铸造成形过程（图 2-27）中获得外形准确、内部无明显缺陷铸件的能力。铸造性能主要取决于金属的流动性、收缩性和偏析倾向等。

1. 流动性

熔融金属的流动能力称为流动性。流动性好的金属，充型能力强，能获得轮廓清晰、尺寸精确、外形完整的铸件。影响流动性的因素主要是化学成分和浇注的工艺条件。

受化学成分的影响，通常各元素比例能达到同时结晶的成分（共晶成分）时的合金流动性最好。常用铸造合金中，灰铸铁的流动性最好，铝合金次之，铸钢最差。

2. 收缩性

铸造合金由液态凝固和冷却至室温的过程中，体积和尺寸减小的现象称为收缩性，其大小可用收缩率衡量。铸造合金收缩性过大会影响尺寸精度，还会在内部产生缩孔、疏松、内

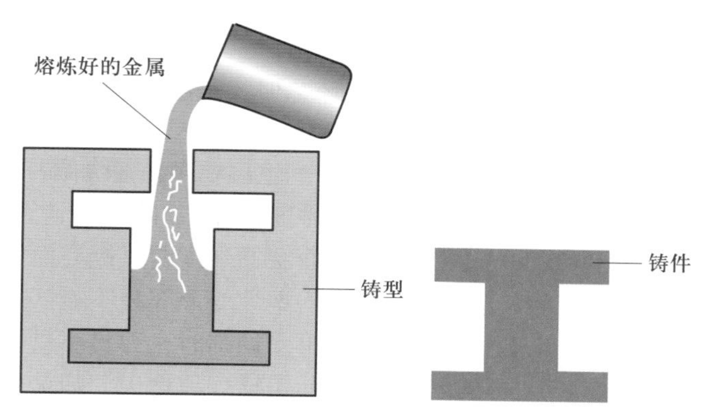

图 2–27　铸造成形过程

应力、变形和开裂等缺陷。铁碳合金中，灰铸铁收缩率小，铸钢收缩率大。

3. 偏析倾向

金属凝固后，内部化学成分和组织不均匀的现象称为偏析。偏析严重时，可使铸件各部分的力学性能产生很大差异，降低铸件质量，尤其是对大型铸件危害更大。

二、锻压性能

用锻压成形方法获得优良锻件（图 2–28）的难易程度称为锻压性能。常用塑性和变形抗力两个指标来综合衡量。塑性越好，变形抗力越小，则金属的锻压性能越好。化学成分会影响金属的锻压性能，纯金属的锻压性能优于一般合金。铁碳合金中，含碳量[①]越低，锻压性能越好；合金钢中，合金元素的种类和含量越多，锻压性能越差，如钢中的硫会降低锻压性能。金属组织的形式也会影响其锻压性能。

三、焊接性能

焊接性能是金属材料对焊接加工（图 2–29）的适应性，即在一定的焊接工艺条件下，获得优质焊接接头的难易程度。对非合金钢和低合金钢而言，焊接性能主要与其化学成分有关（其中碳的影响最大），如低碳钢具有良好的焊接性能，而高碳钢和铸铁的焊接性能则较差。

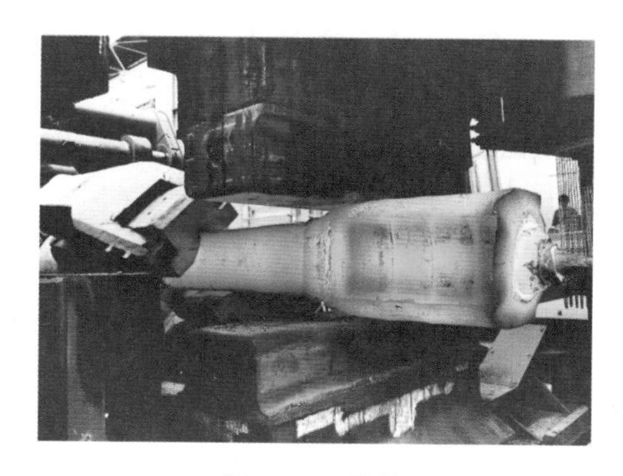

图 2–28　锻件

图 2–29　焊接加工

四、切削加工性能

切削材料的难易程度称为材料的切削加工性能。一般用工件切削时的切削速度、切削抗力

① 本书中元素含量用质量分数表示。

的大小、断屑能力、刀具的耐用度以及加工后的表面粗糙度来衡量。影响切削加工性能的因素主要有化学成分、组织形式、硬度、韧性、导热性及形变强化等。硬度低、韧性好、塑性好的材料，切屑易黏附于刀刃而形成刀瘤，切屑不易折断，致使表面粗糙度变差，并降低刀具的使用寿命；而硬度高、塑性差的材料，消耗功率大，产生热量多，并降低刀具的使用寿命。一般认为材料具有适当硬度和一定脆性时，其切削加工性能较好，如灰铸铁比钢的切削加工性能好。

另外，切削塑性金属材料时，工件在加工表面层的硬度明显提高而塑性下降的现象称为表面加工硬化。此时在加工表面受刀具挤压产生的塑性变形部分不能恢复，因而产生的变形抗力较大，表面形变强化。当以较小的切削深度再次切削时，刀具不易切入，并使刀具易磨损，而且在加工表面硬化层常常伴有裂纹，使表面粗糙度值增大，疲劳强度下降。因此，应尽量设法消除这种现象。

五、热处理性能

热处理是改善金属材料切削加工性能和力学性能的重要途径。热处理性能包括淬透性、淬硬性、过热敏感性、变形开裂倾向、回火脆性倾向、氧化脱碳倾向等（这些内容将在钢的热处理一章中详细讲述）。非合金钢热处理变形的程度与其含碳量有关，一般情况下，含碳量越高，变形与开裂倾向越大，而非合金钢又比合金钢的变形开裂倾向严重。钢的淬硬性主要取决于含碳量，含碳量高，材料的淬硬性好。

回复与再结晶

金属冷变形后处于一种不稳定的状态，有恢复到稳定状态的趋势。通过加热可提高原子的活动能力，促进其由不稳定状态恢复到稳定状态。加热温度由低到高，其变化过程大致分为回复、再结晶和晶粒长大三个阶段，这三个阶段并非截然分开的。工程上常常利用这种通过加热保温的方法来改善因材料加工硬化而无法继续进行变形加工的问题，并把这种热处理方法称为再结晶退火。冷变形金属在加热时组织和性能的变化如右图所示，当加热温度低于再结晶温度时，组织形态几乎不发生变化。但由于晶内缺陷（主要是点缺陷）密度减小，电阻和内应力明显下降，当温度达到再结晶温度时，在变形比较严重的区域（如晶界、变形带、夹杂物附近等）优先形成再结晶核心（形核）并逐渐长大。当被拉长的晶粒完全被细小的等轴晶粒代替时，再结晶过程结束。如果再进一步提高温度或延长保温时间，晶粒还将不断合并长大。在这一系列转变过程中，材料的力学性能变化如

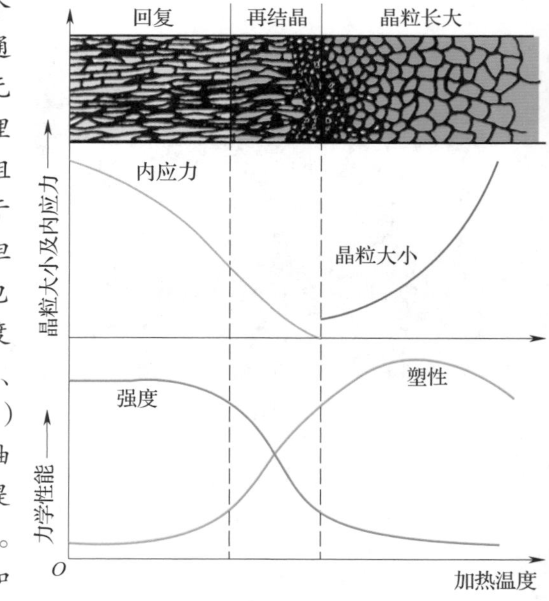

下：回复阶段力学性能指标几乎不变，即将进入再结晶阶段时才略有变化，只是变形产生的内应力在逐渐降低；在再结晶阶段，强度明显下降，塑性迅速恢复；当再结晶结束时，力学性能基本恢复到变形前的数值。这说明，再结晶后的金属完全消除了加工硬化现象。

变形量50%的工业纯铁在不同温度下加热30 min时，显微组织的变化情况如下图所示。

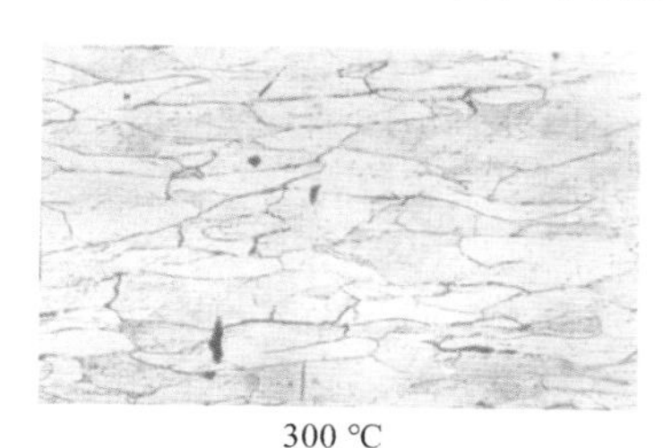
300 ℃

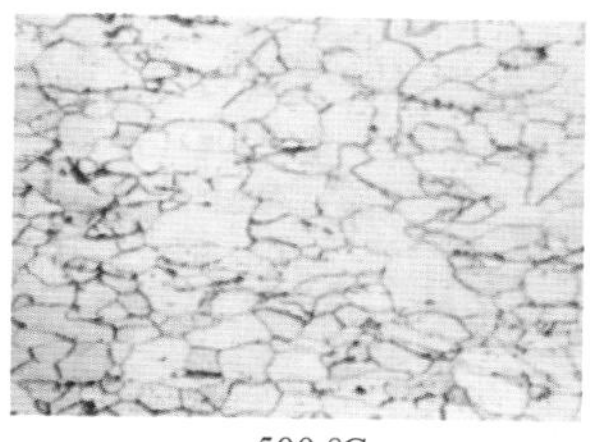
500 ℃

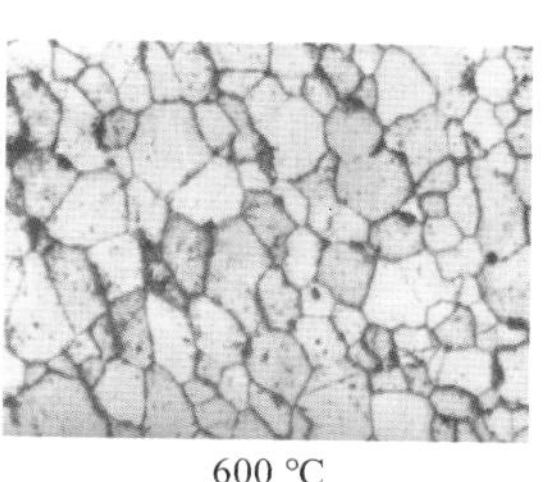
600 ℃

§2-5 力学性能试验

试验1 拉伸试验

一、试验目的

1．观察拉伸过程中的各种现象（屈服、强化、颈缩、断裂）。

2．测定低碳钢的下屈服强度 R_{eL}、抗拉强度 R_m、断后伸长率 A 和断面收缩率 Z。

3．测定铸铁的抗拉强度 R_m。

二、试验器材

1．拉伸试验机、游标卡尺、刻划机。

2．试样按GB/T 228.1—2021的相关规定选用如图2-30所示的圆形标准试样。本次试验试样的直径取 d_o=10 mm，标距长度取 L_o=50 mm。

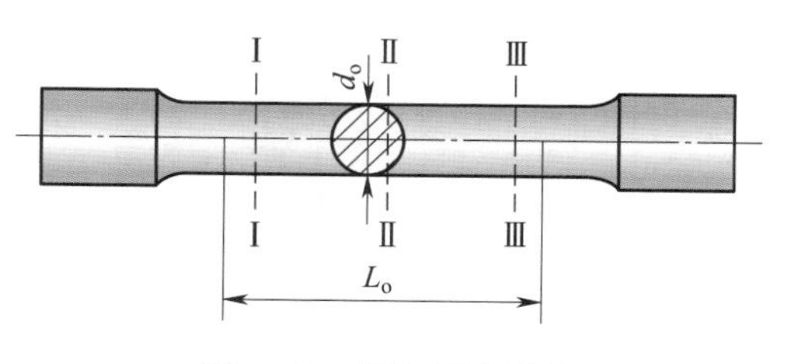

图2-30 圆形标准试样

三、试验步骤

试验步骤见表2-4。

表2-4 试验步骤

步骤	图示	说明
准备试样		将按图加工好的试样用刻划机将标距 L_o 每隔10 mm分刻划成5格（铸铁试样不刻）

续表

步骤	图示	说明
测量试样原始尺寸	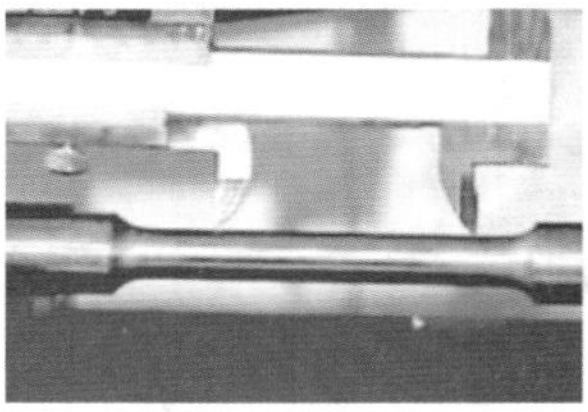 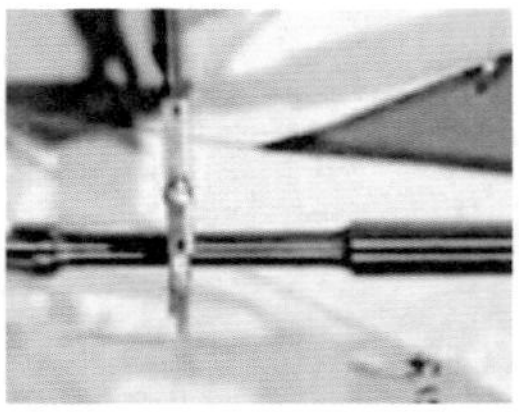	用游标卡尺测量标距两端及中间（图 2–30 中，Ⅰ、Ⅱ、Ⅲ）三个截面处的直径 d_o 和标距 L_o 的实际长度
准备调整试验机	 	先根据试样所用材料的抗拉强度理论值和横截面面积 S_o，预估试样的最大载荷。根据预估值选择测力盘的相应挡位；开机调整平衡铊，并将测力指针调零
安装试样	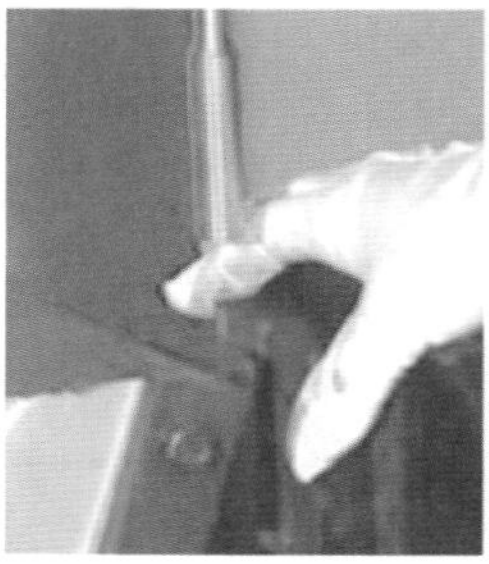 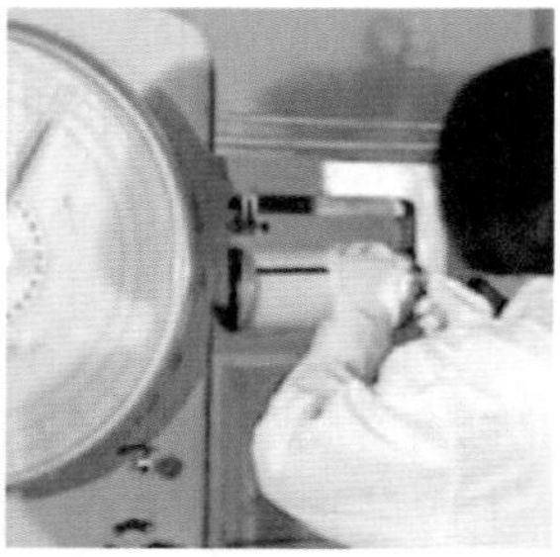	先将试样装夹在试验机的上夹头内，调整下夹头至适当位置，夹紧试样下端，调整好自动绘图装置
加载测试	 	开动试验机使之缓慢匀速加载

续表

步骤	图示	说明
观察记录	力–伸长曲线	注意观察测力指针的转动情况，由绘图仪可观察到力－伸长曲线
	补充说明： （1）曲线上 e 点以前的正比斜线为弹性变形阶段（试样初始受力时，头部在夹槽内有较大的滑动，故伸长曲线起始段为曲线）。这一阶段测力指针应匀速缓慢转动 （2）当测力指针不动或回摆时，说明材料进入屈服阶段，指针一次回摆的最小值即为屈服载荷 F_{eL}，将此值填入试验记录表（表 2–6） （3）屈服现象结束后，指针继续转动（转速由快变慢），此时进入强化阶段，但力与伸长量变化不再成正比关系。曲线到达最高点 b 点时指针停止转动，此时指针读数即为最高载荷 F_m （4）此时，注意观察开始出现颈缩，截面迅速减小，指针开始倒退，直至 z 点断裂为止，bz 阶段即为颈缩阶段	
测量试样最终尺寸	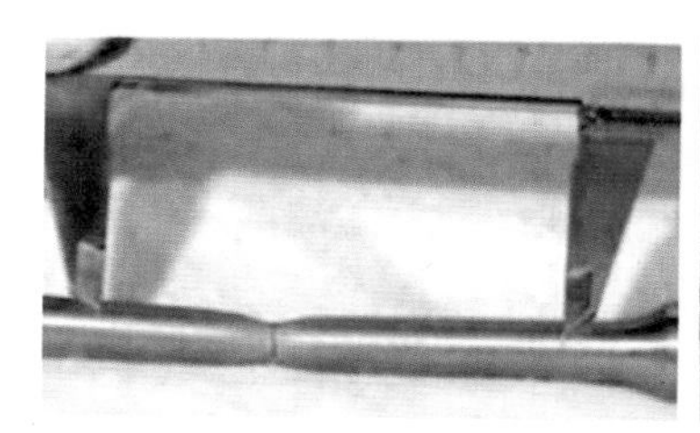 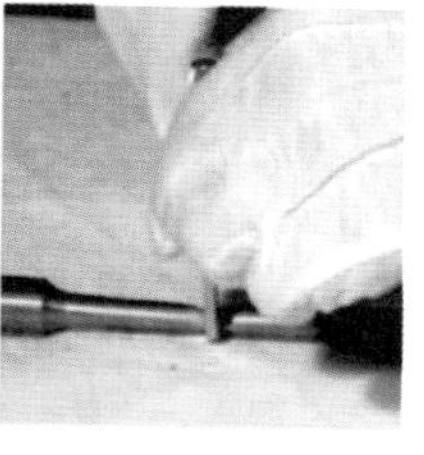	停机，取下试样，将断裂试样的两端对齐，用游标卡尺测量断裂后标距段的长度 L_u；测量左、右两断口（颈缩）处的直径 d_u

四、注意事项

1．测量直径时，在各截面相互垂直的两个方向上各进行一次，取平均值。

2．测试铸铁试样时，不刻标记且只记录最大载荷 F_m。

五、试验报告（表 2–5 和表 2–6）

表 2–5　　试样尺寸

材料	试验前										
	标距 L_o/mm	直径 d_o/mm									最小横截面面积 S_o/mm^2
		截面 I			截面 II			截面 III			
		1	2	平均	1	2	平均	1	2	平均	
低碳钢											
铸铁											

材料	试验后							
	标距 L_u/mm	断口处直径 d_u/mm						断口处最小横截面面积 S_u/mm^2
		左段			右段			
		1	2	平均	1	2	平均	
低碳钢								
铸铁								

表 2–6　　试验数据处理

材料	试验数据	试验结果	
低碳钢	屈服时的最小载荷 F_{eL}=　　N	下屈服强度 R_{eL}=　　MPa	
	拉断前的最大载荷 F_m=　　N	抗拉强度 R_m=　　MPa	
	力 – 伸长曲线	断后伸长率 A=　　%	
		断面收缩率 Z=　　%	
		试样形状	拉伸前：
			拉伸后：
铸铁	拉断前的最大载荷 F_m=　　N	抗拉强度 R_m=　　MPa	
	力 – 伸长曲线	试样形状	拉伸前：
			拉伸后：

试验 2　硬度测试

试验目的：

一是熟悉常用硬度计的结构。

二是掌握洛氏硬度和布氏硬度的测试原理及方法。

一、洛氏硬度试验

1. 试验器材

（1）HR-150 型洛氏硬度计结构示意图如图 2-31 所示。

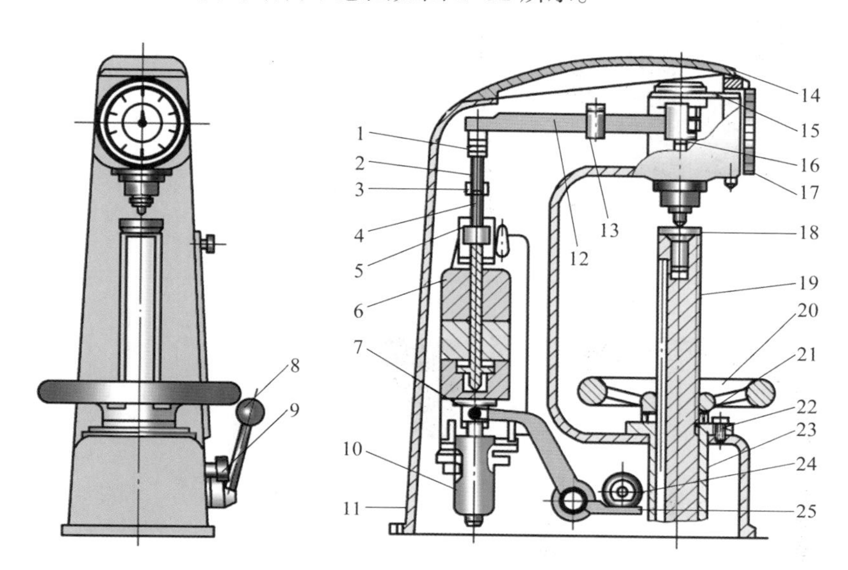

图 2-31　HR-150 型洛氏硬度计结构示意图

1—吊环　2—连接杆　3—螺母　4—吊杆　5—吊套　6—砝码　7—托盘　8—卸载荷手柄　9—加载荷手柄　10—缓冲器　11—机体　12—试验力杠杆　13—游码　14—上盖　15—测量杆　16—主轴　17—指示百分表　18—工作台　19—升降丝杠　20—手轮　21—止推轴承　22—螺钉　23—丝杠导座　24—定位套　25—连杆

（2）ϕ40 mm × 10 mm 淬火状态的 45 钢试样及 W18Cr4V 高速钢切刀刀片各一块。

（3）120° 金刚石圆锥体压头（HRC）。

2. 试验原理

将初试验力与主试验力依次加上后，保持规定时间，卸除主试验力。测量压头在被测试样表面产生的压痕深度差，据此求得材料的硬度。

3. 试验步骤（表 2-7）

表 2-7　试验步骤

步骤	图示	说明
选择压头与标尺		根据被测试样的估计硬度选择压头和硬度标尺（淬火钢应选金刚石压头、C 标尺）

续表

步骤	图示	说明
加初试验力	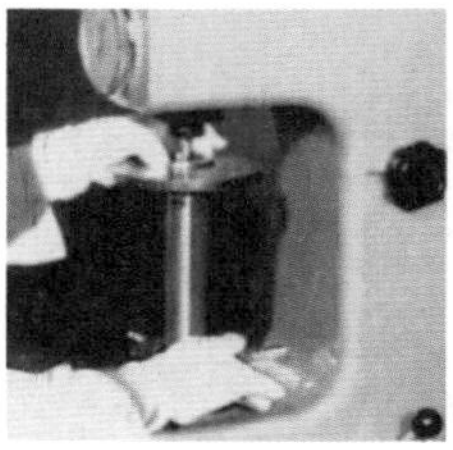  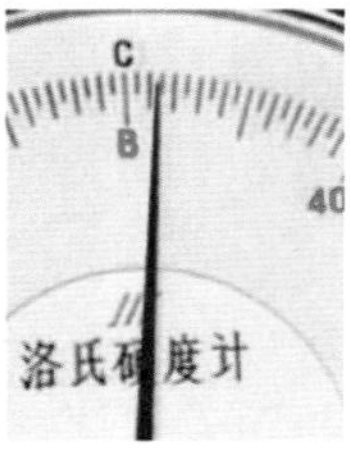	将试样放在工作台上，顺时针转动升降机构手轮，使试样与压头缓慢接近，直至表盘小指针指到红点，大指针偏离半格之内。此时，初试验力（98 N）已加在试样上
加主试验力	 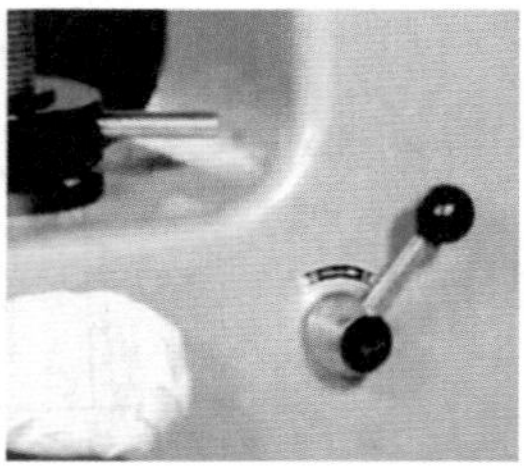 	先调节表盘，使大指针对准B标尺或C标尺的零点，再缓慢按下加载荷手柄到加载位置，并保持15 s，大指针随之转动若干格而停止。此时，主试验力（1 373 N）也已加在试样上，总试验力为1471 N
卸主试验力	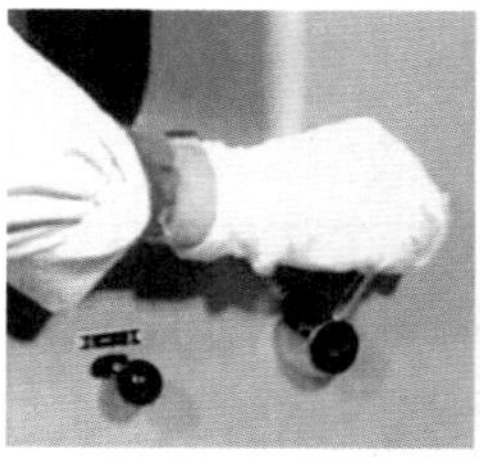 	顺时针扳回卸载荷手柄到卸荷位置，大指针在原位反向转动若干格停止。此时，读取表盘刻度值即为该点的洛氏硬度值
在同一被测面的不同位置重复测三个点（三点相距 >3 mm，点到边缘距离 >3 mm）		

4. 注意事项

（1）试样的测试表面和底面应平整、光洁，无油污、氧化皮裂纹及凹坑或显著的加工痕迹。工作台及压头表面应清洁。

（2）压头要装牢（注意安装时压头的尾柄平面处对准压轴孔的平面处，压头推到顶后拧紧紧定螺钉）。

（3）试样放平稳，不可有滑动及明显变形，并保证压头中心线与被测表面相垂直。如果是圆柱试样，应放于 V 形架中支承。

（4）加载、卸载均要缓慢、无冲击。

5. 试验报告

（1）简述试验原理。

（2）将记录数据填入表 2–8，并给出试验结论。

表 2–8　　洛氏硬度试验记录表

材料	标尺	第一次	第二次	第三次	平均值	备注（压头、试验力）
45 钢淬火	HRC					
高速钢刀片	HRC					

二、布氏硬度试验

1. 试验设备及试样

（1）设备　TH600 型布氏硬度计（图 2–32）和读数显微镜。

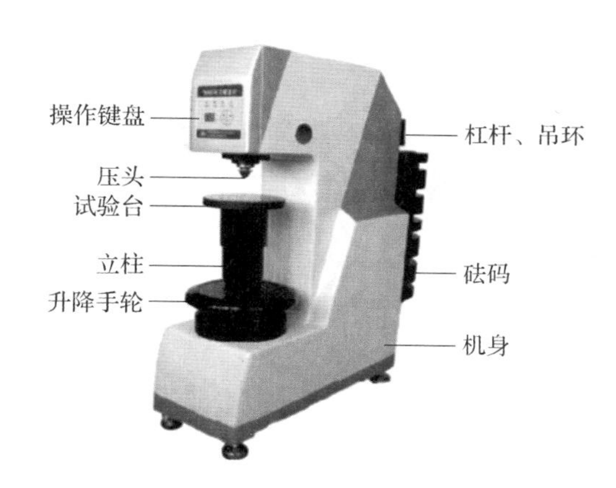

图 2–32　TH600 型布氏硬度计

（2）试样　厚 10 mm 的正火状态 45 钢一块。

2. 试验原理

用一定直径（D）的硬质合金球做压头，以一定的试验力 F 压入试样表面，经规定保持时间后卸除试验力，试样表面将留下一个压痕。测量压痕的直径并计算压痕表面积，通过计算或查表（附录 I）求得布氏硬度值。

在实际试验时，可用读数显微镜测出压痕直径 d，再根据压痕直径查表得出硬度值。实际工件可能会有不同的硬度值和厚度，所以试验时要根据工件的软硬程度和形状大小来匹配不同的压头和试验力。试验时只要满足 F/D^2 值为一常数，且压痕直径控制在 0.24 ~ 0.6D，即可得到统一、可以互相比较的硬度值。

3. 试验步骤（表 2-9）

表 2-9 试验步骤

步骤	图示	说明
确定试验条件	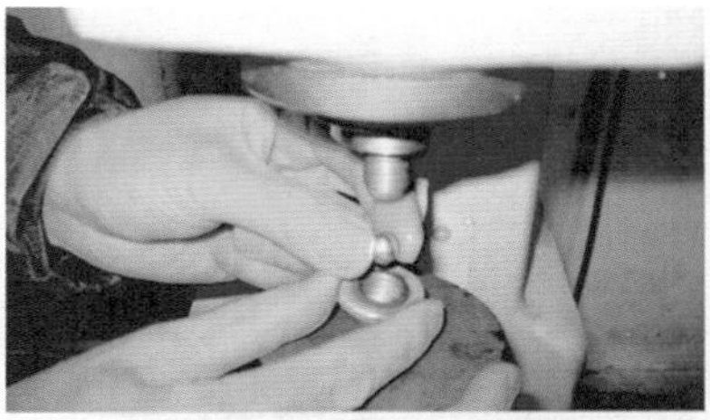 	压头直径、试验力及保持时间按表 2-10 选取。先将压头装入主轴衬套并拧紧压头紧定螺钉，再按所选试验力加上相应的砝码。打开电源开关，电源指示灯亮。试验机进行自检、复位，显示当前的试验力保持时间，该参数自动记忆关机前的状态。此时应根据所需设置的保持时间，在操作键盘上按“▲”或“▲”键，进行设置
压紧试样	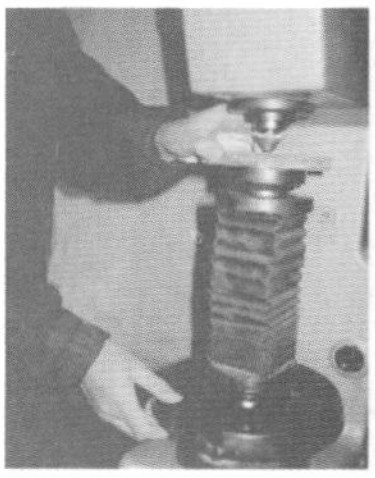 	顺时针旋转升降手轮，使试验台上升至试样与压头接触，手轮相对下面的螺母产生相对转动为止
加试验力与卸试验力	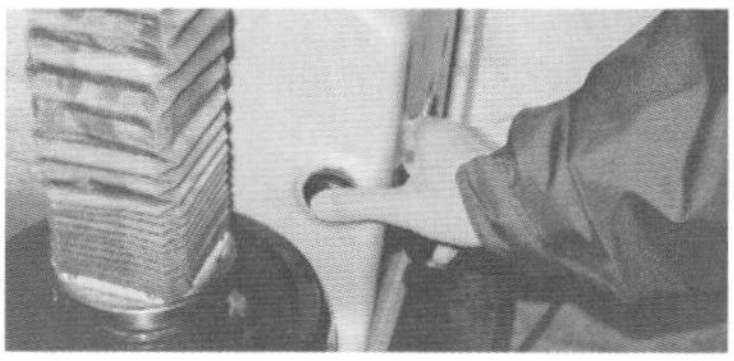	此时按下“开始”键，试验开始自动进行，依次自动完成从加试验力、保持、卸试验力到恢复初始状态的全过程
读取试验数据	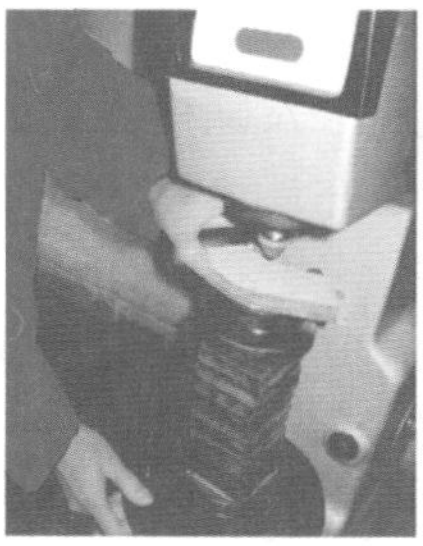 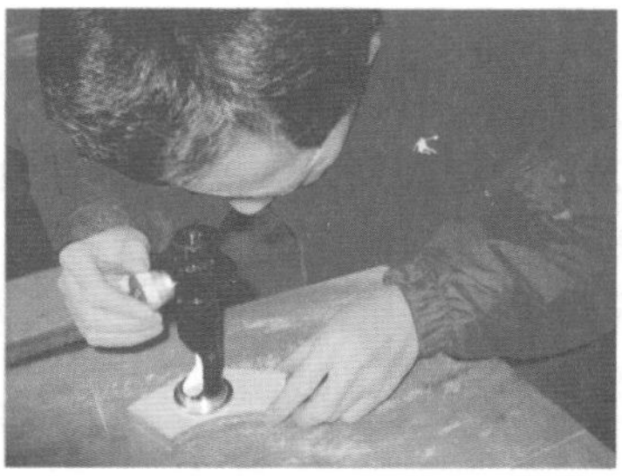	逆时针转动升降手轮，取下试样，用读数显微镜测出压痕直径 d，并取算术平均值，根据此值查附录 I 即得布氏硬度值，记录于表 2-11 中

表 2-10 布氏硬度试验条件选取表

金属种类	布氏硬度值 HBW 范围	试样厚度 /mm	$0.102\frac{F}{D^2}$	压头直径 D/mm	试验力 F/kN	保持时间 /s
黑色金属	140 ~ 450	>6 3 ~ 6 <3	30	10.0 5.0 2.5	29.42 7.355 1.839	10 ~ 15
	<140	>6 3 ~ 6	10	10.0 5.0	9.807 2.542	10 ~ 15

4. 注意事项

（1）试样表面必须平整、光洁，无油污、氧化皮，并平稳地安放在布氏硬度计试验台上。

（2）用读数显微镜读取压痕直径时，应从两个相互垂直的方向测量，并取算术平均值。

（3）使用读数显微镜时，将测试过的试样放置于一平面上，再将读数显微镜放置于被测试样上，使被测部分用自然光或灯光照明。调节目镜，使视场中能同时看清分划板与压痕边缘图像。常用放大倍数为 20× 的读数显微镜测试布氏硬度值。

（4）压痕中心到试样边缘的距离应不小于压痕直径的 2.5 倍，相邻两压痕中心距离应不小于压痕直径的 3 倍。

5. 试验报告

（1）简述试验原理。

（2）将记录数据填入表 2-11，并给出试验结论。

表 2-11 布氏硬度试验记录表

项目	第一次	第二次	第三次	平均值	备注（压头直径、试验力、保持时间、F/D^2 值）
压痕直径 d/mm					
HBW					

习题

1. 机械零件损坏的形式有哪些？
2. 什么是载荷？根据性质不同可分为哪几种？
3. 什么是金属的力学性能？它包括哪些内容？
4. 什么是强度？强度有哪些衡量指标？这些指标用什么符号表示？如何测量？
5. 什么是塑性？塑性有哪些衡量指标？这些指标用什么符号表示？如何测量？
6. 什么是硬度？常用的硬度试验法有哪三种？各用什么符号表示？
7. 布氏硬度试验法有哪些优缺点？它主要适用于哪些材料的测试？

8. 常用的洛氏硬度标尺有哪三种？各用什么符号表示？最常用的是哪一种？
9. 什么是冲击韧性？其值用什么符号表示？
10. 什么是金属的疲劳断裂？什么是疲劳强度？
11. 生产中如何提高零件的抗疲劳能力？
12. 金属材料的物理性能和化学性能都包括哪些内容？
13. 举例说明高熔点金属和低熔点金属各有何用途。
14. 如何提高金属材料的高温抗氧化性？
15. 什么是金属的工艺性能？它包括哪些内容？

第三章 铁碳合金

学习目标

1. 了解合金的概念及组织的基本类型。
2. 掌握铁碳合金的基本组织、性能及符号。
3. 熟悉简化的 $Fe-Fe_3C$ 相图中特性点、特性线的含义及相区的分布情况。
4. 掌握铁碳合金成分、组织、性能三者之间的关系。
5. 了解 $Fe-Fe_3C$ 相图的应用。

课堂讨论

纯金属的强度和硬度一般都较低，冶炼困难，因而价格较高，在使用上受到限制。在工业生产中广泛使用的是合金，这是因为生产中可以通过改变合金的化学成分（或组织结构）来进一步提高金属材料的力学性能，并可获得某些特殊的物理性能和化学性能（耐腐蚀、耐热、耐磨、电磁性能等），以满足机械零件和工程结构对材料的要求。你在日常生活、生产中见到最多的合金是哪类？

通常把以铁、锰、铬及铁碳为主的合金（钢铁）称为黑色金属，而把其他金属及其合金称为有色金属。常用金属材料间的关系如下：

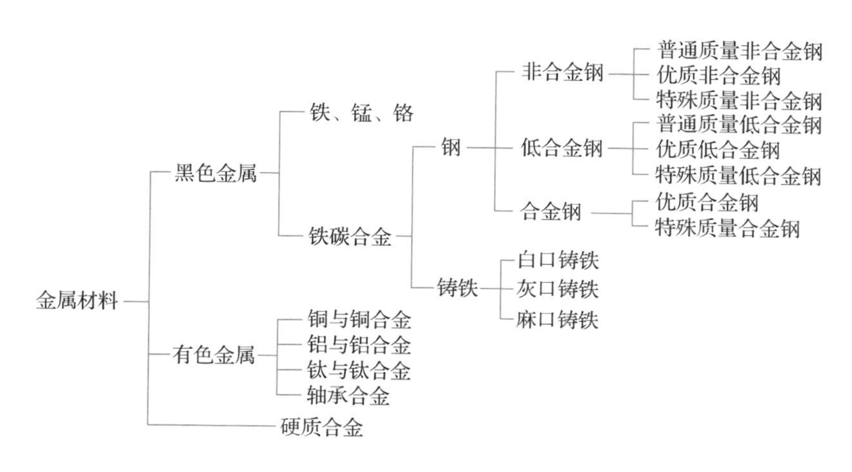

§3-1 合金及其组织

一、合金的基本概念

1. 合金

合金是以一种金属为基础，加入其他金属或非金属，经过熔合而获得的具有金属特性的材料，即合金是由两种或两种以上的元素所组成的金属材料。例如，工业上广泛应用的钢铁材料就是由铁和碳组成的合金。与纯金属相比，合金具有更好的力学性能，可通过调整组成元素之间的比例，获得一系列性能各异的合金，以满足工业生产对材料不同性能的要求。

2. 组元

组成合金最简单的、最基本的、能够独立存在的物质称为组元，简称元。组元一般指元素，但有时稳定的化合物也可以作为组元，如 Fe_3C、Al_2O_3、CaO 等。合金按组元的数目可分为二元合金、三元合金及多元合金。

3. 相

合金中成分、结构及性能相同的组成部分称为相。相与相之间有明显的界面，如水与冰、混合在一起的水与油之间都有界面，是不同的相。金属与水一样，在一定条件下可存在气相、液相、固相，而固态金属中的同素异构体及它们不同的固溶体间也是不同的相，如固态的 α-Fe、γ-Fe 就是两种不同的相，因为它们的晶格不同，且能以界面分开。

相与组元的区别：

相是合金中同一化学成分、同一聚集状态，并以界面相互分开的各个均匀组成部分。

组元是组成合金的基本的独立物质，可以是金属和非金属，也可以是化合物。

4. 组织

合金的组织指合金中不同相之间相互组合配置的状态。数量、大小和分布方式不同的相构成了合金不同的组织。由单一相构成的组织称为单相组织，由不同相构成的组织称为多相组织。由于不同相之间的性能差异很大，再加上数量、大小和分布方式不同，所以合金的组织不同，其性能也就不同。

二、合金的组织

根据合金中各组元之间结合方式的不同，合金的组织可分为固溶体、金属化合物和混合物三类，它们的构成形式和特点见表 3-1。

表 3-1　合金的组织

<table>
<tr><th colspan="2">组织名称</th><th colspan="3">构成形式及示意图</th><th>特点</th></tr>
<tr><td rowspan="2">固溶体</td><td>间隙固溶体</td><td rowspan="2">固溶体是一种组元的原子溶入另一种组元的晶格中所形成的均匀固相（根据溶质原子在溶剂晶格中所处的位置不同，固溶体可分为间隙固溶体和置换固溶体两类）</td><td>溶质原子分布于溶剂晶格中形成的固溶体称为间隙固溶体</td><td>溶剂原子
溶质原子</td><td>溶质与溶剂之间可以任何比例无限互相溶解形成的固溶体，称为无限固溶体。溶质只能在溶剂中有限溶解的，称为有限固溶体。一般来说，有限固溶体的溶解度与温度有关，温度越高，溶解度越大
由于溶剂晶格的空隙很小，故能够形成间隙固溶体的溶质原子都是一些原子半径很小的非金属元素。例如，碳、氮、硼等非金属元素溶入铁中形成的固溶体即属于这种类型。由于溶剂晶格空隙有限，因而间隙固溶体都是有限固溶体</td></tr>
<tr><td>置换固溶体</td><td>溶质原子置换了溶剂晶格节点上的某些原子形成的固溶体称为置换固溶体</td><td>溶剂原子
溶质原子</td><td>在置换固溶体中，若溶质与溶剂电子结构相似，原子半径差别小，在元素周期表中位置相近，则溶解度大；若晶格类型也相同，则可形成无限固溶体。例如，铜与镍、铁与铬的合金就可以形成无限固溶体</td></tr>
<tr><td colspan="2">金属化合物</td><td colspan="3">在合金中，当溶质含量超过固溶体的溶解度时，除可形成固溶体外，还将出现新的相，其晶体结构不同于任一组元，而是组元之间相互作用形成一种具有金属特性的物质，称为金属化合物。金属化合物可用化学分子式来表示</td><td>金属化合物一般具有复杂的晶格结构，其性能具有“三高一稳定”的特点，即高熔点、高硬度、高脆性和良好的化学稳定性</td></tr>
<tr><td colspan="2">混合物</td><td colspan="3">两种或两种以上的相按一定的质量分数组成的物质称为混合物。混合物中的组成部分可以是纯金属、固溶体或化合物各自的混合，也可以是它们之间的混合。混合物中的各相仍保持自己原来的晶格</td><td>混合物的性能取决于各组成相的性能以及它们分布的形态、数量及大小</td></tr>
</table>

以上三种组织形式中，固溶体和金属化合物属于单相组织，而混合物属于多相组织。

如图 3-1 所示，无论是间隙固溶体还是置换固溶体，在其形成过程中都会使溶剂晶格发生畸变，从而使合金对变形的抗力增加。这种通过溶入溶质元素形成固溶体而使金属材料强度、硬度提高的现象称为固溶强化。

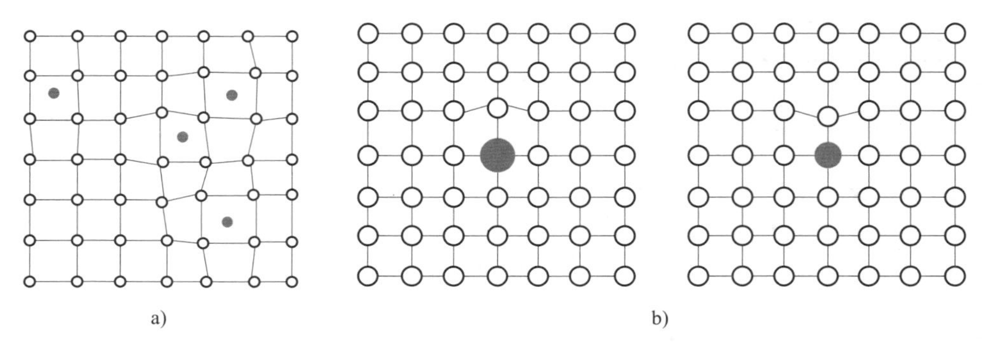

图 3-1　形成固溶体时的晶格畸变

a）间隙固溶体　b）置换固溶体

形变强化、固溶强化、热处理都是强化金属的手段，对有色金属来说，固溶强化是一种重要的强化手段。

§3-2　铁碳合金的基本组织与性能

钢铁是现代工业中应用最为广泛的合金，它们均是以铁和碳为基本组元的合金，故又称为铁碳合金。由于钢铁材料的成分（含碳量）不同，因而其组织、性能和应用场合也不同。铁碳合金的基本组织有五种，它们分别是铁素体、奥氏体、渗碳体、珠光体和莱氏体。

一、铁素体（F）

碳溶解在 α-Fe 中形成的间隙固溶体称为铁素体，用符号 F 表示，其晶胞示意图如图 3-2 所示。由于 α-Fe 是体心立方晶格，晶格间隙较小，所以碳在 α-Fe 中的溶解度很小。铁素体是钢的五种组织中含碳量最低的组织，其室温性能接近于纯铁，即具有良好的塑性、韧性，较低的强度、硬度。图 3-3 所示为铁素体的显微组织。

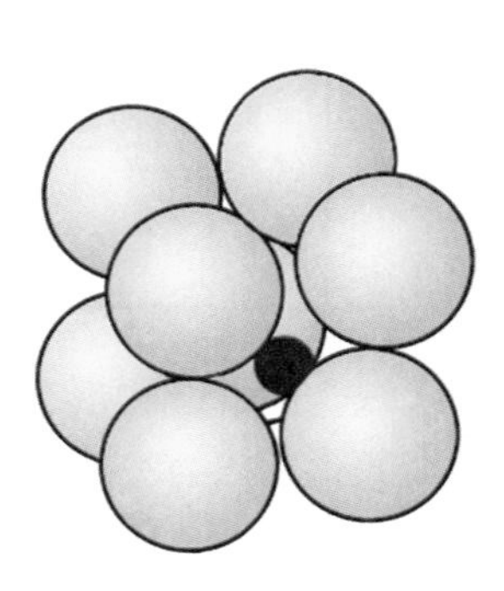

图 3-2　铁素体的晶胞示意图

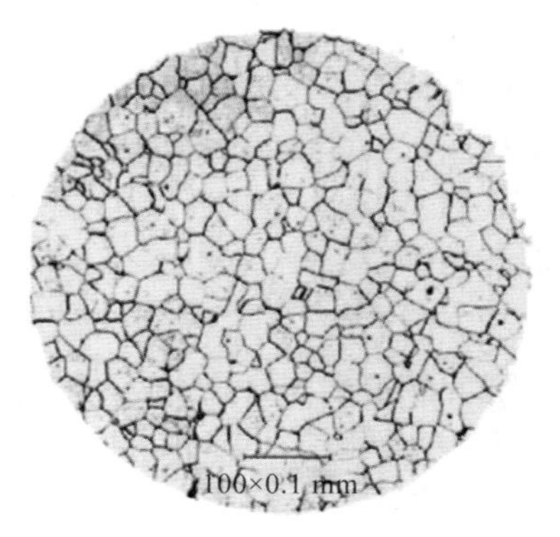

图 3-3　铁素体的显微组织

二、奥氏体（A）

碳溶于 γ-Fe 中形成的间隙固溶体称为奥氏体，用符号 A 表示，其晶胞示意图如图 3-4 所示。由于 γ-Fe 是在高温状态下存在的面心立方晶格结构，晶格间隙直径较大，故奥氏体的溶碳能力较强，在 1 148 ℃时溶碳能力可达 2.11%。随着温度的下降，碳的溶解度逐渐减小，在 727 ℃时溶碳能力为 0.77%。

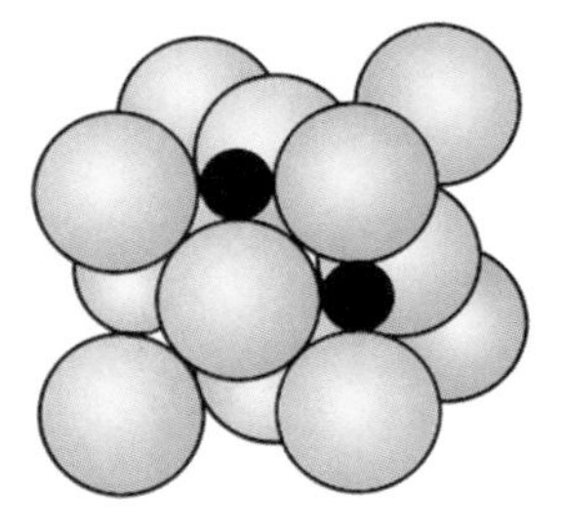

图 3-4 奥氏体的晶胞示意图

奥氏体的含碳量虽比铁素体高，但其呈面心立方晶格，强度、硬度不高。奥氏体具有良好的塑性，尤其是具有良好的锻压性能。奥氏体存在于 727 ℃以上的高温范围内，无室温组织。图 3-5 所示为其显微组织。

三、渗碳体（Fe_3C 或 C_m）

渗碳体是含碳量为 6.69% 的铁与碳的金属化合物，其化学式为 Fe_3C。它具有复杂的斜方晶格，与铁和碳的晶体结构完全不同，如图 3-6 所示。渗碳体的性能特点是高熔点（1 227 ℃）、高硬度（950～1 050HV），塑性和韧性几乎为零，脆性极大。渗碳体是钢中的主要强化相，在钢或铸铁中可以片状、球状或网状分布，其分布形态对钢的力学性能影响很大。在适当的条件下（如高温长期停留或极缓慢冷却），渗碳体可分解为铁和石墨状的自由碳，这对铸铁的形成具有重要意义。

图 3-5 奥氏体的显微组织

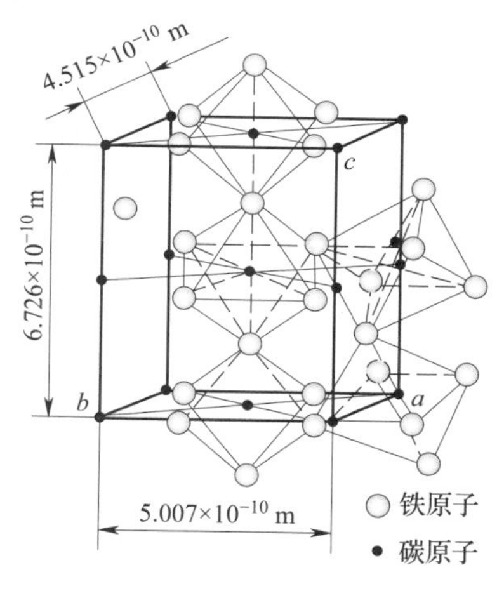

图 3-6 渗碳体的晶胞示意图

四、珠光体（P）

珠光体是铁素体和渗碳体的混合物，用符号 P 表示。它是渗碳体和铁素体片层相间、交替排列形成的混合物。其显微组织如图 3-7 所示，其中彩色线条间的彩色相为铁素体构成的基体，彩色线条为渗碳体。在缓慢冷却条件下，珠光体的含碳量为 0.77%。由于珠光体是由硬的渗碳体和软的铁素体组成的混合物，所以其力学性能是两者的综合，强度较高，硬度适中，具有一定的塑性。

五、莱氏体（Ld）

莱氏体是奥氏体和渗碳体的混合物，用符号 Ld 表示。它是含碳量为 4.3% 的液态铁碳合金在 1 148 ℃时的共晶产物。当温度降到 727 ℃时，由于莱氏体中的奥氏体将转变为珠光体，所以室温下的莱氏体由珠光体和渗碳体组成，这种混合物称为低温莱氏体，用符号 L′d 表示。图 3–8 所示为低温莱氏体的显微组织。由于莱氏体的基体是渗碳体，所以它的性能接近于渗碳体，硬度很高，塑性很差。

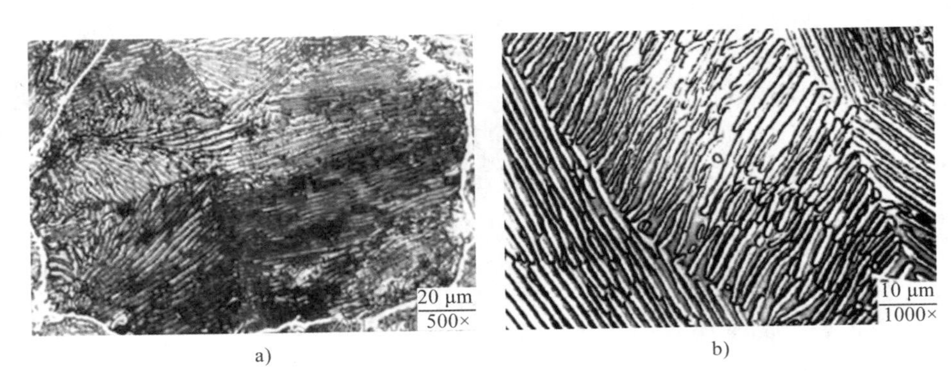

图 3–7　珠光体的显微组织

a）光学显微镜观察组织　b）电子显微镜观察组织

图 3–8　低温莱氏体的显微组织

以上五种组织中，铁素体、奥氏体和渗碳体都是单相组织，称为铁碳合金的基本相；珠光体和莱氏体则是由基本相组成的多相组织。表 3–2 所列为铁碳合金基本组织的性能及特点。

表 3–2　铁碳合金基本组织的性能及特点

组织名称	符号	含碳量 /%	存在温度区间	力学性能			特点
				R_m/MPa	$A_{11.3}$/%	HBW	
铁素体	F	≤ 0.021 8	室温至912 ℃	180 ~ 280	30 ~ 50	50 ~ 80	具有良好的塑性、韧性，较低的强度和硬度
奥氏体	A	≤ 2.11	727 ℃以上	—	40 ~ 60	120 ~ 220	强度、硬度虽不高，却具有良好的塑性，尤其是具有良好的锻压性能

续表

组织名称	符号	含碳量 /%	存在温度区间	力学性能			特点
				R_m/MPa	$A_{11.3}$/%	HBW	
渗碳体	Fe_3C	6.69	室温至1 227 ℃	30	0	≤ 800	高熔点、高硬度，塑性和韧性几乎为零，脆性极大
珠光体	P	0.77	室温至727 ℃	800	20 ~ 35	180	强度较高，硬度适中，有一定的塑性，具有较好的综合力学性能
莱氏体	L′d	4.30	室温至727 ℃	—	0	>700	性能接近于渗碳体，硬度很高，塑性、韧性极差
	Ld		727 ~ 1 148 ℃	—	—	—	

§3-3 铁碳合金相图

铁碳合金相图是表示在缓慢冷却（或缓慢加热）条件下，不同成分的铁碳合金的状态或组织随温度变化的图形。它是研究铁碳合金的基础，是研究铁碳合金的成分、温度和组织结构之间关系的工具。

一、铁碳合金相图的组成

在铁碳合金中，铁和碳可以形成一系列的化合物，如 Fe_3C、Fe_2C、FeC 等，如图 3–9 所示。生产中实际使用的铁碳合金的含碳量一般不超过 5%。因为含碳量更高的材料脆性太大，难以加工，没有实用价值，所以只研究相图中含碳量为 0 ~ 6.69% 的部分（图 3–9 中的阴影部分），故铁碳合金相图也可以认为是 Fe–Fe_3C 相图。

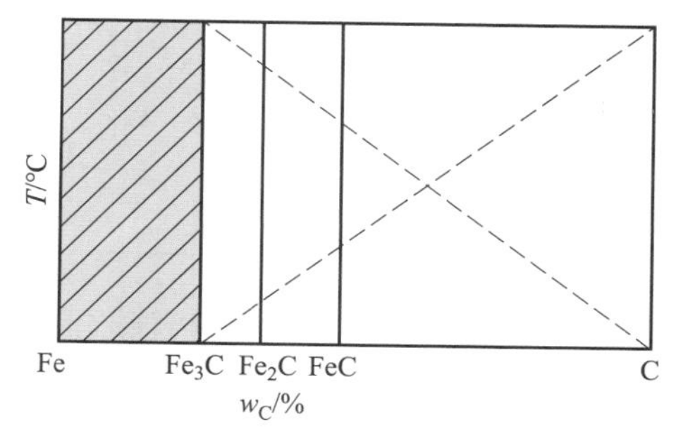

图 3–9 铁和碳形成的化合物

为便于掌握和分析 Fe–Fe_3C 相图，将相图上实用意义不大的部分省略，简化后的 Fe–Fe_3C 相图如图 3–10 所示。图中纵坐标为温度，横坐标为含碳量（质量分数）。

二、Fe–Fe_3C 相图中特性点、线的含义及各区域内的组织

Fe–Fe_3C 相图中有七个特性点及六条特性线。当了解了这些点、线的含义后，就可以把一个看似复杂的相图分割成不同的区域。当成分（含碳量）和温度变化时，按一定规律可分析出各区域产生的组织。

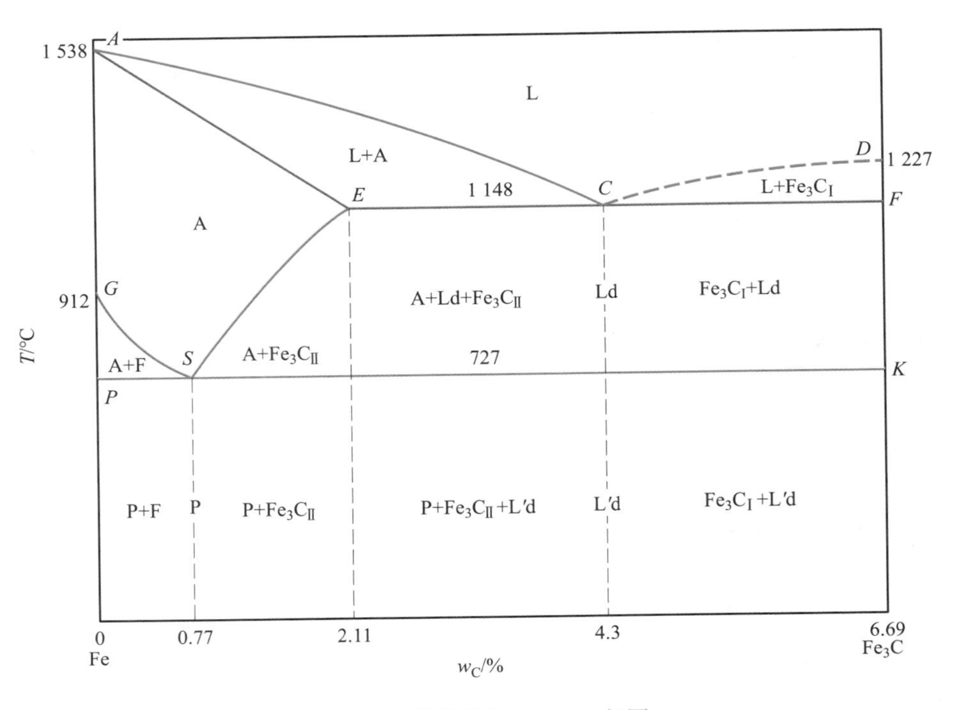

图 3–10　简化后的 Fe–Fe_3C 相图

1. 主要特性点

Fe–Fe_3C 相图中的七个特性点及其温度、含碳量和含义见表 3–3。

表 3–3　　Fe–Fe_3C 相图中的七个特性点及其温度、含碳量和含义

点的符号	温度 /℃	含碳量 /%	含义
A	1 538	0	纯铁的熔点
C	1 148	4.3	共晶点，$L \rightleftharpoons Ld$（$A+Fe_3C$）
D	1 227	6.69	渗碳体的熔点
E	1 148	2.11	碳在奥氏体（γ–Fe）中的最大溶解度点
G	912	0	纯铁的同素异构转变点，$\alpha\text{–Fe} \rightleftharpoons \gamma\text{–Fe}$
S	727	0.77	共析点，$A \rightleftharpoons P$（$F+Fe_3C$）
P	727	0.021 8	碳在铁素体（α–Fe）中的最大溶解度点

（1）共晶点 *C*　高温的铁碳合金液体缓慢冷却到一定温度（1 148 ℃）时，在保持温度不变的条件下，从一个液相中同时结晶出两种固相（奥氏体和渗碳体），这种转变称为共晶转变。共晶转变的产物称为共晶体，铁碳合金的共晶体就是莱氏体 Ld（A+Fe_3C）。*C* 点的温度（1 148 ℃）称为共晶温度。

（2）共析点 *S*　固相的铁碳合金缓慢冷却到一定温度（727 ℃）时，在保持温度不变的条件下，从一个固相（奥氏体）中同时析出两个固相（铁素体和渗碳体），这种转变称为共析转变。共析转变的产物称为共析体，铁碳合金的共析体就是珠光体 P（F+Fe_3C）。*S* 点的温度（727 ℃）称为共析温度。

2. 主要特性线

$Fe-Fe_3C$ 相图中有若干条表示合金状态的分界线，它们是不同成分合金具有相同含义的临界点的连线。

$Fe-Fe_3C$ 相图中的六条特性线及其含义见表 3–4。

表 3–4　　$Fe-Fe_3C$ 相图中的六条特性线及其含义

特性线	含义
ACD	液相线，此线之上为液相区域，线上点为对应不同成分合金的结晶开始温度
AECF	固相线，此线之下为固相区域，线上点为对应不同成分合金的结晶终了温度
GS	A_3 线，冷却时从不同含碳量的奥氏体中析出铁素体的开始线
ES	A_{cm} 线，碳在奥氏体中的溶解度曲线
ECF	共晶线，$L \rightleftharpoons Ld\ (A+Fe_3C)$
PSK	共析线，也称 A_1 线，$A \rightleftharpoons P\ (F+Fe_3C)$

（1）*ACD* 线　液相线。此线以上区域全部为液相，称为液相区，用 L 表示，对应成分的液态合金冷却到此线上的对应点时开始结晶。在 *AC* 线以下结晶出奥氏体，在 *CD* 线以下结晶出渗碳体（称为一次渗碳体 $Fe_3C_Ⅰ$）。

（2）*AECF* 线　固相线。对应成分的液态合金冷却到此线上的对应点时完成结晶过程，变为固态，此线以下为固相区。在液相线与固相线之间是液态合金从开始结晶到结晶终了的过渡区，所以此区域液相与固相并存。*AEC* 区内为液相合金与固相奥氏体，*CDF* 区内为液相合金与固相渗碳体。

（3）*GS* 线　奥氏体冷却时析出铁素体的开始线（或加热时铁素体转变成奥氏体的终止线），也称 A_3 线。奥氏体向铁素体的转变是铁发生同素异构转变的结果。

（4）*ES* 线　碳在奥氏体中的溶解度曲线，也称 A_{cm} 线。随着温度的变化，奥氏体的溶碳能力沿该线上的对应点变化。在 1 148 ℃时，碳在奥氏体中的溶解度为 2.11%（*E* 点的含碳量），在 727 ℃时降到 0.77%（*S* 点的含碳量）。在 *AGSE* 区内为单相奥氏体。含碳量较高（>0.77%）的奥氏体，在从 1 148 ℃缓冷到 727 ℃的过程中，由于其溶碳能力降低，多余的碳会以渗碳体的形式从奥氏体中析出，称为二次渗碳体（$Fe_3C_Ⅱ$）。

（5）*ECF* 线　共晶线。当不同成分液态合金冷却到此线（1 148 ℃）时，在此之前已结晶出部分固相（*A* 或 Fe_3C），剩余液态合金的含碳量变为 4.3%，将发生共晶转变，从剩余液态合金中同时结晶出奥氏体和渗碳体的混合物，即莱氏体（Ld）。共晶转变是一种可逆转变。

（6）*PSK* 线　共析线，也称 A_1 线。当合金冷却到此线（727 ℃）时将发生共析转变。从合金的奥氏体中同时析出铁素体和渗碳体的混合物，即珠光体（P）。共析转变也是一种可逆转变。

三、铁碳合金的分类

按含碳量不同，铁碳合金的室温组织可分为工业纯铁、钢和白口铸铁。其中，把含碳量不大于 0.021 8% 的铁碳合金称为工业纯铁；把含碳量大于 0.021 8% 而不大于 2.11% 的铁碳合金称为钢；把含碳量大于 2.11% 的铁碳合金称为铸铁。铁碳合金的室温组织及分类见表 3–5。

表 3–5　铁碳合金的室温组织及分类

合金类别	纯铁	钢			白口铸铁		
		亚共析钢	共析钢	过共析钢	亚共晶白口铸铁	共晶白口铸铁	过共晶白口铸铁
含碳量 /%	≤ 0.021 8	＞ 0.021 8 ~ 2.11			＞ 2.11 ~ 6.69		
		＞ 0.021 8 ~ 0.77	0.77	0.77 ~ 2.11	＞ 2.11 ~ 4.3	4.3	4.3 ~ 6.69
室温组织	F	F+P	P	$P+Fe_3C_{II}$	$P+Fe_3C_{II}+L'd$	L′d	$L'd+Fe_3C_{I}$
典型组织显微相片	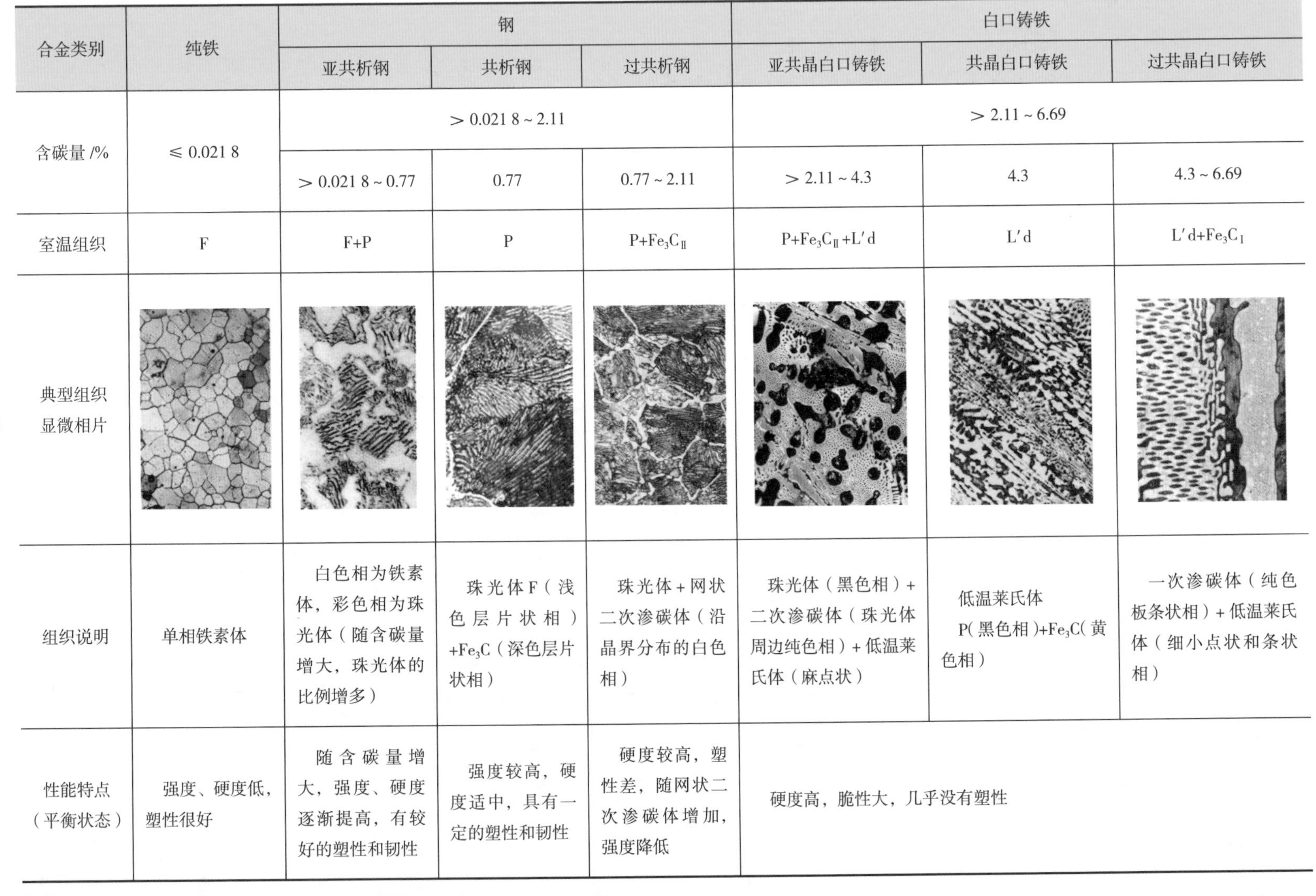						
组织说明	单相铁素体	白色相为铁素体，彩色相为珠光体（随含碳量增大，珠光体的比例增多）	珠光体 F（浅色层片状相）$+Fe_3C$（深色层片状相）	珠光体 + 网状二次渗碳体（沿晶界分布的白色相）	珠光体（黑色相）+ 二次渗碳体（珠光体周边纯色相）+ 低温莱氏体（麻点状）	低温莱氏体 P(黑色相)$+Fe_3C$(黄色相)	一次渗碳体（纯色板条状相）+ 低温莱氏体（细小点状和条状相）
性能特点（平衡状态）	强度、硬度低，塑性很好	随含碳量增大，强度、硬度逐渐提高，有较好的塑性和韧性	强度较高，硬度适中，具有一定的塑性和韧性	硬度较高，塑性差，随网状二次渗碳体增加，强度降低	硬度高，脆性大，几乎没有塑性		

四、铁碳合金结晶过程分析

1. 共析钢

图 3–11 中合金 Ⅰ 为含碳量 0.77% 的共析钢。液态合金冷却到和 *AC* 线相交的 1 点时，开始结晶出奥氏体（A），到 2 点时结晶终了，此时合金全部由奥氏体组成。在 2 点到 3 点间，组织不发生变化。当合金冷却到 3 点时奥氏体发生共析转变：$A \xrightleftharpoons{727\ ℃} P(F+Fe_3C)$，从奥氏体中同时析出铁素体和渗碳体的混合物，即珠光体。温度再继续下降，组织基本上不发生变化。共析钢在室温时的组织是珠光体（显微组织见图 3–7）。合金的组织按下列顺序变化：

$$L \xrightarrow{AC} L+A \xrightarrow{AE} A \xrightarrow{S} P(F+Fe_3C)$$

2. 亚共析钢

图 3–11 中合金 Ⅱ 是含碳量为 0.45% 的亚共析钢。液态合金冷却到 1 点时开始结晶出奥氏体，到 2 点时结晶完毕，2 点到 3 点间为单相奥氏体组织。当冷却到与 *GS* 线相交的 3 点时，从奥氏体中开始析出铁素体。当温度降至与 *PSK* 线相交的 4 点时，剩余奥氏体的含碳量达到 0.77%，发生共析转变，转变成珠光体。4 点以下至室温，合金组织基本上不发生变化。亚共析钢的室温组织由珠光体和铁素体组成。合金的组织按下列顺序变化：

$$L \xrightarrow{AC} L+A \xrightarrow{AE} A \xrightarrow{GS} A+F \xrightarrow{PSK} P+F$$

含碳量不同时，珠光体和铁素体的相对量也不同。含碳量越多，钢中的珠光体数量越多。含碳量为 0.45% 的亚共析钢的显微组织如图 3–12 所示。

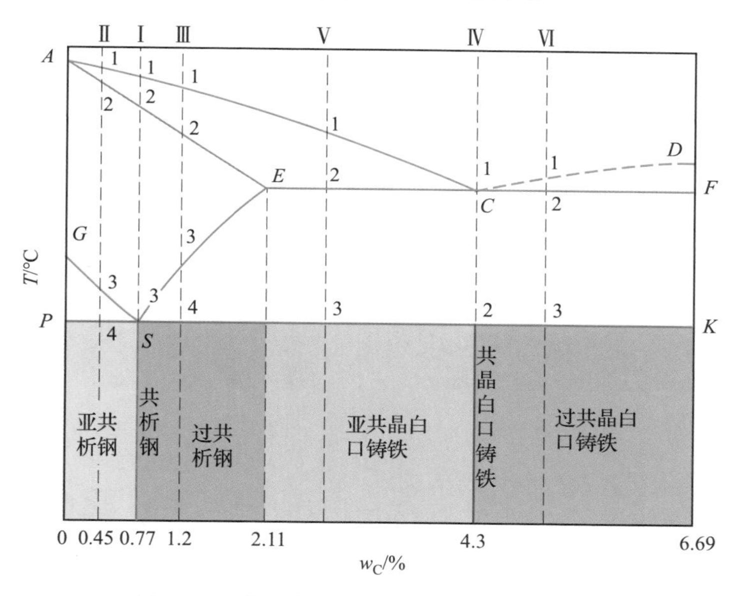

图 3–11 典型合金在 $Fe-Fe_3C$ 相图中的位置

3. 过共析钢

图 3–11 中合金 Ⅲ 是含碳量为 1.2% 的过共析钢。液态合金冷却到 1 点时，开始结晶出奥氏体，到 2 点结晶完毕。2 点到 3 点间为单相奥氏体。当合金冷却到与 *ES* 线相交的 3 点时，奥氏体中的含碳量达到饱和，继续冷却，碳以渗碳体的形式从奥氏体中析出，称为二次渗碳体，沿奥氏体晶界呈网状分布。当温度降至与 *PSK* 线相交的 4 点时，剩余奥氏体中的

含碳量达到 0.77%，发生共析转变，奥氏体转变成珠光体。从 4 点以下至室温，合金组织基本上不发生变化。最后得到珠光体和网状二次渗碳体组织。钢中含碳量越多，二次渗碳体也越多。含碳量为 1.2% 的过共析钢的显微组织如图 3–13 所示。

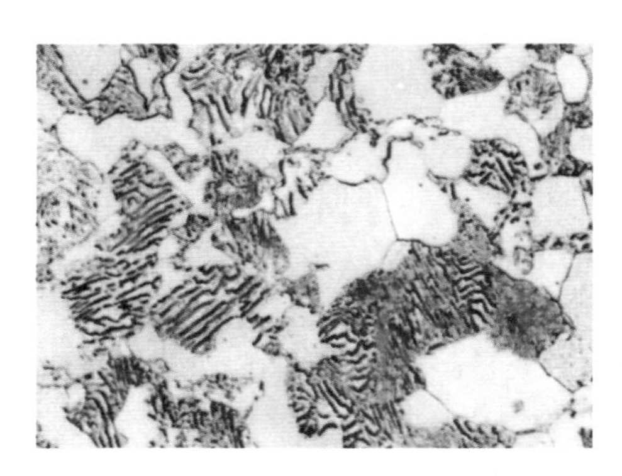

图 3–12　含碳量为 0.45% 的亚共析钢的显微组织

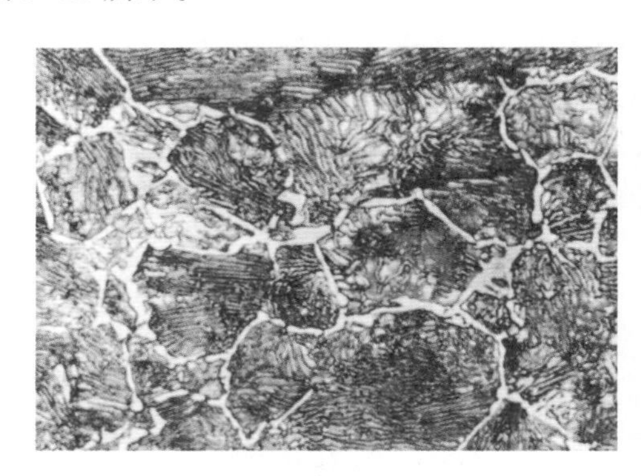

图 3–13　含碳量为 1.2% 的过共析钢的显微组织

4. 白口铸铁

图 3–11 中合金Ⅳ是共晶白口铸铁，合金Ⅴ表示某一成分的亚共晶白口铸铁，合金Ⅵ表示某一成分的过共晶白口铸铁。同理，根据相图可以分析它们的结晶过程和所得的显微组织。共晶白口铸铁的显微组织如图 3–14 所示，亚共晶白口铸铁的显微组织如图 3–15 所示，过共晶白口铸铁的显微组织如图 3–16 所示。

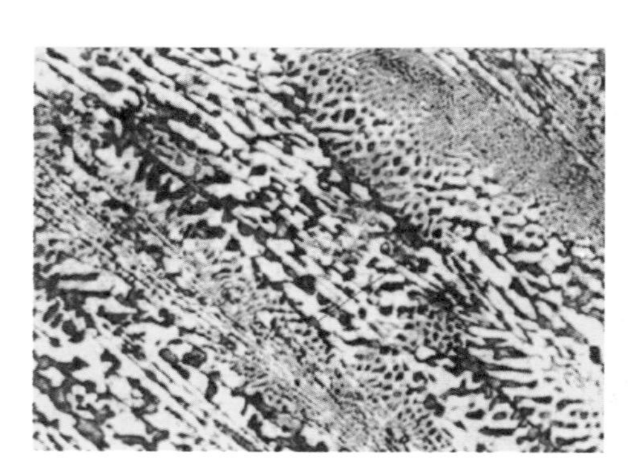

图 3–14　共晶白口铸铁的显微组织

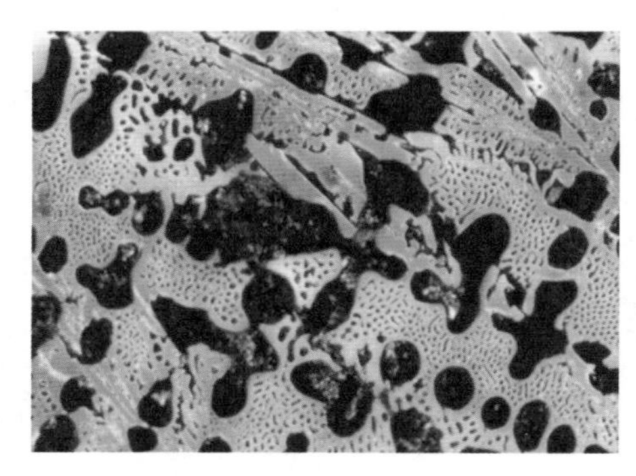

图 3–15　亚共晶白口铸铁的显微组织

五、铁碳合金的成分、组织与性能的关系

分析铁碳合金的室温组织不难发现，随含碳量的增加，其组织顺序为 $F \rightarrow F+P \rightarrow P \rightarrow P+Fe_3C_{II} \rightarrow P+Fe_3C_{II}+L'd \rightarrow L'd \rightarrow L'd+Fe_3C_{I}$。其中，珠光体（P）和低温莱氏体（L′d）由铁素体和渗碳体组成，因此可认为铁碳合金的室温组织都是由铁素体和渗碳体组成的，但含碳量不同时，铁素体和渗碳体的相对量会有变化。含碳量越高，铁素体含量越少，而渗碳体含量越多。

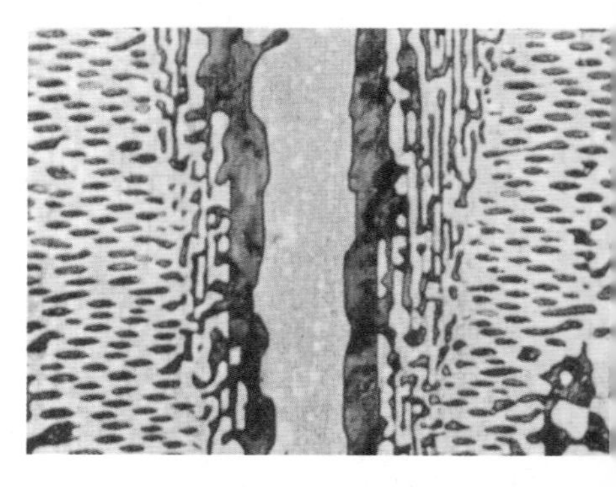

图 3–16　过共晶白口铸铁的显微组织

铁碳合金的成分不但对其组织有上述影响，对其

性能也有影响。含碳量越高，钢的强度、硬度越高，而塑性、韧性越低，在钢经过热处理后表现尤为明显。这主要是因为含碳量越高，钢中的硬脆相 Fe_3C 越多。当含碳量超过 0.9% 后，由于脆而硬的二次渗碳体的数量随含碳量的增加而急剧增多，并呈网状分布于晶界上（见表 3–5 中过共析钢显微相片），将钢中的珠光体组织割裂开来，使钢的强度有所降低。因此，对非合金钢及低、中合金钢来说，其含碳量一般不超过 1.3%。

六、Fe–Fe_3C 相图的应用

铁碳合金相图表明了含碳量不同时其组织、性能的变化规律，也揭示了相同成分合金在不同温度时组织和性能的变化。这为生产实践中的选材、热处理工艺的制定提供了依据。

1. 作为选材的依据

碳对铁碳合金的组织和性能有着重大的影响。不同成分的铁碳合金在力学性能和工艺性能等方面有极大的差异。

在设计和生产中，通常是根据机械零件或工程构件的使用性能来选择钢的成分（钢号）。例如，要求塑性、韧性及焊接性能好，但强度、硬度要求不高时，应选用低碳钢；而机器的主轴或车辆的转轴要求有较好的综合性能，则应选用中碳钢；车刀、钻头等工具应选用高碳钢。白口铸铁中由于莱氏体的存在而具有很高的硬度和耐磨性，但脆性大，难以加工，其应用受到一定限制，通常可作为生产可锻铸铁的原料或直接铸成不受冲击而耐磨的轧辊、犁铧等。

2. 在铸造生产中的应用

根据 Fe–Fe_3C 相图的液相线，可以找出不同成分的铁碳合金的熔点，从而确定合适的熔化温度与浇注温度。图 3–17 给出了钢和铸铁的浇注区。可以看出，钢的熔化温度与浇注温度均比铸铁高。而铸铁中靠近共晶成分的铁碳合金不仅熔点低，而且凝固温度区间小，有较好的铸造流动性，适于铸造。

3. 在锻造工艺上的应用

钢经加热后获得单相的奥氏体组织，其强度低，塑性好，易于塑性变形加工，因此，钢材锻造或轧制的温度范围多选在单一奥氏体区。但始锻温度不得过高，以免钢材在锻轧时严重氧化，甚至因晶界熔化而碎裂；终锻温度也不得过低，否则钢材因塑性太差，易在锻轧过程中产生裂纹。Fe–Fe_3C 相图与铸、锻工艺的关系如图 3–17 所示。

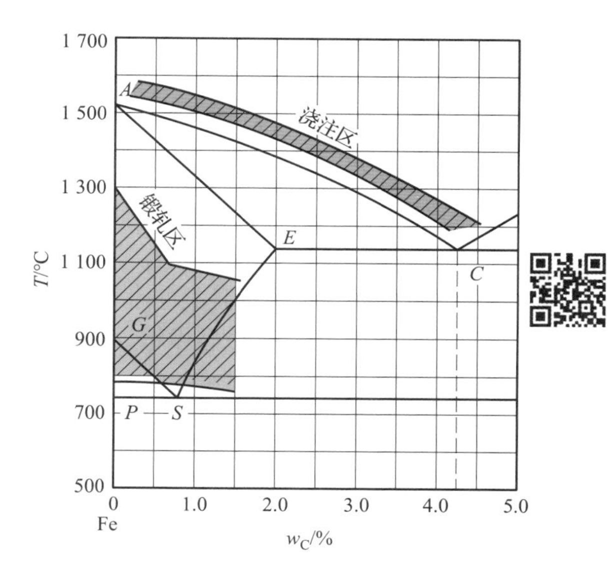

图 3–17　Fe–Fe_3C 相图与铸、锻工艺的关系

4. 在热处理工艺上的应用

Fe–Fe_3C 相图中的左下角部分是钢进行热处理的重要依据，不同含碳量的钢在加热和冷却时发生相变的规律和对应温度是对不同含碳量的钢采用不同热处理工艺时确定加热温度的重要依据。相关内容将在第五章中详细介绍。

相 图 诀

温度成分建坐标，铁碳二元要记牢。
两平三垂标特点，九星闪耀五弧交。
共晶共析液固线，十二面里组织标。
基本组织先标好，相间组织共逍遥。
分析成分断组织，铸锻处理离不了。

注：《相图诀》简明扼要地介绍了铁碳合金相图的结构特点、画法和用途。

铁碳二元——铁（Fe）和渗碳体（Fe_3C）。

两平——*ECF* 线、*PSK* 线。

三垂——含碳量分别为 0.77%、2.11% 和 4.3% 的三条特性线。

九星——*A*、*C*、*D*、*G*、*S*、*E*、*P*、*F*、*K* 九个特性点。

五弧——*AC*、*CD*、*AE*、*GS*、*ES* 五条线。

请根据《相图诀》的提示，画一张简化后的铁碳合金相图。

§3-4 观察铁碳合金的平衡组织（试验）

一、试验目的

1．了解金相显微镜的基本构造与使用方法。

2．观察和识别非合金钢及白口铸铁的平衡组织。

二、试验内容和试验器材

1．试验内容：观察各类非合金钢和白口铸铁的平衡组织，画出各类组织的示意图。

2．试验器材：金相显微镜，20、45、T8、T12 钢及亚共晶白口铸铁、共晶白口铸铁、过共晶白口铸铁的金相试样。

金相试样制备简介

1. 取样与镶嵌

（1）硬度不高的材料可用手锯、车床来切取试样，硬度较高的材料可在砂轮切割机上用锯片砂轮切割。

（2）尺寸较小的试样（如薄片、丝状试样等）可采用镶嵌的方法，将试样镶嵌到塑料、电木或低熔点的金属中，也可用夹具夹住。

2. 磨光试样

先在砂轮上磨平试样，然后用水冲洗，擦干，再用粗砂纸磨掉砂轮磨痕，依次换用01 ~ 03号金相砂纸磨平试样。磨平时要注意以下几点：

（1）在砂轮磨削过程中，试样应随时用水冷却，以防温度升高引起组织变化。

（2）试样粗磨后要倒角，防止在细磨时划破砂纸。

（3）砂纸应放平整（可垫玻璃板），磨试样时要沿一个方向，不要来回磨，手的压力要均匀。

（4）每换一次砂纸，应将双手和试样上的磨粒冲洗干净，并将磨削方向变换90°，直到把磨痕磨掉时再换细一号的砂纸。

3. 抛光试样

抛光包括机械抛光、电解抛光和化学抛光等，一般采用机械抛光。机械抛光在专门的抛光机上进行。使用时将抛光织物（帆布、毛呢、绒布）固定在抛光盘上，然后将试样压在抛光盘上，使试样在旋转的抛光盘上磨成镜面。

在抛光时，试样要均匀地轻压在抛光盘上，以防试样飞出或因用力太大而形成新的磨痕。试样应沿抛光盘径向来回移动并缓慢转动，在抛光过程中要不断地向抛光盘滴抛光液。抛光液是由极细的氧化铝、氧化铬和氧化镁磨料加水而成的悬浮液。

4. 腐蚀抛光后的试样

除具有特殊颜色的非金属夹杂物外，在金相显微镜下并不能观察到试样组织，必须对其进行腐蚀。由于不同相的耐腐蚀性不同，腐蚀后会出现凹凸不平的状态，因而光线反射情况不一样，使显微镜下出现明暗不同的区域，从而显示出其显微组织。

金相显微镜使用简介

金相显微镜的构造及光学原理如下图所示。

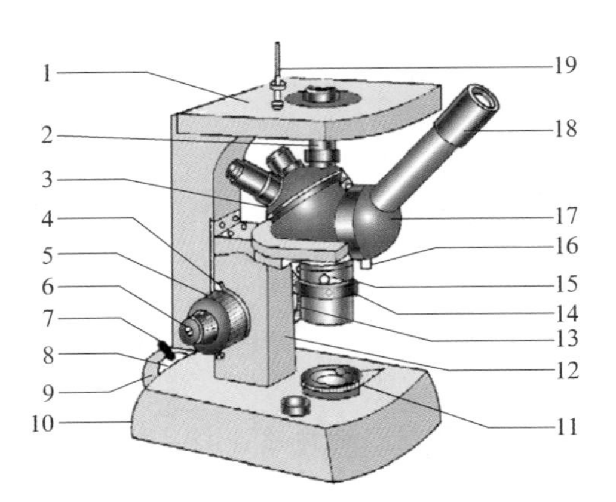

1—载物台　2—物镜　3—物镜转换器　4—限位手柄　5—粗动调焦手轮　6—微动调焦手轮　7—滚花螺钉　8—偏心圈　9—灯座　10—底座　11—孔径光栏　12—粗微动座　13—松紧调节手轮　14—视场光栏　15—调节螺钉　16—固定螺钉　17—单筒目镜管组　18—目镜　19—试样压片组

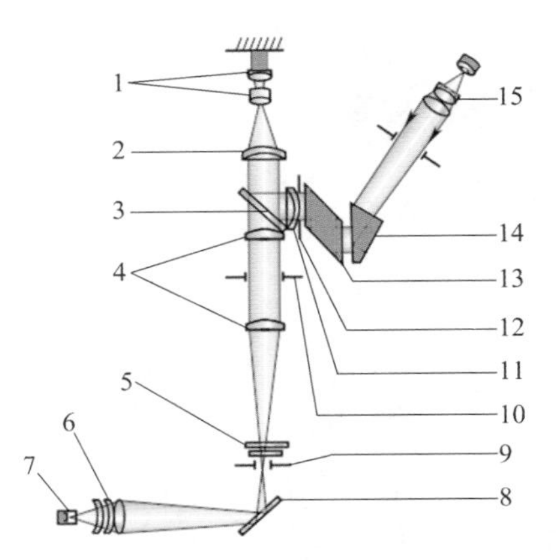

1—物镜组　2—辅助物镜片（一）　3—半透反光镜　4—聚光透镜组（二）　5—滤色片　6—聚光透镜组（一）　7—灯泡　8—反光镜　9—孔径光栏　10—视场光栏　11—辅助物镜片（二）　12—消杂光栏　13—棱镜　14—半五角棱镜　15—目镜组

金相显微镜工作时，由灯泡发出一束光线，经过聚光透镜组（一）及反光镜会聚到孔径光栏上，然后经过聚光透镜组（二）将光线聚焦在物镜的后焦面上，最后光线通过物镜以平行光束照射到试样磨面。从试样磨面反射和散射回来的成像光线，又经物镜、辅助物镜片（一）、半透反光镜、辅助物镜片（二）、棱镜及半五角棱镜形成一个放大实像，经目镜再次放大，就成为从目镜中看到的图像。

使用金相显微镜的注意事项：

（1）使用中不允许有剧烈振动，调焦时不要用力过大，以免损坏物镜。装取目镜、物镜时要拿稳。

（2）镜头不能用手、纸或布等擦拭，若有脏物应用脱脂纱布蘸少许二甲苯轻轻擦拭。

（3）显微镜照明光源是低压灯泡，因此必须使用低压变压器，不得将灯泡直接插在220 V电源上，以免烧坏。

三、试验步骤

试验步骤见表3–6。

表3–6　　试验步骤

步骤	图示	说明
接通电源		将照明灯插头插入变压器插座孔中，接通电源

续表

步骤	图示	说明
安装物镜与目镜	 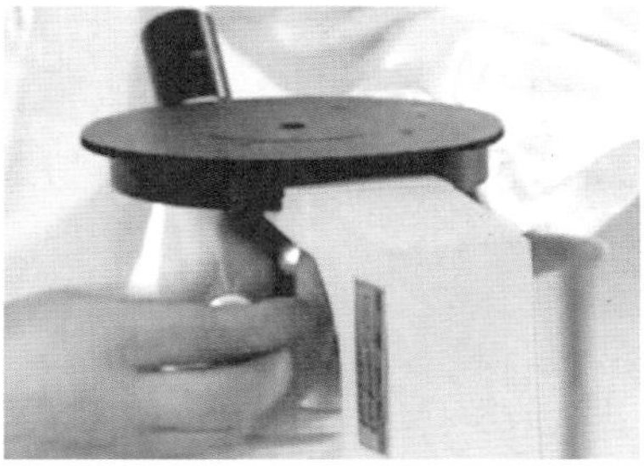	按要求的放大倍数选配物镜与目镜。试样的放大倍数是物镜的放大倍数乘目镜的放大倍数。将物镜装在物镜转换器上，将目镜插入目镜管组的目镜筒中
放置试样	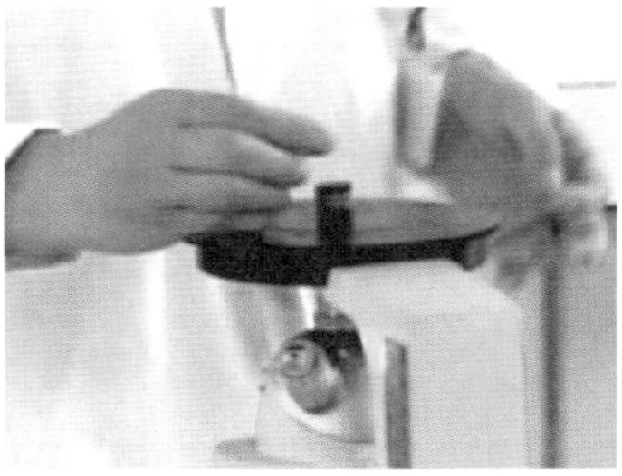	将试样观察面朝下，放在载物台中心
调焦	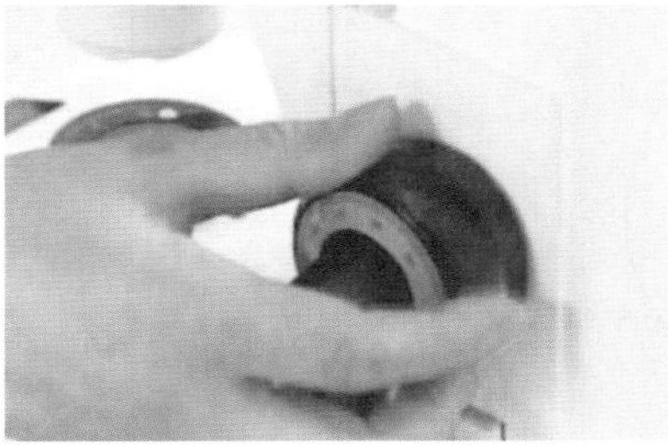	先用粗动调焦手轮调节焦距，看到组织后，再用微动调焦手轮进行微调，直至图像清晰
调节光栏	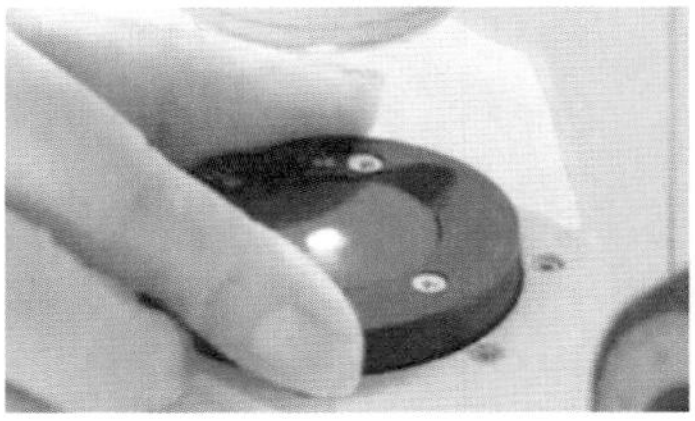 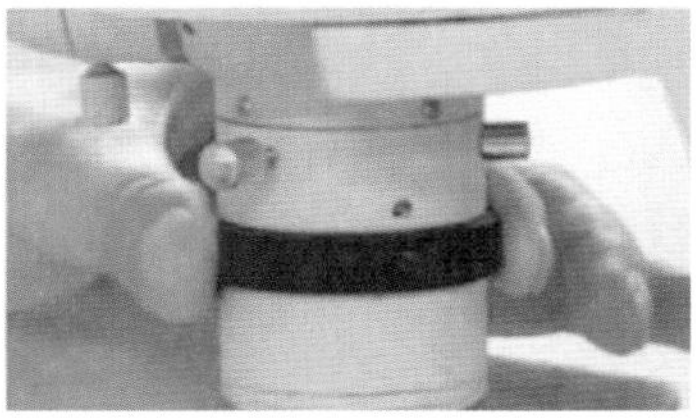	调节孔径光栏和视场光栏，以获得最佳质量的图像

续表

步骤	图示	说明
观察各试样显微组织	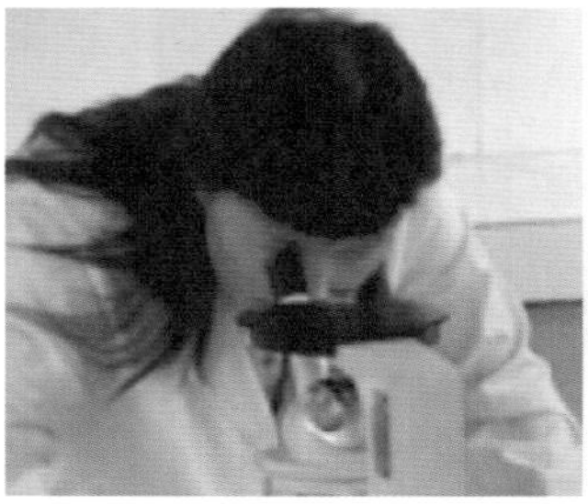 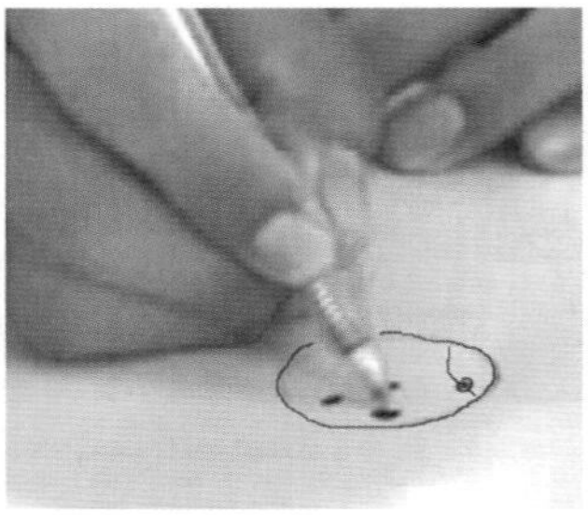	观察各试样显微组织，并用铅笔在事先准备好的白纸上绘出组织的示意图
收尾	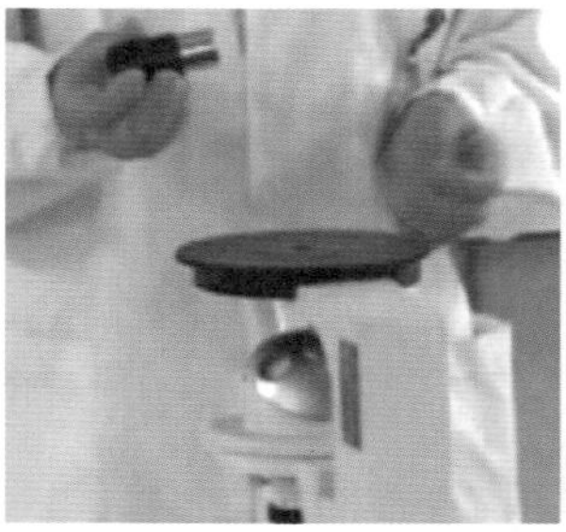 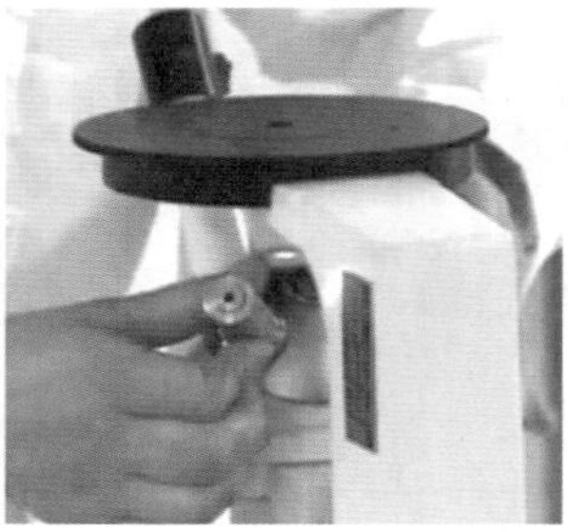	切断电源，取下镜头与试样，放回原处

四、试验记录

将观察时绘制的试样显微组织示意草图进行修正，按表 3–7 中例图的形式画在表中，并标明各组织的名称，注明试样成分、放大倍数。

表 3–7　不同含碳量铁碳合金的显微组织

试样名称	含碳量 /%	显微组织（示意图）	试样名称	含碳量 /%	显微组织（示意图）
20 钢			T8 钢		
45 钢			T12 钢		

续表

试样名称	含碳量 /%	显微组织（示意图）	试样名称	含碳量 /%	显微组织（示意图）
亚共晶白口铸铁			过共晶白口铸铁		
共晶白口铸铁			30 钢（示例）	0.3	F P F+P ×500

1. 什么是合金中的元和相？
2. 什么是合金的组织？合金的组织有哪几种类型？
3. 什么是固溶体？什么是固溶强化？
4. 为什么合金的组织决定其性能？
5. 什么是共析转变？什么是共晶转变？
6. 按含碳量不同，铁碳合金可分为哪几种？
7. 什么是钢？根据含碳量和室温组织的不同，钢分为哪几类？
8. 铁碳合金相图有哪些具体用途？
9. 含碳量的变化对钢的性能有何影响？

第四章 非合金钢

1. 了解杂质元素对非合金钢性能的影响。
2. 掌握非合金钢的分类和牌号命名方法。
3. 掌握非合金钢牌号与其成分、组织、性能、用途之间的关系。
4. 能根据零件的使用条件和要求，正确选择非合金钢。

按照国家标准 GB/T 13304.1—2008《钢分类　第 1 部分：按化学成分分类》的规定，钢按化学成分分为非合金钢、低合金钢、合金钢三大类。你能举例说出这三类钢材在生产、生活中的具体应用吗？

非合金钢是指钢中各元素含量低于规定值的铁碳合金。非合金钢即碳素钢，其冶炼容易，价格低廉，性能可满足一般工程构件、普通机械零件和工具的使用要求，在工业中广泛应用，产量和用量占钢总产量的 80% 以上。

§4-1　杂质元素对非合金钢性能的影响

一、炼钢过程概述

目前，生产中采用的炼钢方法有平炉炼钢、转炉炼钢（包括氧气顶吹转炉炼钢）和电炉炼钢等。尽管使用的炉子和操作步骤不同，但是都由如下几个基本过程所组成：

1. 采用不同的热源将原料（生铁、废钢等）熔化。

2. 采用不同的方法（如加入氧化铁，使接触氧化性炉气，或通入空气、富氧空气甚至纯氧等）使钢液中的碳、硅、锰、磷、硫等杂质元素氧化。

3．加入造渣材料使杂质元素的氧化生成物进入炉渣而被排除或生成气体而逸出。

4．氧化终了时，钢液中不可避免地溶解了过多的氧，以及生成部分氧化铁。为此，必须加脱氧剂进行脱氧，并使脱氧生成物进入炉渣而与钢液分离。

5．根据所炼钢种的要求加入合金元素，调整成分，调整钢液温度，然后出钢。

二、炼钢方法对钢的质量和性能的影响

钢的质量及其性能与钢的纯净程度（即钢中固体及气体夹杂物的含量）密切相关，而其纯净程度又与炼钢方法密切相关。普通的转炉炼钢方法，由于借助鼓入压缩空气进行杂质的氧化过程，所以钢中溶有的各种气体（如 O_2、H_2 及 N_2）较多，而且在氧化性气氛中难以彻底去除杂质，所以普通转炉钢的纯净程度最差，因而其力学性能特别是韧性最差（纯氧顶吹转炉钢的质量比较好，可接近于平炉钢）。电炉炼钢方法，由于可能在炉中创造还原性气氛，因此能在更大程度上去除硫、磷等有害杂质。相对来说，电炉钢的纯净度最高，因而其力学性能也最好。一般比较高级的优质钢，多是在电炉中冶炼的。平炉钢的纯净程度则介于普通转炉钢和电炉钢之间，其力学性能也是如此。

无论哪一种炼钢方法，所炼得的钢都不可能绝对纯净，总在不同程度上含有氮、氧、氢等元素以及各种非金属夹杂物和其他杂质元素，这些成分存在于钢中，一般是有损于钢的力学性能的。

三、脱氧方法对钢的质量和性能的影响

炼钢用的脱氧剂，一般有锰、硅及铝等。在这三种脱氧剂中以锰的脱氧能力最弱，但锰脱氧的生成物 MnO 容易进入炉渣而被除去，因而钢液不受沾污。硅的脱氧能力比锰强十倍左右，但其脱氧生成物 SiO_2 不易全部进入炉渣，而部分地成夹杂物残留在钢中。铝的脱氧能力更强，然而铝的脱氧生成物 Al_2O_3 不易聚成颗粒进入渣中，因而当脱氧用铝量较大时，就会使钢中含有大量 Al_2O_3 的非金属夹杂物。通常在钢液脱氧时先加入锰铁、硅铁，待钢液含氧量降低到一定程度时，再加铝进行进一步脱氧。残留在钢中的脱氧产物，对钢的组织和性能有明显影响。

冶炼低碳钢（含碳量 $\leq 0.25\%$）时，一般使用锰脱氧，因锰脱氧不能完全，致使钢液处于不完全脱氧状态下铸锭。溶于钢中的 FeO，在锭模内冷凝过程中将继续发生下列还原反应：

$$FeO+C=Fe+CO\uparrow$$

反应时放出大量气体，造成钢液在锭模中剧烈沸腾，故称之为沸腾钢。沸腾钢锭的皮层内有大量分散的小气孔，通过轧制，这些气孔可以闭合。由于气孔的存在，抵消了钢液凝固时体积的收缩，所以钢锭头部没有集中缩孔，轧制时不须大量切除，钢锭利用率较高。当钢液用锰、硅、铝进行充分脱氧后铸锭时，钢液在锭模中平静地凝固，凝固后除了头部形成集中缩孔外，其他部分都比较紧实，这种钢称为镇静钢。

镇静钢可以是任何钢种，沸腾钢只能是低碳钢。同样强度等级的镇静钢和沸腾钢相比，镇静钢的韧性较高，冷脆性（冷脆性指随着温度的降低，金属材料强度有所增加，而韧性下降的现象）倾向较小。又由于镇静钢中常存在弥散分布的 Al_2O_3 质点，在其结晶时能成为外来的晶核，因此有利于细化钢的晶粒。而沸腾钢韧性较低，冷脆性倾向较大，焊接性能也较差。

四、杂质元素对钢的质量和性能的影响

非合金钢中除铁和碳两种元素外，还不可避免地在冶炼过程中从生铁、脱氧剂等炉料中

带入一些其他杂质元素，其中主要有锰、硅、硫、磷等元素。这些元素的存在必然会对钢的性能产生一定的影响。

1. 锰

锰是钢中的有益元素，是炼钢时用锰铁脱氧而残留在钢中的。锰有很好的脱氧能力，还可以与硫形成 MnS，从而消除硫的有害作用。锰作为杂质，含量一般应不超过 0.8%。

2. 硅

硅是钢中的有益元素，它是作为脱氧剂而进入钢的。硅的脱氧能力比锰还强，能提高钢的强度及质量。硅作为杂质，含量一般应不超过 0.4%。

3. 硫

硫是钢中的有害元素，常以 FeS 的形式存在。FeS 与 Fe 形成低熔点的共晶体，熔点为 985 ℃，分布在晶界，当钢材在 1 000～1 200 ℃进行压力加工时，共晶体熔化，使钢材变脆，这种现象称为热脆性。为了避免热脆，钢中含硫量必须严格控制，通常应小于 0.05%。

4. 磷

磷是钢中的有害元素，它使钢冷脆性增大。因此，钢中含磷量也要严格控制，通常应小于 0.045%。

5. 氧

氧通常以 FeO 形式或非金属夹杂物（如 Al_2O_3、SiO_2 等）形式存在于钢中。氧有使钢呈热脆性的作用。

6. 氮

氮在高温下能溶于 γ-Fe 或 α-Fe 中，急速冷却后并不立即析出，而将在长期搁置时以细小分散的氮化物析出，从而使钢的韧性显著下降，导致工件易于脆性破坏，这种现象称为时效。沸腾钢由于含氮较多，所以时效倾向较为严重。

7. 氢

尽管氢在钢中含量不多，但即使是微量氢的存在也会造成氢脆等缺陷，因而是有害元素。研究表明，当氢含量超过 4 cm^3/100 g 时，钢的塑性近乎丧失，这种现象称为氢脆。氢还是钢材在锻、轧加工后出现“白点”缺陷的主要原因。

§4-2 非合金钢的分类

非合金钢的分类方法很多，最常见的是按钢的含碳量、质量等级、用途和冶炼时脱氧程度来分。

一、按非合金钢的含碳量分类

1. 低碳钢

含碳量≤ 0.25%。

2. 中碳钢

含碳量为 0.25%～0.6%。

3. 高碳钢

含碳量≥ 0.60%。

二、按非合金钢的质量等级分类

1. 普通质量非合金钢

普通质量非合金钢指生产过程中不需要特别控制质量的钢，主要有一般用途的碳素结构钢、碳素钢筋钢、铁道用钢等。

2. 特殊质量非合金钢

特殊质量非合金钢是指在生产过程中需要特别严格控制质量和性能的非合金钢，如控制淬透性和纯洁度，钢中 S、P 杂质最少，主要包括保证淬透性的非合金钢，航空和兵器等专用非合金钢、碳素弹簧钢、碳素工具钢等。

3. 优质非合金钢

优质非合金钢指除普通质量非合金钢和特殊质量非合金钢以外的非合金钢，在生产过程中需要特别控制质量，如控制晶粒度，降低硫与磷的含量，改善表面质量或增加工艺控制等，主要包括机械结构用优质非合金钢、工程结构用非合金钢、冲压薄板的低碳结构钢、造船用非合金钢、焊条用非合金钢、优质铸造非合金钢等。

三、按非合金钢的用途分类

1. 碳素结构钢

碳素结构钢主要用于制造建筑结构件、工程结构件和各种机械零件。其中，制造建筑结构件、工程结构件主要用普通碳素结构钢，而制造机械零件多用优质碳素结构钢。结构钢的含碳量一般均小于 0.70%。

2. 碳素工具钢

碳素工具钢主要用于制造各种刀具、量具和模具。这类钢含碳量较高，一般属于高碳钢。

四、按非合金钢冶炼时脱氧程度分类

根据炼钢末期脱氧程度的不同，非合金钢又可分为：

1. 沸腾钢

脱氧程度不完全的钢。

2. 镇静钢

脱氧程度完全的钢。

3. 特殊镇静钢

比镇静钢脱氧程度更充分、更彻底的钢。

五、其他分类方法

非合金钢还可以从其他角度进行分类。例如，按专业领域分为锅炉用钢、桥梁钢、矿用钢等；按冶炼方法分为转炉钢、电炉钢等。

在给钢产品命名时，为充分反映它的本质属性，往往把用途、含碳量和质量等级这三种分类方法结合起来，从而将钢命名为碳素结构钢、优质碳素结构钢、碳素工具钢以及高级优质碳素工具钢等。

§4-3 非合金钢的牌号与用途

一、非合金钢的牌号表示方法

按 GB/T 221—2008 的规定，我国钢铁产品牌号表示方法，采用汉语拼音、化学元素符号和阿拉伯数字相结合的原则，非合金钢牌号表示方法见表 4-1。

表 4-1　　非合金钢牌号表示方法（摘自 GB/T 221—2008、GB/T 5613—2014）

产品名称	牌号表示方法	牌号举例
碳素结构钢	其牌号由以下四部分组成： （1）前缀符号 + 强度值（单位 MPa），前缀符号为代表屈服强度“屈”的汉语拼音首位字母 Q （2）（必要时）钢的质量等级：用英文字母 A、B、C、D 表示，从 A 到 D 依次提高 （3）（必要时）脱氧方法符号：F——沸腾钢、Z——镇静钢、TZ——特殊镇静钢，Z 与 TZ 符号在钢号组成表示方法中予以省略 （4）（必要时）在牌号尾加产品用途、特性和工艺方法表示符号	Q195 Q215A Q235AF
优质碳素结构钢和优质碳素弹簧钢	优质碳素结构钢和优质碳素弹簧钢的牌号均由以下四部分组成： （1）用两位数字表示，这两位数字表示该钢的平均含碳量的万分数 （2）（必要时）较高含锰量钢在牌号后面标出元素符号 Mn （3）（必要时）钢材冶炼质量，即高级优质、特级优质钢分别以 A、E 表示，优质钢不用字母表示 （4）（必要时）产品用途、特性和工艺方法表示符号（见表 6-3）	08 40Mn 50A 45AH 65Mn
碳素工具钢	其牌号由以下四部分组成： （1）碳素工具钢的表示符号，以汉字“碳”的汉语拼音首位字母 T 表示 （2）阿拉伯数字表示钢中平均含碳量的千分数 （3）（必要时）较高含锰量的碳素工具钢，牌号后面标出元素符号 Mn （4）（必要时）钢材冶炼质量，即高级优质以 A 表示，优质钢不用字母表示	T7 T8Mn T12A
易切削钢	其牌号通常由以下三部分组成： （1）易切削钢表示符号 Y （2）以两位阿拉伯数字表示平均含碳量的万分数 （3）易切削元素符号，如含钙、铅、锡等易切削元素的易切削钢分别以 Ca、Pb、Sn 表示。加硫或加硫、磷的易切削钢，通常不加易切削元素符号 S、P，较高含锰量的加硫或加硫、磷的易切削钢，本部分为锰元素符号 Mn。为区分牌号，对较高含硫量的易切削钢，在牌号尾部加硫元素符号 S	Y15 Y40Mn Y15Pb Y45Ca

续表

产品名称	牌号表示方法	牌号举例
车辆车轴及机车车辆用钢	其牌号通常由两部分组成： （1）车辆车轴用钢牌号表示符号 LZ 或机车车辆用钢牌号表示符号 JZ （2）以两位阿拉伯数字表示平均含碳量的万分数	LZ45 JZ45
铸造碳钢	铸造碳钢代号用“铸”和“钢”两字的汉语拼音的第一个大写字母 ZG 表示。工程与结构用铸造碳钢在 ZG 后面加两组数字，第一组表示屈服强度最低值，第二组表示抗拉强度最低值，之间用“–”隔开	ZG200–400 ZG340–640

二、常用非合金钢的性能和用途

1. 碳素结构钢

碳素结构钢是工程中应用最多的钢种，其产量约占钢总产量的 70%~80%。碳素结构钢的杂质和非金属夹杂物较多，但冶炼容易、工艺性好、价格便宜、产量大，在性能上能满足一般工程结构及普通零件的要求，因而应用普遍。碳素结构钢通常轧制成钢板和各种型材，用于厂房、桥梁、船舶等的建造或制造一些受力不大的机械零件，如铆钉、螺钉、螺母等。

碳素结构钢的牌号共有四种，其化学成分及力学性能见表 4–2。

表 4–2　碳素结构钢的牌号、化学成分及力学性能（摘自 GB/T 700—2006）

<table>
<tr><th rowspan="2">牌号</th><th rowspan="2">统一数字代号</th><th rowspan="2">等级</th><th rowspan="2">厚度或直径 /mm</th><th colspan="5">化学成分 /%，不大于</th><th rowspan="2">脱氧方法</th><th colspan="3">力学性能</th></tr>
<tr><th>C</th><th>Mn</th><th>Si</th><th>S</th><th>P</th><th>R_{eH}/MPa</th><th>R_m/MPa</th><th>A/%</th></tr>
<tr><td>Q195</td><td>U11952</td><td>—</td><td>—</td><td>0.12</td><td>0.50</td><td>0.30</td><td>0.040</td><td>0.035</td><td>F，Z</td><td>195</td><td>315~430</td><td>33</td></tr>
<tr><td rowspan="2">Q215</td><td>U12152</td><td>A</td><td rowspan="2">—</td><td rowspan="2">0.15</td><td rowspan="2">1.20</td><td rowspan="2">0.35</td><td>0.050</td><td rowspan="2">0.045</td><td rowspan="2">F，Z</td><td rowspan="2">215</td><td rowspan="2">335~450</td><td rowspan="2">31</td></tr>
<tr><td>U12155</td><td>B</td><td>0.045</td></tr>
<tr><td rowspan="4">Q235</td><td>U12352</td><td>A</td><td rowspan="4">—</td><td>0.22</td><td rowspan="4">1.4</td><td rowspan="4">0.35</td><td>0.050</td><td rowspan="2">0.045</td><td rowspan="2">F，Z</td><td rowspan="4">235</td><td rowspan="4">370~500</td><td rowspan="4">26</td></tr>
<tr><td>U12355</td><td>B</td><td>0.20</td><td>0.045</td></tr>
<tr><td>U12358</td><td>C</td><td rowspan="2">0.17</td><td>0.040</td><td>0.040</td><td>Z</td></tr>
<tr><td>U12359</td><td>D</td><td>0.035</td><td>0.035</td><td>TZ</td></tr>
<tr><td rowspan="5">Q275</td><td>U12752</td><td>A</td><td>—</td><td>0.24</td><td rowspan="5">1.5</td><td rowspan="5">0.35</td><td>0.050</td><td>0.045</td><td>F，Z</td><td rowspan="5">275</td><td rowspan="5">410~540</td><td rowspan="5">22</td></tr>
<tr><td rowspan="2">U12755</td><td rowspan="2">B</td><td>≤40</td><td>0.21</td><td rowspan="2">0.045</td><td rowspan="2">0.045</td><td rowspan="2">Z</td></tr>
<tr><td>>40</td><td>0.22</td></tr>
<tr><td>U12758</td><td>C</td><td rowspan="2">—</td><td rowspan="2">0.20</td><td>0.040</td><td>0.040</td><td>Z</td></tr>
<tr><td>U12759</td><td>D</td><td>0.035</td><td>0.035</td><td>TZ</td></tr>
</table>

注：1. 表中所列力学性能指标为热轧状态试样测得。

2. 表中为镇静钢、特殊镇静钢牌号的统一数字代号，沸腾钢牌号的统一数字代号如下：Q195F——U11950；Q215AF——U12150，Q215BF——U12153；Q235AF——U12350，Q235BF——U12353；Q275AF——U12750。

随着牌号数值的增大，钢中含碳量增加，强度提高，塑性和韧性降低，冷弯性能逐渐变差。碳素结构钢一般在热轧空冷状态下使用，不再进行热处理，常采用焊接、铆接等工艺方法成形。但对某些零件，必要时可进行锻造等热加工，也可通过正火、调质处理、渗碳等处理提高其使用性能。

碳素结构钢的特性和用途见表 4–3，其中以 Q235 钢最为常用。

表 4–3　　碳素结构钢的特性和用途

牌号	特性	用途
Q195 和 Q215	有好的塑性、韧性、焊接性，良好的压力加工性能，但强度低	用于制造地脚螺栓、烟囱、屋板、铆钉、低碳钢丝、薄板、焊管、拉管、拉杆、吊钩、支架、焊接结构
Q235	具有良好的塑性、韧性、焊接性、冲压性能，以及一定的强度，好的冷弯性能	广泛应用于一般要求的零件和焊接结构，如受力不大的拉杆、销、轴、螺钉、螺母、支架、机座、建筑结构、桥梁等
Q275	具有较高的强度，较好的塑性和可加工性以及一定的焊接性	用于制造强度要求较高的零件，如齿轮、螺栓、螺母、键、轴、农机用型钢、链轮、链条等

2. 优质碳素结构钢

优质碳素结构钢的牌号是按化学成分和力学性能确定的，钢中所含硫、磷及非金属夹杂物较少，常用于制造重要的机械零件，使用前一般都要经过热处理来改善力学性能。

优质碳素结构钢的牌号、化学成分及力学性能见表 4–4。

表 4–4　　优质碳素结构钢的牌号、化学成分及力学性能（摘自 GB/T 699—2015）

牌号	统一数字代号	化学成分 /%			力学性能					
		C	Si	Mn	R_{eL}	R_m	A	Z	HBW	
					MPa		%		热轧钢	退火钢
					不小于				不大于	
08	U20082	0.05 ~ 0.11	0.17 ~ 0.37	0.35 ~ 0.65	195	325	33	60	131	—
10	U20102	0.07 ~ 0.13	0.17 ~ 0.37	0.35 ~ 0.65	205	335	31	55	137	—
15	U20152	0.12 ~ 0.18	0.17 ~ 0.37	0.35 ~ 0.65	225	375	27	55	143	—
20	U20202	0.17 ~ 0.24	0.17 ~ 0.37	0.35 ~ 0.65	245	410	25	55	156	—
25	U20252	0.22 ~ 0.30	0.17 ~ 0.37	0.50 ~ 0.80	275	450	23	50	170	—
30	U20302	0.27 ~ 0.35	0.17 ~ 0.37	0.50 ~ 0.80	295	490	21	50	179	—
35	U20352	0.32 ~ 0.40	0.17 ~ 0.37	0.50 ~ 0.80	315	530	20	45	197	—
40	U20402	0.37 ~ 0.45	0.17 ~ 0.37	0.50 ~ 0.80	335	570	19	45	217	187
45	U20452	0.42 ~ 0.50	0.17 ~ 0.37	0.50 ~ 0.80	355	600	16	40	229	197
50	U20502	0.47 ~ 0.55	0.17 ~ 0.37	0.50 ~ 0.85	375	630	14	40	241	207
55	U20552	0.52 ~ 0.60	0.17 ~ 0.37	0.50 ~ 0.80	380	645	13	35	255	217
60	U20602	0.57 ~ 0.65	0.17 ~ 0.37	0.50 ~ 0.80	400	675	12	35	255	229

续表

牌号	统一数字代号	化学成分 /%			力学性能					
		C	Si	Mn	R_{eL}	R_m	A	Z	HBW	
					MPa		%		热轧钢	退火钢
					不小于				不大于	
65	U20652	0.62 ~ 0.70	0.17 ~ 0.37	0.50 ~ 0.80	410	695	10	30	255	229
70	U20702	0.67 ~ 0.75	0.17 ~ 0.37	0.50 ~ 0.80	420	715	9	30	269	229
75	U20752	0.72 ~ 0.80	0.17 ~ 0.37	0.50 ~ 0.80	880	1 080	7	30	285	241
80	U20802	0.77 ~ 0.85	0.17 ~ 0.37	0.50 ~ 0.80	930	1 080	6	30	285	241
85	U20852	0.82 ~ 0.90	0.17 ~ 0.37	0.50 ~ 0.80	980	1 130	6	30	302	255
15Mn	U21152	0.12 ~ 0.19	0.17 ~ 0.37	0.70 ~ 1.00	245	410	26	55	163	—
20Mn	U21202	0.17 ~ 0.24	0.17 ~ 0.37	0.70 ~ 1.00	275	450	24	50	197	—
25Mn	U21252	0.22 ~ 0.30	0.17 ~ 0.37	0.70 ~ 1.00	295	490	22	50	207	—
30Mn	U21302	0.27 ~ 0.35	0.17 ~ 0.37	0.70 ~ 1.00	315	540	20	45	217	187
35Mn	U21352	0.32 ~ 0.40	0.17 ~ 0.37	0.70 ~ 1.00	335	560	18	45	229	197
40Mn	U21402	0.37 ~ 0.45	0.17 ~ 0.37	0.70 ~ 1.00	355	590	17	45	229	207
45Mn	U21452	0.42 ~ 0.50	0.17 ~ 0.37	0.70 ~ 1.00	375	620	15	40	241	217
50Mn	U21502	0.48 ~ 0.56	0.17 ~ 0.37	0.70 ~ 1.00	390	645	13	40	255	217
60Mn	U21602	0.57 ~ 0.65	0.17 ~ 0.37	0.70 ~ 1.00	410	695	11	35	269	229
65Mn	U21652	0.62 ~ 0.70	0.17 ~ 0.37	0.90 ~ 1.20	430	735	9	30	285	229
70Mn	U21702	0.67 ~ 0.75	0.17 ~ 0.37	0.90 ~ 1.20	450	785	8	30	285	229

08 ~ 25 钢的含碳量低，属低碳钢。这类钢的强度、硬度较低，塑性、韧性及焊接性能良好，主要用于制造冲压件、焊接结构件及强度要求不高的机械零件、渗碳件，如压力容器、小轴、销、法兰盘、螺钉和垫圈等。

30 ~ 55 钢属中碳钢。这类钢具有较高的强度和硬度，其塑性和韧性随含碳量的增加而逐步降低，切削性能良好。这类钢经调质处理后，能获得较好的综合力学性能，主要用于制造受力较大的机械零件，如连杆、曲轴、齿轮和联轴器等。

60 钢以上的牌号属高碳钢。这类钢具有较高的强度、硬度和弹性，但焊接性能不好，切削性能稍差，冷变形塑性差，主要用于制造具有较高强度、耐磨性和弹性的零件，如弹簧垫圈、板簧和螺旋弹簧等弹性零件及耐磨零件。

3. 碳素工具钢

由于大多数工具都要求高硬度和高耐磨性，故碳素工具钢的含碳量均在 0.70% 以上，都是优质钢或高级优质钢。例如，T12A 表示平均含碳量为 1.2% 的高级优质碳素工具钢，如图 4–1 所示。

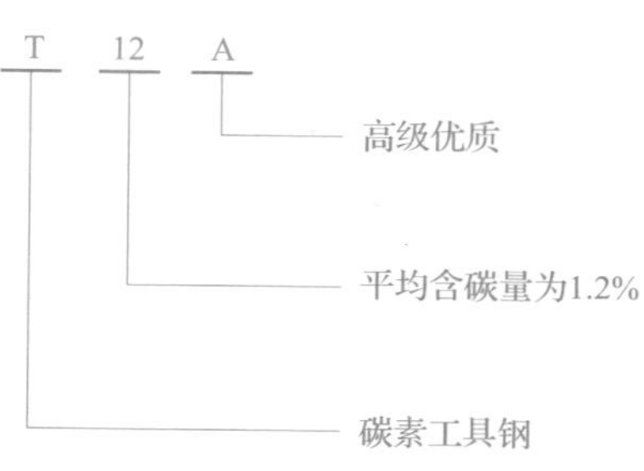

图 4–1　T12A 牌号说明

碳素工具钢的牌号、化学成分及力学性能见表 4–5。

表 4–5　　碳素工具钢的牌号、化学成分及力学性能（摘自 GB/T 1299—2014）

牌号	统一数字代号	化学成分 /%					热处理		应用
		C	Mn	Si	S	P	淬火温度 /℃	HRC	
T7	T00070	0.65 ~ 0.74	≤ 0.40	≤ 0.35	≤ 0.03	≤ 0.035	800 ~ 820，水淬	≥ 62	主要用于受冲击，有较高硬度和耐磨性要求的工具，如木工用的錾子、锤子、钻头、模具等
T8	T00080	0.75 ~ 0.84					780 ~ 800，水淬		
T8Mn	T01080	0.80 ~ 0.90	0.40 ~ 0.60						
T9	T00090	0.85 ~ 0.94	≤ 0.40				760 ~ 780，水淬		主要用于受中等冲击载荷的工具和耐磨机件，如刨刀、冲模、丝锥、板牙、锯条、卡尺等
T10	T00100	0.95 ~ 1.04							
T11	T00110	1.05 ~ 1.14							
T12	T00120	1.15 ~ 1.24							主要用于不受冲击，而要求有较高硬度的工具和耐磨机件，如钻头、锉刀、刮刀、量具等
T13	T00130	1.25 ~ 1.34							

各种牌号的碳素工具钢经淬火后的硬度相差不大，但是随着含碳量的增加，未溶的二次渗碳体增多，钢的耐磨性增加，韧性降低。因此，不同牌号的碳素工具钢用于制造不同使用要求的工具。

4. 铸造碳钢

铸造碳钢一般用于制造形状复杂、力学性能要求较高的机械零件。这些零件形状复杂，很难用锻造或机床切削加工的方法制造，且力学性能要求较高，因而不能用铸铁来铸造。铸造碳钢广泛用于制造重型机械的某些零件，如轧钢机机架、水压机横梁、锻锤和砧座等。

铸造碳钢的含碳量一般在 0.20% ~ 0.60%。如果含碳量过高，则塑性变差，而且铸造时易产生裂纹。

铸造碳钢的牌号、化学成分及力学性能见表 4–6。

表 4–6　　铸造碳钢的牌号、化学成分及力学性能（摘自 GB/T 11352—2009）

牌号	统一数字代号	化学成分 /%					室温下的力学性能			
		C	Si	Mn	P	S	R_{eL} 或 $R_{p0.2}$/MPa	R_m/MPa	$A_{11.3}$/%	Z/%
		不大于					不小于			
ZG200–400	C22040	0.20	0.60	0.80	0.035		200	400	25	40
ZG230–450	C22345	0.30	0.60	0.90	0.035		230	450	22	32
ZG270–500	C22750	0.40	0.60	0.90	0.035		270	500	18	25
ZG310–570	C23157	0.50	0.60	0.90	0.035		310	570	15	21
ZG340–640	C23464	0.60	0.60	0.90	0.035		340	640	10	18

注：适用于壁厚 10 mm 以下的铸件。

不同牌号的铸造碳钢用于制造具有不同使用要求的零件。铸造碳钢的特性和用途见表 4–7。

表 4–7 铸造碳钢的特性和用途

牌号	特性	用途
ZG200–400	低碳铸造碳钢，韧性及塑性均好，低温冲击韧性大，脆性转变温度低，导磁、导电性良好，焊接性好，但铸造性差，强度和硬度较低	主要用于机座、电气吸盘、变速器箱体等受力不大但要求具有韧性的零件
ZG230–450		主要用于受力不大、韧性较好的零件，如轴承盖、底板、阀体、机座、侧架、轧钢机架、箱体、犁柱、砧座等
ZG270–500	中碳铸造碳钢，有一定的韧性及塑性，强度和硬度较高，可加工性良好，焊接性尚可，铸造性比低碳钢好	应用广泛，主要用于制作飞轮、车辆车钩、水压机工作缸、机架、轴承座、连杆、箱体、曲拐等
ZG310–570		用于重载荷零件，如联轴器、大齿轮、缸体、机架、制动轮、轴及辊子
ZG340–640	高碳铸造碳钢，具有高强度、高硬度及高耐磨性，但塑性、韧性低，铸造、焊接性均差，裂纹敏感性较大	主要用于起重运输机齿轮、联轴器、车轮、阀轮、叉头等

§4–4 低碳钢与高碳钢的冲击试验

一、试验目的

1. 了解在室温下测定金属材料冲击韧性的方法。
2. 认识弹塑性材料与脆性材料的断口特征。

二、试验原理

冲击试验是一种动载荷试验方法，其原理如图 4–2 所示。首先将欲测定的试样放在试验机的支座上，使缺口背向摆锤冲击方向，然后将质量为 W 的摆锤高举至 h_1 位置，使之具有一定的势能 K_{p1}。释放摆锤，摆锤下落冲击试样。试样冲断后，摆锤冲过支座继续扬起到高度 h_2，则摆锤的势能为 K_{p2}，此时试样被冲断所吸收的功称为冲击吸收能量 K。用 U 型和 V 型缺口冲击试样测得的冲击吸收能量分别用 KU 和 KV 表示。用刀刃半径是 2 mm 的摆锤测定的吸收能量，用 KV_2 或 KU_2 表示；用刀刃半径是 8 mm 的摆锤测定的吸收能量，用 KV_8 或 KU_8 表示。

三、试验设备与试样

1. 设备

设备为摆锤式冲击试验机，如图 4–3 所示。

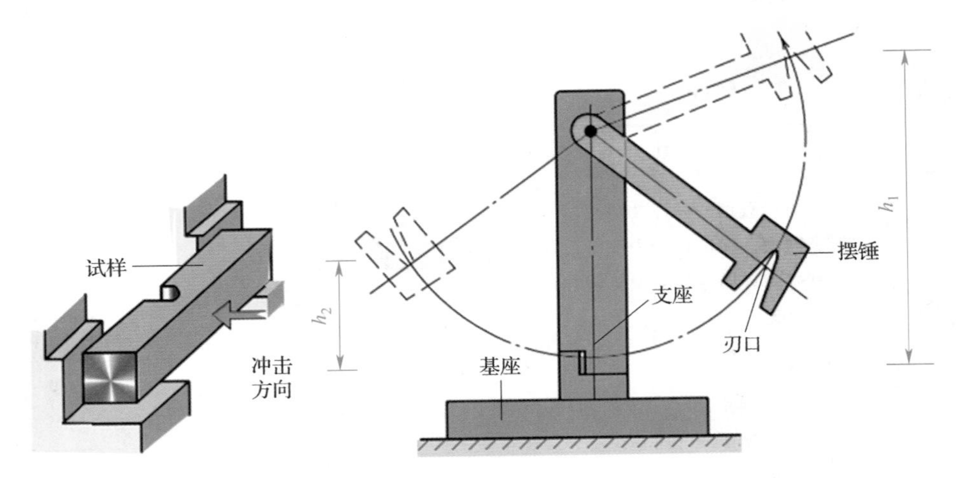

图 4–2　冲击试验原理图

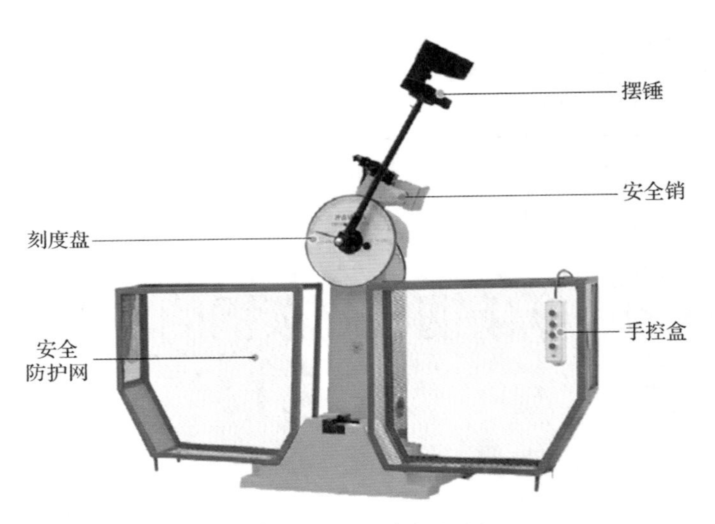

图 4–3　摆锤式冲击试验机

2. 试样

试样严格按 GB/T 229—2020 制作，其尺寸和偏差应符合规定要求。试样缺口底部应光滑，没有与缺口轴线平行的明显划痕。毛坯切取和试样加工过程中，不应产生加工硬化或受热影响而改变金属的冲击性能。

四、试验步骤

1．试验前应先检查试样尺寸和表面质量是否符合国标要求；检查摆锤空打时被动指针是否指零位，而且其偏离误差不应超过最小刻度的 1/4。

2．扬起摆锤，扳紧操纵手柄，将指针拨至该试验机最大刻度位置。

3．试样的位置应紧贴试样支座，使摆锤的刃口打击在背向缺口的一面。试样缺口对称面应位于两支座对称面上。

4．拨动操纵手柄（或按电钮），进行冲击试验。

5．试样被冲断后，立即制动摆锤，待摆锤停止摆动后，从刻度盘上读出指针所指示的数值。

五、试验注意事项

1．试验数据至少应保留小数点后一位有效数字。

2．如果试验的试样未被完全打断，则可能是由于试验机打击能量不足而引起的，因此，应在试验数据 KU_2 或 KU_8，或者 KV_2 或 KV_8 前加“>”符号；其他情况引起的则应注明“未打断”字样。

3．试验过程中遇到下列情况之一时，试验数据无效：操作有误；试样打断时有卡锤现象；试样断口有明显淬火裂纹且试验数据明显偏低。

六、试验数据记录与分析

将试验过程中获得的有关数据和结果记录在表 4–8 中。

表 4–8　冲击试验结果记录表

试样			冲击能量范围 /J	试验温度 /℃	摆锤势能 /J		冲击吸收能量 *K*/J
牌号	状态	缺口形状			K_{p1}	K_{p2}	
20 钢	正火						
20 钢	淬火						
T12 钢	球化退火						
T12 钢	淬火						

七、问题与思考

1．观察并说明试样断面上脆性断裂和塑性断裂的情况。

2．金属材料冲击吸收能量与其断口形貌有何关系？

3．你对试验过程有何认识和建议？

习题

1．非合金钢中存在哪些杂质元素？它们对钢的性能有哪些影响？

2．低碳钢、中碳钢和高碳钢是如何划分的？

3．钢的质量是根据什么划分的？

4．碳素结构钢、优质碳素结构钢和碳素工具钢在牌号表示方法上有何不同？

5．试对比分析优质碳素结构钢、碳素工具钢的牌号与含碳量，及其在铁碳合金相图中对应的室温组织和用途之间的关系。

6．铸造碳钢一般应用于什么场合？其牌号由哪几部分构成？试举例说明各部分的含义。

第五章

钢的热处理

1. 掌握热处理的定义及分类。
2. 了解钢在加热和冷却时的组织转变过程。
3. 掌握常用热处理方法的目的和应有范围。
4. 能正确分析典型非合金钢零件热处理工艺的目的及作用。

热处理是改善金属材料使用性能和工艺性能的一种非常重要的工艺方法，是强化金属材料、提高产品质量和延长使用寿命的主要途径之一。因此，绝大部分重要的机械零件在制造过程中都必须进行热处理。在你使用过的实习工具中，哪些工具经过了热处理？采用了哪种热处理工艺？

§5-1 热处理的原理与分类

小试验

将一根直径为 1 mm 左右的弹簧钢丝剪成两段，用酒精灯同时加热到赤红色，然后分别放入水中和空气中冷却，冷却后用手进行弯折，观察对比两根钢丝性能的差别。

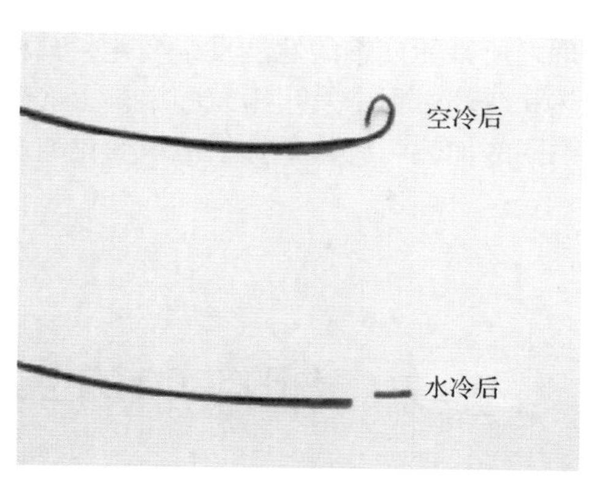

试验现象：放在水中冷却的钢丝硬而脆，很容易折断；而放在空气中冷却的钢丝较软且有较好的塑性，可以卷成圆圈而不断裂。

由这个试验可以看出，虽然钢的成分相同，加热的温度也相同，但采用不同的冷却方法，却得到了不同的力学性能。这主要是因为在不同的冷却速度情况下，钢的内部组织发生了不同的变化。

钢在不同的加热和冷却条件下，其内部组织会发生不同的变化，可改变其性能从而更广泛地适应和满足不同加工方法及使用性能的要求。

热处理是对固态的金属或合金采用适当的方式进行加热、保温和冷却，以获得所需要的组织结构与性能的工艺。热处理工艺过程可用以温度—时间为坐标的曲线图表示。图 5–1 所示的曲线即热处理工艺曲线。

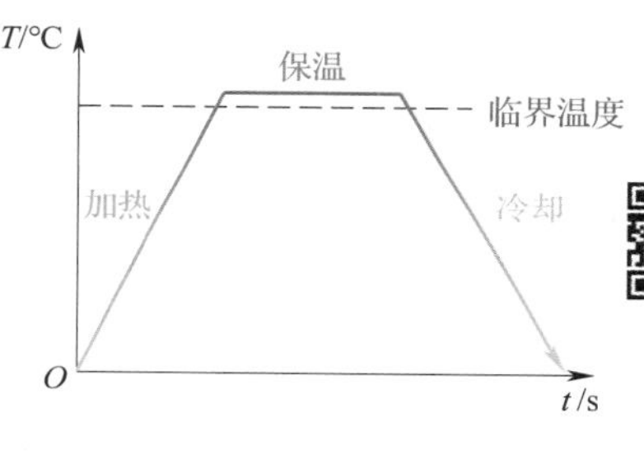

图 5–1　热处理工艺曲线

与铸造、压力加工、焊接和切削加工等不同，热处理不改变工件的形状和尺寸，只改变工件的性能，如提高材料的强度和硬度，增加耐磨性，或者改善材料的塑性、韧性和加工性等。

根据 GB/T 12603—2005，热处理的分类如图 5–2 所示。

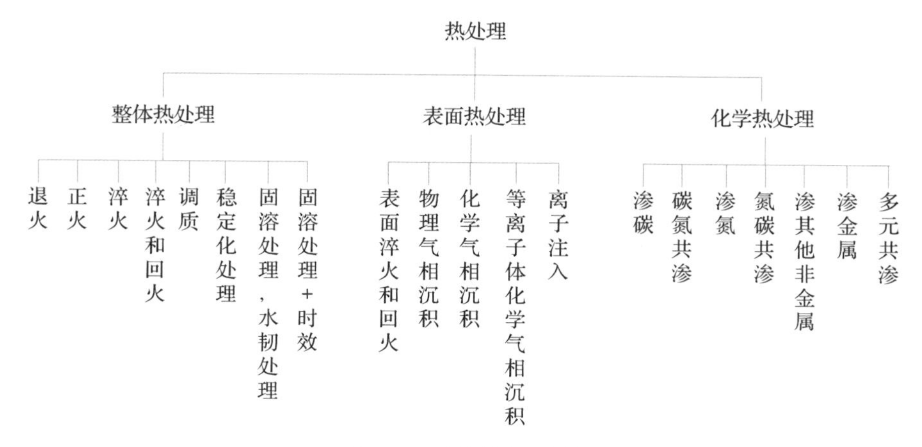

图 5–2　热处理的分类

热处理之所以能使钢的性能发生变化，其根本原因是铁具有同素异构转变的特性，从而使钢在加热和冷却过程中发生组织和结构上的变化。因此，要正确掌握热处理工艺，就必须了解钢在不同的加热与冷却条件下组织变化的规律。

§5-2 钢在加热与冷却时的组织转变

一、钢在加热时的组织转变

1. 钢在加热和冷却时的相变温度

钢在实际加热和冷却时不可能非常缓慢，因此，钢中的相不能完全按铁碳合金相图中的 A_1、A_3 和 A_{cm} 线转变，在实际热处理生产中，不可能在平衡条件下进行加热和冷却，钢的组织转变总有滞后的现象，即在加热时钢的转变温度要高于平衡状态下的临界点，在冷却时要低于平衡状态下的临界点。为便于区别，通常把加热时的各临界点分别用 Ac_1、Ac_3 和 Ac_{cm} 表示；冷却时的各临界点分别用 Ar_1、Ar_3 和 Ar_{cm} 表示，如图 5-3 所示（常用钢的临界点见附录Ⅲ）。

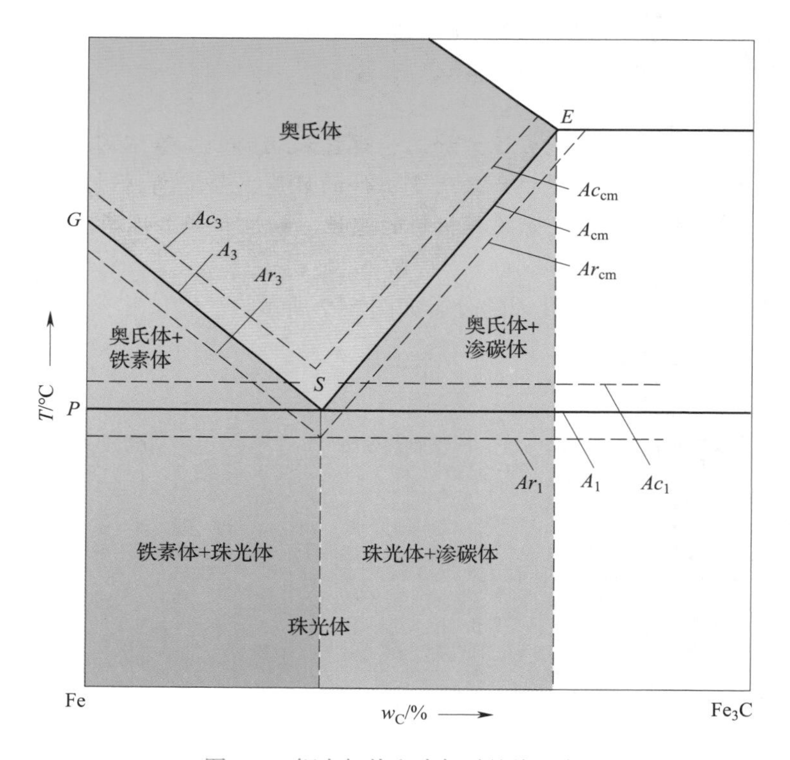

图 5-3 钢在加热和冷却时的临界点

加热或冷却的速度越快，组织转变偏离平衡临界点的程度也越大。

2. 奥氏体的形成

共析钢在常温时具有珠光体组织，加热到 Ac_1 以上温度时，珠光体开始转变为奥氏体。只有使钢呈奥氏体状态，才能通过不同的冷却方式使其转变为不同的组织，从而获得所需要的性能。钢在加热时的组织转变，主要包括奥氏体的形核和晶粒长大两个过程，如图 5-4 所示。

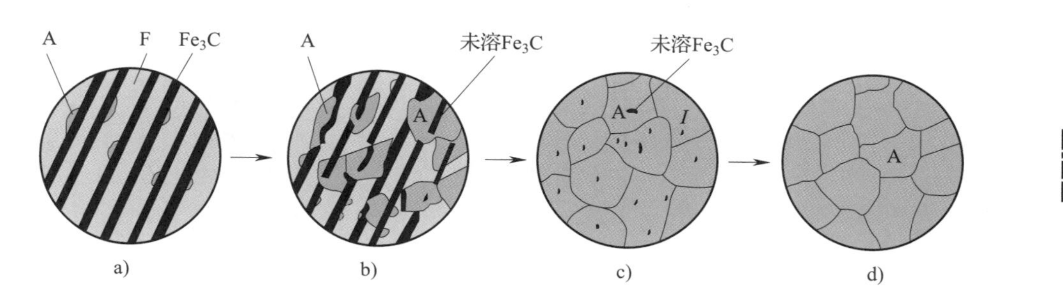

图 5-4 共析钢中奥氏体形成过程示意图
a）形核 b）长大 c）残余 Fe_3C 溶解 d）均匀化

当珠光体刚刚全部转变为奥氏体时，奥氏体晶粒还是很细小的。此时，将奥氏体冷却后得到的组织晶粒也很细小。如果在形成奥氏体后继续升温或延长保温时间，会使奥氏体晶粒逐渐长大。晶粒的长大是依靠较大晶粒吞并较小晶粒和晶界迁移的方式进行的，如图 5-5 所示。

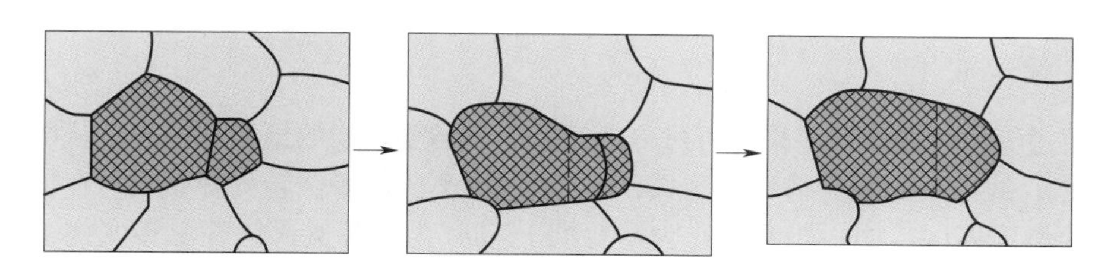

图 5-5 晶粒的吞并与长大

钢在热处理加热后必须有保温阶段，不仅是为了使工件热充分，也是为了使组织转变完全，以及保证奥氏体成分均匀。钢在加热时为了得到细小而均匀的奥氏体晶粒，必须严格控制加热温度和保温时间，以免发生晶粒粗大的现象。

二、钢在冷却时的组织转变

前面的小试验清楚地表明：虽然钢的成分和加热条件完全相同，但由于冷却速度不同，获得的组织性能明显不同。在实际生产中，钢的热处理工艺有两种，如图 5-6 所示。

因为材料的性能是由其组织决定的，所以要弄清其性能不同的原因，首先要了解奥氏体在冷却时组织变化的规律。

1. 奥氏体的等温转变

奥氏体在 A_1 线以上是稳定相，当冷却到 A_1 线以下而尚未转变时的奥氏体称为过冷奥氏体。这是一种不稳定的过冷组织，只要经过一段时间的等温保持，就可以等温转变为稳定的新相，这种转变称为奥氏体的等温转变。

由于过冷奥氏体的过冷温度和转变时间不同，所以转变的组织也不同。表示过冷奥氏体的等温转变温度、转变时间与转变产物之间关系的曲线称为等温转变曲线，它是分析奥氏体转变产物的依据。图 5–7 所示为共析钢等温转变曲线图。

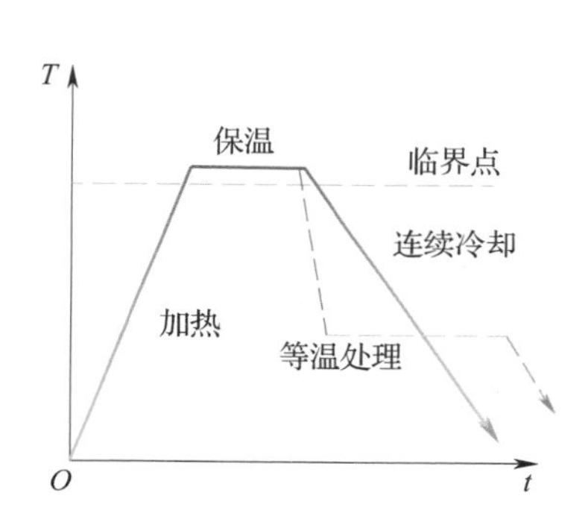

图 5–6　两种热处理工艺曲线

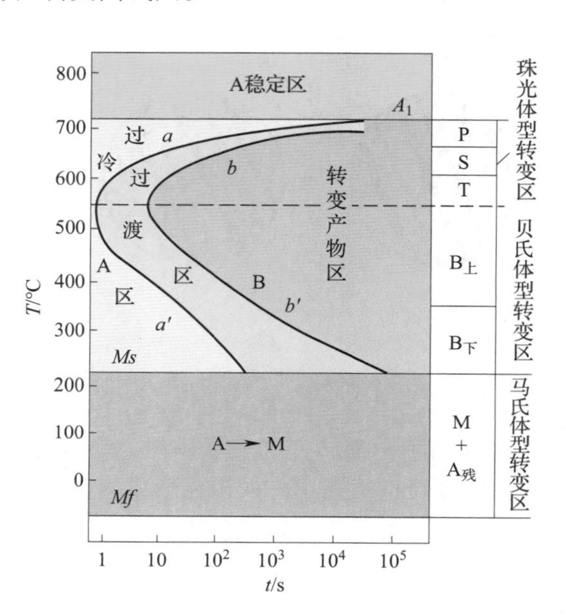

图 5–7　共析钢等温转变曲线图

可以通过等温转变曲线图来分析过冷奥氏体等温转变产物的组织和性能。从图 5–7 中可以看出：在 A_1 线以上是奥氏体稳定区域，*aa′* 为过冷奥氏体等温转变开始线，在转变开始线左方是过冷奥氏体区（这一段时间称为孕育期），*bb′* 为过冷奥氏体等温转变终了线，在转变终了线右方，转变已经完成，是转变产物区，在 *aa′* 线与 *bb′* 线之间是过渡区，表示转变正在进行中，过冷奥氏体在 A_1 线以下等温转变的温度不同，转变产物也不同；*Ms* 线为过冷奥氏体向马氏体转变开始线，约 230 ℃，在 *Ms* 线以上，共析钢可发生珠光体型和贝氏体型两种类型的组织转变，当奥氏体以极快的冷却速度不穿越 C 形曲线中的 *bb′* 线，而直接过冷到 *Ms* 线以下并继续冷却时，过冷奥氏体将发生连续的马氏体型组织转变；*Mf* 线为过冷奥氏体向马氏体转变终了线，约 –50 ℃。等温转变曲线图上的 C 形曲线拐弯处（约 550 ℃）俗称“鼻尖”，孕育期最短，此时过冷奥氏体最不稳定，也最容易分解。

（1）珠光体型转变区——高温等温转变　共析钢的过冷奥氏体在 A_1 ~ 550 ℃温度范围内，过冷奥氏体将发生奥氏体向珠光体型的转变，即转变为铁素体和渗碳体。珠光体型转变的组织及性能特点见表 5–1。

表 5-1　　珠光体型转变的组织及性能特点

组织名称		符号	类型	形成温度范围/℃	显微组织及特征	性能特点
珠光体型组织	珠光体	P	过冷奥氏体等温冷却转变	A_1 ~ 650	粗片层状铁素体和渗碳体的混合物，片层间距大于 0.4 μm，一般在 500 倍以下的光学显微镜下即可分辨	强度较高，硬度适中（170 ~ 220HBW），有一定的塑性，具有较好的综合力学性能
	索氏体	S	过冷奥氏体等温冷却转变	650 ~ 600	索氏体为细片状珠光体，片层较薄，间距为 0.2 ~ 0.4 μm，一般在 800 ~ 1 000 倍的光学显微镜下才可分辨	硬度为 230 ~ 320HBW，综合力学性能优于珠光体
	屈氏体	T		600 ~ 550	屈氏体为极细片状珠光体，片层极薄，间距小于 0.2 μm，只有在电子显微镜（5 000 倍）下才可分辨	硬度为 330 ~ 400HBW，综合力学性能优于索氏体

提 示

在珠光体型转变区内，转变温度越低（过冷度越大），则形成的珠光体片层越细。珠光体的力学性能主要取决于片层间距（相邻两片 Fe_3C 的平均间距）的大小。片层间距越小，则珠光体的塑性变形抗力越大，强度和硬度越高。

（2）贝氏体型转变区——中温等温转变　在 550 ℃ ~ *Ms* 温度范围内，因转变温度较低，原子的活动能力较弱，转变后得到的组织为含碳量具有一定过饱和程度的铁素体和分散的渗碳体（或碳化物）所组成的混合物，称为贝氏体，用符号 B 表示。贝氏体分为上贝氏体（$B_{上}$）和下贝氏体（$B_{下}$）。贝氏体型转变的组织及性能特点见表 5-2。

表 5–2　　　　贝氏体型转变的组织及性能特点

组织名称		符号	类型	形成温度范围/℃	显微组织及特征	性能特点
贝氏体型组织	上贝氏体	$B_{上}$	过冷奥氏体等温冷却转变	550～350	上贝氏体中渗碳体呈较粗的片状，分布于平行排列的铁素体片层之间，在显微镜下呈羽毛状	硬度为 40～45HRC，强度低，塑性很差，基本上没有使用价值
	下贝氏体	$B_{下}$	过冷奥氏体等温冷却转变	350～*Ms*	下贝氏体中的碳化物呈细小颗粒状或短杆状，均匀分布在铁素体内，在显微镜下呈黑色针叶状	下贝氏体的硬度可达 45～55HRC，具有较高的强度及良好的塑性和韧性。生产中常用等温淬火的方法来获得下贝氏体组织

上贝氏体脆性大，使用性能差；下贝氏体具有较高的硬度和强度，同时塑性、韧性也较好，并有较好的耐磨性和组织稳定性，是制造各种复杂模具、量具、刀具的理想组织。

（3）马氏体型转变区——低温连续转变　当钢从奥氏体区急冷到 *Ms* 以下时，奥氏体便开始转变为马氏体，这是一种非扩散的转变过程。由于转变温度低，原子扩散能力小，在马氏体转变过程中，只有 γ–Fe 向 α–Fe 的晶格改变，而不发生碳原子的扩散。因此，溶解在奥氏体中的碳，转变后原封不动地保留在铁的晶格中，形成碳在 α–Fe 中的过饱和固溶体，称为马氏体，用符号 M 表示。马氏体型转变的组织及性能特点见表 5–3。

马氏体型转变有以下特点：

1）转变是在一定温度范围内（*Ms*～*Mf*）的连续冷却过程中进行的，马氏体的数量随转变温度的下降而不断增加，冷却一旦停止，奥氏体向马氏体的转变也就停止。

2）马氏体转变速度极快，产生很大的内应力；转变时体积发生膨胀。

3）马氏体转变不能完全进行到底，此时未能转变的奥氏体称为残余奥氏体，用 $A_{残}$表示。因此，即使过冷到 *Mf* 以下的温度，仍有少量残余奥氏体存在。

4）马氏体中由于溶入过多的碳而使 α–Fe 晶格发生畸变，形成碳在 α–Fe 中的过饱和固溶体，组织不稳定。

表 5–3　　马氏体型转变的组织及性能特点

组织名称		符号	类型	形成温度范围/℃	显微组织及特征	性能特点
马氏体型组织	低碳马氏体	M	过冷奥氏体低温连续冷却转变	*Ms* ~ *Mf*	低碳马氏体为一束一束相互平行的细条状，故也称为板条状马氏体	含碳量在 0.2% 左右的低碳马氏体硬度可达 45HRC，具有良好的强度及较好的韧性
	高碳马氏体				高碳马氏体断面呈针状，故也称为针状马氏体	高碳马氏体的硬度均在 60HRC 以上，硬度高、脆性大

5）奥氏体转变成马氏体所需的最小冷却速度称为临界冷却速度，用符号 $v_{临}$表示。为使奥氏体过冷至 *Ms* 前不发生非马氏体转变，得到马氏体组织，必须使其冷却速度大于 $v_{临}$。

马氏体的组织形态有针状和板条状两种。针状马氏体的含碳量高，硬度高而脆性大。板条状马氏体的含碳量低，具有良好的强度和较好的韧性。马氏体的硬度主要取决于马氏体中的含碳量，含碳量越高，其硬度也越高。

2. 奥氏体的连续冷却转变

在实际热处理生产中，过冷奥氏体转变大多在连续冷却过程中进行。由于连续冷却转变图的测定比较困难，故常用连续冷却曲线与等温转变图叠加，近似地分析连续冷却转变的产物和性能。

图 5–8 中 v_1、v_2、v_3、v_4 分别代表不同的冷却速度，根据它们同 C 形曲线相交的温度范围，可定性地确定其连续冷却转变的产物和性能。

与 C 形曲线“鼻尖”相切的冷却速度 v_k，就是冷却时获得全部马氏体的最小冷却速度——临界冷却速度（$v_{临}$）。当奥氏体的冷却速度大于该钢的 $v_{临}$急冷到 *Ms* 以下时，奥氏体便不再转变为除马氏体外的其他组织。

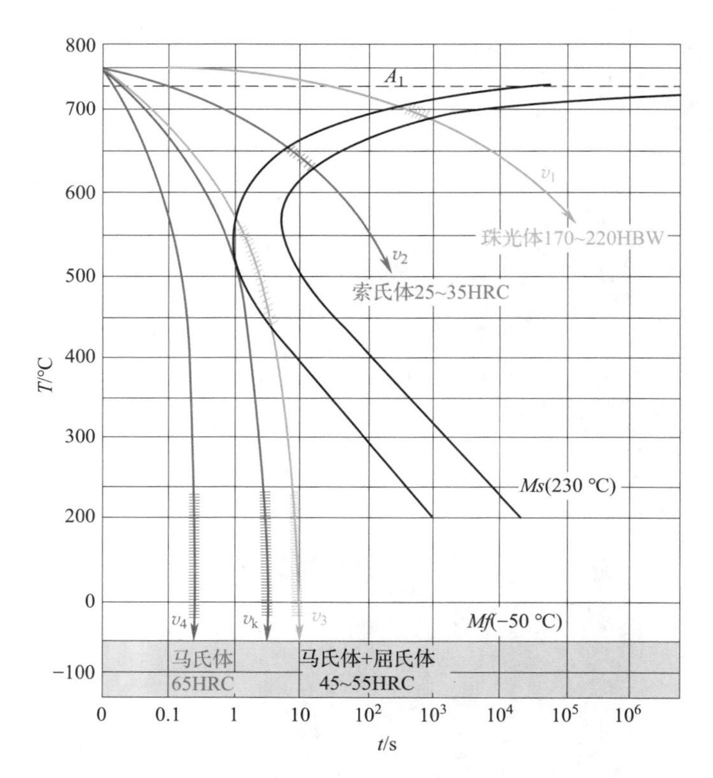

图 5-8 用等温转变曲线分析奥氏体的连续冷却转变

v_1、v_2、v_3、v_4 这四种冷却速度，分别相当于热处理中常用的随炉冷却（退火）、空冷（正火）、油冷（油冷淬火）和水冷（水冷淬火）四种冷却方法。

等温转变曲线图的建立

等温转变曲线图是通过试验方法建立的。该图的建立过程为：

（1）把含碳量为 0.77% 的共析钢制成若干个一定尺寸的试样，加热到 Ac_1 以上的温度，使其组织成为均匀的奥氏体。

（2）试样分别迅速放入低于 A_1 的不同温度（如 710 ℃、450 ℃、350 ℃等）的熔盐槽中，迫使奥氏体过冷，发生等温转变。

（3）在不同温度的等温过程中，测出过冷奥氏体转变开始和转变终了的时间，把它们按相应的位置标记在时间—温度的坐标图上，分别连接各转变开始点和转变终了点，如下图所示，便得到等温转变曲线图。

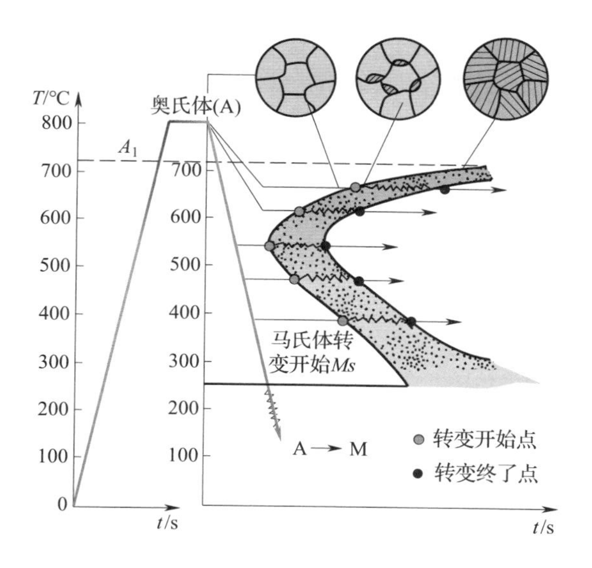

§5-3 热处理的基本方法

锉刀、铣刀等切削刀具，自身必须具有很高的硬度。可是这么硬的刀具本身也是通过切削加工生产出来的，那么它们是如何被加工的？又是怎样克服其硬度过高这一困难的呢？

锉刀　　　　铣刀

一、退火与正火

机械零件一般的加工工艺顺序是：铸造或锻造→退火或正火→机械粗加工→淬火＋回火（或表面热处理）→机械精加工。

从上面的顺序可以看出，退火或正火通常安排在机械粗加工之前进行，作为预备热处理，其作用是消除前一工序所造成的某些组织缺陷及内应力，改善材料的切削性能，为随后的切削加工及热处理（淬火 + 回火）做好组织准备。

1. 退火

退火是将钢加热到适当温度，保持一定时间，然后缓慢冷却（一般随炉冷却）的热处理工艺。根据加热温度和目的不同，常用的退火方法有完全退火、球化退火和去应力退火，见表 5–4。

表 5–4　常用退火方法

退火方法	定义	组织特点及目的	应用场合
完全退火	将钢加热到完全奥氏体化，即加热至 Ac_3 以上 30 ~ 50 ℃，保温一定时间后，随炉缓慢冷却的工艺方法	加热：组织全部转变为奥氏体 冷却：奥氏体转变为细小而均匀的铁素体和珠光体，从而细化晶粒，充分消除内应力，降低钢的硬度，为随后的切削加工和淬火做好组织准备	主要用于中碳钢及低、中碳合金结构钢的锻件、铸件、热轧型材等，有时也用于焊接件。过共析钢不宜采用完全退火，因为过共析钢完全退火需加热到 Ac_{cm} 以上，在缓慢冷却时，钢中将析出网状渗碳体，使钢的力学性能变差
球化退火	将钢加热到 Ac_1 以上 20 ~ 30 ℃，保温一定时间，以不大于 50 ℃/h 的速度随炉冷却，以得到球状珠光体组织的工艺方法	将片层状的珠光体转变为球形细小颗粒的渗碳体，弥散分布在铁素体基体之中，从而降低硬度，便于切削加工，防止淬火加热时奥氏体晶粒粗大，减小工件变形和开裂倾向	用于共析钢及过共析钢，如碳素工具钢、合金工具钢、滚动轴承钢等。这些钢在锻造加工以后必须进行球化退火才适于切削加工，同时也可为最后的淬火处理做好组织准备
去应力退火	将钢加热到略低于 A_1 的温度（一般取 500 ~ 650 ℃），保温一定时间后缓慢冷却的工艺方法	由于去应力退火时温度低于 A_1，所以钢件在去应力退火过程中不发生组织变化，目的是消除内应力	零件中存在的内应力十分有害，会使零件在加工及使用过程中发生变形，影响工件的精度。因此，锻造、铸造、焊接以及切削加工后（精度要求高）的工件，应采用去应力退火来消除内应力

退火的目的：

（1）降低硬度，提高塑性，以利于切削加工和冷变形加工。

（2）细化晶粒，均匀组织，为后续热处理做好组织准备。

（3）消除残余内应力，防止工件变形与开裂。

2. 正火

正火是将钢加热到 Ac_3 或 Ac_{cm} 以上 30 ~ 50 ℃，保温适当的时间后，在空气中冷却的工艺方法。由于正火的冷却速度比退火快，故正火后可得到索氏体组织（细珠光体）。组织比较细，强度、硬度比退火钢高。表 5–5 所示为 45 钢正火与退火状态的力学性能对比。

表 5-5　45 钢正火与退火状态的力学性能对比

工艺方法	R_m/MPa	$A_{11.3}$/%	HBW
正火	700 ~ 800	15 ~ 20	~ 220
退火	650 ~ 700	15 ~ 20	~ 180

对于亚共析钢，正火的主要目的是细化晶粒，均匀组织，提高机械性能；对于力学性能要求不高的普通结构零件，正火可作为最终热处理；对于低、中碳合金结构钢，主要目的是调整硬度，改善切削加工性能；对于高碳的过共析钢，目的是消除网状渗碳体，有利于球化退火，为淬火做好组织准备。

通常，金属材料最适合切削加工的硬度约为 170 ~ 230HBW。因此，正火作为预备热处理，应尽量使欲进行切削加工的钢件的硬度处于这一范围内。

退火和正火的加热温度范围及热处理工艺曲线如图 5-9 所示。

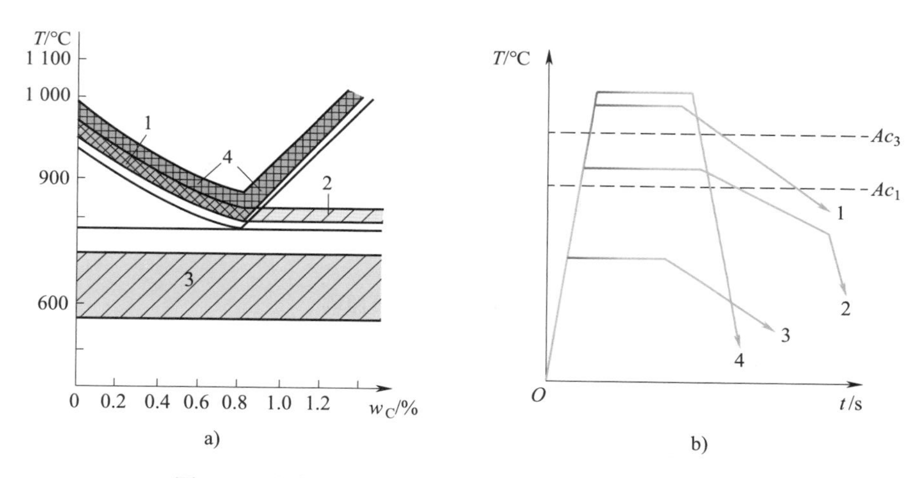

图 5-9　退火和正火的加热温度范围及热处理工艺曲线

a）加热温度范围　b）热处理工艺曲线

1—完全退火　2—球化退火　3—去应力退火　4—正火

在实际生产应用中对退火与正火的选择，应从以下三个方面考虑：

（1）切削加工性能　含碳量低于 0.5% 的钢，通常采用正火；含碳量为 0.5% ~ 0.75% 的钢，一般采用完全退火；含碳量高于 0.75% 的钢或高合金钢，均应采用球化退火。

（2）使用性能　由于正火处理比退火处理使工件具有更好的力学性能，因此，若正火和退火都能满足使用性能要求，应优先采用正火。对于形状复杂或尺寸较大的工件，因正火可能产生较大内应力，导致变形和裂纹，故宜采用退火。

（3）经济性　由于正火比退火生产周期短、效率高、成本低、操作简便，因此，尽可能优先采用正火。

制造锉刀、铣刀等刀具的材料，通常选用的是高含碳量的碳素工具钢和合金工具钢（如锉刀选用 T12，铣刀选用 W18Cr4V），其硬度高，切削加工性能差。由以上的学习内容可知，为使材料具有良好的切削加工性能并为最终热处理做好组织准备，在进行切削加工之前，一般应先对其进行正火（若有网状渗碳体组织），然后再进行球化退火或直接球化退火的预备热处理。

二、淬火与回火

当锉刀、铣刀完成机械粗加工后，为满足其使用性能，必须再提高它们的强度、硬度并保持一定的韧性，以承受工作时受到的强烈挤压、摩擦和冲击。为此，在粗加工之后、精加工之前，还要对它们进行淬火和回火。

1. 淬火

将钢件加热到 Ac_3 或 Ac_1 以上的适当温度，经保温后快速冷却（冷却速度大于 $v_{临}$），以获得马氏体或下贝氏体组织的热处理工艺称为淬火。淬火的目的是获得马氏体组织，提高钢的强度、硬度和耐磨性。

淬火是热处理工艺过程中最重要和最复杂的一种工艺，因为若它的冷却速度很快，容易造成变形及裂纹，若冷却速度慢，则又达不到所要求的硬度。淬火常常是决定产品最终质量的关键。为此，除了零件结构设计合理外，还要在淬火加热和冷却的操作上加以严密的考虑和采取有效的措施。

（1）淬火加热温度的选择　钢的淬火加热温度应根据 Fe–Fe$_3$C 相图来选择，如图 5–10 所示。其温度的选择及原因见表 5–6。

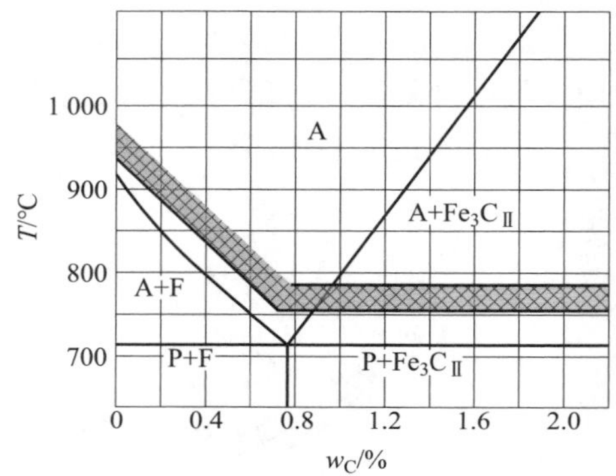

图 5–10　钢的淬火加热温度范围

表 5–6　淬火加热温度的选择及原因

钢种	加热温度	选择原因
亚共析钢	Ac_3 以上 30 ~ 50 ℃	为得到细晶粒的奥氏体，以便淬火后获得细小的马氏体组织。若加热温度过高，则引起奥氏体晶粒粗化，淬火后的马氏体组织粗大，使钢脆化。若加热温度过低（在 Ac_1 ~ Ac_3），则淬火组织中含有未溶铁素体，将降低淬火工件的硬度及力学性能
（过）共析钢	Ac_1 以上 30 ~ 50 ℃	共析钢和过共析钢的零件，在粗加工前都已经进行过球化退火。因此，当把钢加热到略高于 Ac_1 时，其组织为细小的奥氏体和均匀分布的细粒状渗碳体，这样，淬火后可形成在细小针状马氏体基体上均匀分布的细粒状渗碳体组织。这种组织不仅耐磨性好、强度高，而且脆性小。如果淬火加热温度选择在 Ac_{cm} 以上，不仅使奥氏体晶粒粗化，淬火后得到粗大的马氏体，增大脆性及变形开裂倾向，而且残余奥氏体数量也多，反而降低了钢的硬度

（2）淬火介质的选择　淬火的目的是得到马氏体组织，故淬火冷却速度必须大于临界冷却速度。但若冷却速度过快，工件的体积收缩及组织转变都很剧烈，会不可避免地引起很大的内应力，容易造成工件变形及开裂。因此，淬火介质的选择是一个极其重要的问题。

淬火介质对钢的理想淬火冷却速度应是“慢—快—慢”，如右图所示。

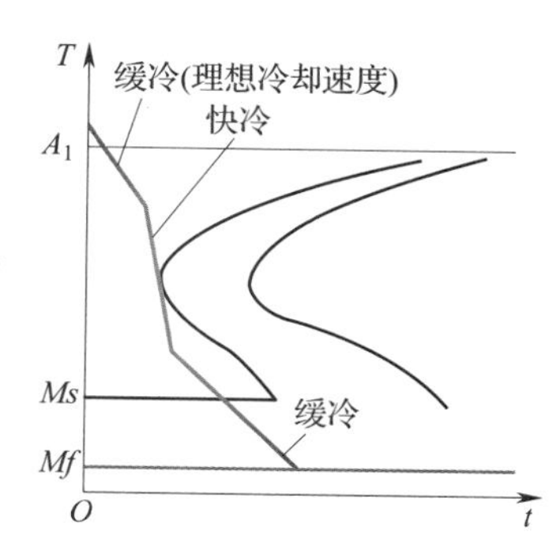

传统的淬火介质有油、水、盐水和碱水等，它们的冷却能力依次增加，其中，水和油是目前生产中应用最广的淬火介质。常用淬火介质的冷却特点及应用场合见表 5–7。

表 5–7　　常用淬火介质的冷却特点及应用场合

介质	水、盐水和碱水	油
冷却特点	在 550 ~ 650 ℃温度范围内的冷却能力较强，但在 200 ~ 300 ℃温度范围内的冷却能力过强，易使淬火零件变形与开裂	油的冷却能力较低，在 200 ~ 300 ℃温度范围内冷却速度较慢，能减少工件变形与开裂的现象，但是在 550 ~ 650 ℃温度范围内冷却能力过低
应用场合	常用于尺寸不大、外形较简单的非合金钢零件的淬火	截面较大的非合金钢及低合金钢不易淬硬，因此一般作为形状复杂的中小型合金钢零件的淬火介质

除以上淬火介质外，目前国内外还研制了许多新型聚合物水溶液淬火介质（如聚乙烯醇水溶液），其冷却性能一般介于水和油之间，且有着良好的经济效益和环境效益，是未来淬火介质应用和发展的方向。

（3）常用的淬火方法　虽然各种淬火介质不符合理想的冷却特性，但在实际生产中，可根据工件的材料、尺寸、形状和技术要求选择合适的淬火方法，以最大限度地减少工件的变形和开裂。

常用的淬火方法有单液淬火、双介质淬火、马氏体分级淬火和贝氏体等温淬火四种，其操作方法、特点、应用场合及热处理工艺曲线见表 5–8。

表 5–8　　常用的淬火操作方法、特点、应用场合及热处理工艺曲线

名称	操作方法	特点及应用场合	热处理工艺曲线
单液淬火	将钢件奥氏体化后，在单一淬火介质中冷却到室温的处理，称为单液淬火。单液淬火时非合金钢一般采用水冷淬火，合金钢采用油冷淬火	操作简单，易实现机械化、自动化。但由于单独用水或油进行冷却，冷却特性不够理想，所以容易产生硬度不足或开裂等淬火缺陷	T A_1 表面 心部 Ms Mf O t

续表

名称	操作方法	特点及应用场合	热处理工艺曲线
双介质淬火	将钢件奥氏体化后，先浸入一种冷却能力强的介质中，在钢的组织还未开始转变时迅速取出，马上浸入另一种冷却能力弱的介质中，缓冷到室温，如先水后油、先油后空气等	优点是内应力小，变形及开裂少，缺点是操作困难、不易掌握，故主要应用于碳素工具钢制造的易开裂的工件，如丝锥等	
马氏体分级淬火	将钢件奥氏体化后，随之浸入温度稍高或稍低于钢的 *Ms* 点的液态介质中，保持适当时间，待钢件的内外层都达到介质温度后，取出空冷，以获得马氏体组织	通过在 *Ms* 点附近的保温，使工件内外温差减到最小，可以减小淬火应力，防止工件变形和开裂。但由于盐浴的冷却能力较差，对非合金钢工件，淬火后会出现非马氏体组织，因此主要应用于淬透性好的合金钢或截面不大、形状复杂的非合金钢工件	
贝氏体等温淬火	将钢件奥氏体化后，随之快冷到贝氏体转变温度区间（260～400 ℃）等温保持，使奥氏体转变为下贝氏体	主要目的是强化钢材，使工件获得较高的强度、硬度，较好的耐磨性和比马氏体好的韧性，可以显著地减小淬火应力，从而减少工件的淬火变形，避免淬火工件的开裂。常用于各种中、高碳工具钢和低碳合金钢制造的形状复杂、尺寸较小、韧性要求较高的各种模具、成形刀具等	

现代淬火方法介绍

现代淬火方法不仅有奥氏体化直接淬火，而且还有能够控制淬火后的组织和性能并减少变形的各种淬火方法，甚至可以把淬火冷却过程直接与热加工工序结合起来，如激光淬火、真空淬火、铸后淬火、锻后淬火、形变淬火等。淬火方法应根据材料及其对组织、性能和工件尺寸精度的要求，在保证技术条件要求的前提下，充分考虑经济性和实用性来选择。

（4）钢的淬透性与淬硬性　钢淬火的目的是获得马氏体组织，其前提条件是奥氏体的冷却速度必须大于临界冷却速度。从表 5–8 中的淬火工艺曲线可以看出，钢在淬火时其表面冷却速度和心部是不同的，心部的冷却速度要比表面慢。若表面和心部的冷却速度均大于 $v_{临}$，即钢被完全淬透；若表面获得了马氏体，而心部由于冷却速度达不到 $v_{临}$，所以获得了非马氏体组织，则被称为未淬透。

淬透性是在规定条件下，钢在淬火冷却时获得马氏体组织深度的能力。显然，淬透性好的钢更易于整体淬透，所以更适于制造截面尺寸较大的零件。

一种钢的淬透性好坏，取决于该钢的临界冷却速度。临界冷却速度越低，则钢的淬透性越好。钢的临界冷却速度又主要取决于其化学成分，一般来说，各种合金元素（除钴外）溶于奥氏体后均能提高奥氏体的稳定性，减缓过冷奥氏体的转变速度，使钢的临界冷却速度降低。因此，合金钢的淬透性一般比非合金钢好，合金钢淬火冷却时可以在机油等冷却能力较弱的淬火介质中进行。这样既可以保证淬火后的工件内外组织均匀一致，又减少了工件在淬火时变形和开裂的倾向，从而充分发挥出材料的性能潜力。

淬硬性指钢在理想的淬火条件下，获得马氏体后所能达到的最高硬度。由于马氏体的硬度主要取决于碳在马氏体中的过饱和程度，所以钢的淬硬性取决于含碳量的高低。低碳钢淬火后的最高硬度低，淬硬性差；高碳钢淬火后的最高硬度高，淬硬性好。

淬透性和淬硬性是两个不同的概念，不可混淆。淬硬性指淬火后获得的最高硬度，主要取决于马氏体中的含碳量。淬透性好的钢，其淬硬性不一定高。如高碳工具钢与低碳合金钢相比，前者淬硬性高但淬透性低，后者淬硬性低但淬透性高。

（5）钢的淬火缺陷　在热处理生产中，由于淬火工艺控制不当，常会产生氧化与脱碳、过热与过烧、变形与开裂、硬度不足及软点等缺陷，见表 5–9。

表 5–9　钢的淬火缺陷

缺陷名称	缺陷含义及产生原因	后果	防止与补救方法
氧化与脱碳	钢在加热时，炉内的氧与钢表面的铁相互作用，形成一层松脆的氧化铁皮的现象称为氧化 脱碳指钢在加热时，钢表面的碳与气体介质作用而逸出，使钢件表面含碳量降低的现象	氧化和脱碳会降低钢件表层的硬度和疲劳强度，而且还会影响零件的尺寸	在盐浴炉内加热或在工件表面涂覆保护剂，也可在保护气氛或真空中加热
过热与过烧	钢在淬火加热时，由于加热温度过高或高温停留时间过长，造成奥氏体晶粒显著粗化的现象称为过热 若加热温度达到固相线附近，晶界已开始出现氧化和熔化的现象，则称为过烧	工件过热后，晶粒粗大，使钢的力学性能（尤其是韧性）降低，易引起淬火时的变形和开裂	严格控制加热温度和保温时间 发现过热，马上出炉空冷至火色消失，再立即重新加热到规定温度或通过正火予以补救 过烧后的工件只能报废，无法补救

续表

缺陷名称	缺陷含义及产生原因	后果	防止与补救方法
变形与开裂	淬火内应力是造成工件变形与开裂的主要原因	无法使用	应选用合理的工艺方法 变形的工件可采取校正的方法补救，而开裂的工件只能报废
硬度不足	由于加热温度过低、保温时间不足、冷却速度不够快或表面脱碳等原因，工件在淬火后无法达到预期的硬度	无法满足使用性能	严格执行工艺规程 发现硬度不足，可先进行一次退火或正火处理，再重新淬火
软点	淬火后工件表面有许多未淬硬的小区域 原因包括加热温度不够、局部冷却速度不足（局部有污物、气泡等）及局部脱碳等	组织不均匀，性能不一致	冷却时注意操作方法，充分搅动 产生软点后，可先进行一次退火、正火或调质处理，再重新淬火

2. 回火

回火是将淬火后的钢重新加热到 Ac_1 点以下的某一温度，保温一定时间，然后冷却到室温的热处理工艺。

由于钢淬火后的组织主要是马氏体和少量的残余奥氏体，它们处于不稳定状态，会自发地向稳定组织转变，从而引起工件变形甚至开裂。因此，淬火后必须马上进行回火处理，以稳定组织，消除内应力，防止工件变形、开裂及获得所需要的力学性能。

回火的目的：

（1）降低淬火钢的脆性和内应力，防止变形或开裂。

（2）调整和稳定淬火钢的结晶组织，以保证工件不再发生形状和尺寸的改变。

（3）通过适当的回火来获得所要求的强度、硬度和韧性，以满足各种工件的不同使用要求。淬火钢经回火后，其硬度随回火温度的升高而降低，回火一般是热处理的最后一道工序。

（1）回火时的组织转变　回火实质上是采用加热手段，使处于亚稳定状态的淬火组织较快地转变为相对稳定的回火组织的工艺过程。随着回火加热温度的升高，原子扩散能力逐渐增强，马氏体中过饱和的碳会以碳化物的形式逐渐析出，残余奥氏体也会慢慢地发生转变，使马氏体中碳的过饱和程度不断降低，晶格畸变程度减弱，直至过饱和状态完全消失，晶格恢复正常，变为由铁素体和细粒状渗碳体所组成的混合物组织。淬火钢回火时，在不同温度阶段组织的转变情况见表 5-10。回火后的组织可分为回火马氏体（$M_{回}$）、回火屈氏体（$T_{回}$）和回火索氏体（$S_{回}$），其显微组织如图 5-11 所示。

表 5–10　　回火后的组织转变

转变阶段	回火温度 /℃	转变特点	转变产物
马氏体分解	80 ~ 200	过饱和碳以极细小的过渡相碳化物析出，马氏体中碳的过饱和程度降低，晶格畸变程度减弱，韧性有所提高，硬度基本不变	$M_{回}+A_{残}$
残余奥氏体分解	200 ~ 300	残余奥氏体开始分解为下贝氏体或回火马氏体，淬火内应力进一步减小，硬度无明显降低	$M_{回}$
渗碳体形成	300 ~ 400	从过饱和固溶体中析出的碳化物转变为颗粒状的渗碳体，400 ℃时晶格恢复正常，变为铁素体基体上弥散分布的细粒状渗碳体的混合物，钢的内应力基本消除，硬度下降	$T_{回}$
渗碳体聚集长大	>400	细小的渗碳体颗粒不断长大，回火温度越高，渗碳体颗粒越粗，转变为由颗粒状渗碳体和铁素体组成的混合物组织，内应力完全消除，硬度明显下降	$S_{回}$

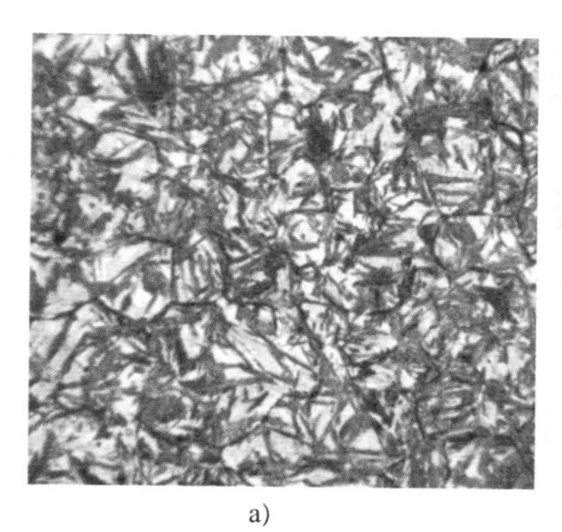
a)

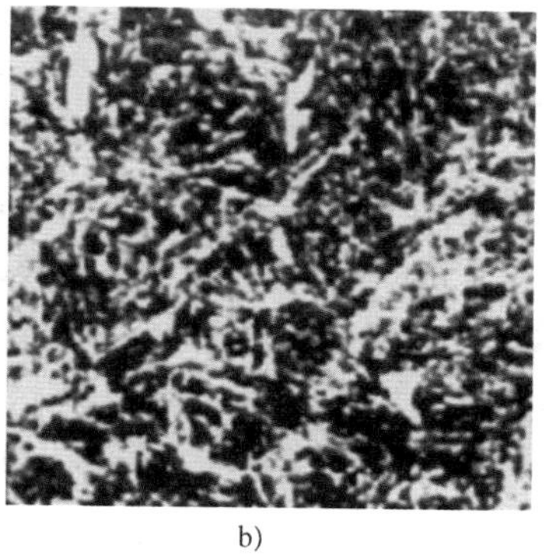
b)

c)

图 5–11　钢（45 钢）的回火组织

a）回火马氏体　b）回火屈氏体　c）回火索氏体

在回火加热过程中，随着组织的变化，钢的性能也随之发生改变。其变化规律是：随着加热温度的升高，钢的强度、硬度下降，而塑性、韧性提高。图 5–12 所示为 40 钢的力学性能与回火温度的关系。

一般来说，回火钢的性能只与加热温度有关，而与冷却速度无关。但值得注意的是，回火后有些钢自 538 ℃以上慢冷下来时，其韧性会降低，这种回火后韧性降低的现象称为回火脆性。遇到这种情况，回火时可通过快冷的方法加以避免。

（2）回火的分类及应用　回火时，由于回火温度决定钢的组织和性能，所以生产中一般以工件所需的硬度来决定回火温度。根据回火温度的不同，通常将回火分为低温回火、中温回火和高温回火三类，见表 5–11。

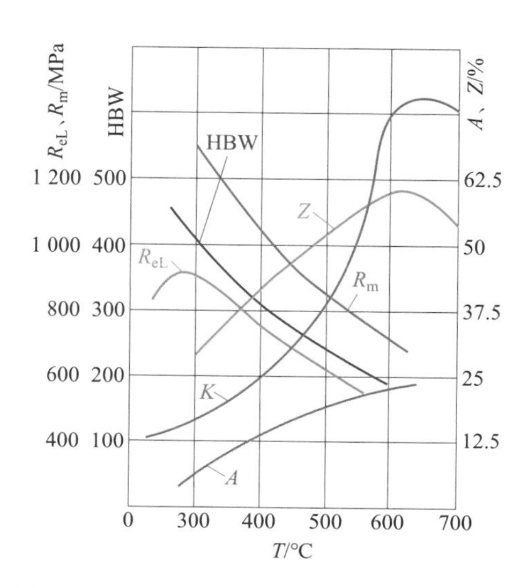

图 5–12　40 钢的力学性能与回火温度的关系

表 5-11　　回火的分类及应用场合

分类	加热温度 /℃	获得组织	性能特点	应用场合
低温回火	150～250	$M_{回}$	具有较高的硬度、耐磨性和一定的韧性，硬度可达 58～64HRC	用于刀具、量具、冷冲模、拉丝模以及其他要求高硬度、高耐磨性的零件
中温回火	350～500	$T_{回}$	具有较高的弹性极限、屈服强度和适当的韧性，硬度为 40～50HRC	中温回火主要用于弹性零件及热锻模具等
高温回火	500～650	$S_{回}$	具有良好的综合力学性能（足够的强度与高韧性相配合），硬度一般为 200～330HBW	生产中把淬火与高温回火相结合的热处理工艺称为调质处理。调质处理广泛用于重要的受力构件，如丝杠、螺栓、连杆、齿轮、曲轴等

调质处理后工件可获得良好的综合力学性能，不仅强度较高，而且有较好的塑性和韧性，这就为零件在工作中承受各种载荷提供了有利条件。因此，重要的受力复杂的结构零件一般均采用调质处理。

钢经过调质处理后之所以具有较好的力学性能，是由于调质处理后钢的组织为回火索氏体，即细粒状弥散分布的渗碳体与铁素体的混合物。由于渗碳体呈细粒状，不但减小了对基体的割裂作用，还作为强化相起到了显著的基体强化作用，所以比正火后得到的索氏体组织（渗碳体与铁素体构成的细片层状混合物）具有更好的力学性能。表 5-12 所示为 40 钢正火处理与调质处理后的力学性能比较。

表 5-12　　40 钢正火处理与调质处理后的力学性能比较

力学性能	R_m/MPa	$A_{11.3}$/%	HBW
正火	700～800	15～20	162～220
调质处理	750～850	20～25	210～250

§5-4　钢的表面热处理与化学热处理

在机械设备中，有许多零件是在冲击载荷、扭转载荷及摩擦条件下工作的，如汽车变速齿轮及传动齿轮轴（图 5-13）等。要求它们表面具有很高的硬度和耐磨性，而心部要具有足够的塑性和韧性。这些要求如果仅从选材方面去满足是十分困难的，若用高碳钢，硬度高，但心部韧性不足；相反，若用低碳钢，心部韧性好，但表面硬度低，不耐磨。为了满足上述要求，实际生产中一般先通过选材和整体热处理满足心部的力学性能，然后通过表面热处理和化学热处理的方法强化零件表面，提高其力学性能，以达到零件“外硬内韧”的性能要求。强化零件表面常用的热处理方法有表面热处理和化学热处理两种。

图 5-13　汽车变速齿轮及传动齿轮轴

一、表面热处理

钢的表面热处理是指仅对钢件表面进行热处理，以改变表面层组织，满足使用性能要求的热处理工艺。与整体热处理相比，钢的表面热处理具有工艺简单、热处理变形小、设备机械化和自动化程度高等优点，特别适合在扭转和弯曲等循环载荷下承受摩擦及冲击的，要求表面具有较高硬度和耐磨性、心部具有一定强度的零件，如齿轮、活塞销、曲轴、凸轮等。

表面淬火是表面热处理中最常用的方法，是强化材料表面的重要手段。其原理是通过快速加热使钢的表层奥氏体化，在热量尚未充分传到零件中心时就立即予以冷却，它不改变钢的表层化学成分，但改变表层组织。表面淬火只适用于中碳钢和中碳合金钢。表面淬火的关键是加热的方法，必须要有较快的加热速度。目前，表面淬火的方法很多，如火焰加热表面淬火、感应加热表面淬火、电接触加热表面淬火、激光加热表面淬火等。生产中最常用的方法主要是火焰加热表面淬火和感应加热表面淬火。

1. 火焰加热表面淬火

应用氧－乙炔（或其他可燃气体）火焰对零件表面进行快速加热并随后快速冷却的工艺称为火焰加热表面淬火，其示意图如图 5-14 所示。

火焰加热表面淬火的淬硬层深度一般为 2 ~ 6 mm。这种方法的特点是：加热温度及淬硬层深度不易控制，易产生过热和加热不均匀的现象，淬火质量不稳定；但这种方法不需要特殊设备，故适用于单件或小批生产。

2. 感应加热表面淬火

利用感应电流通过工件所产生的热效应使工件表面受到局部加热，并进行快速冷却的淬火工艺称为感应加热表面淬火。

感应加热表面淬火原理示意图如图 5-15 所示。把工件放入空心铜管绕成的感应器内，感应器中通入一定频率的交流电，在电磁感应作用下感应器就会产生一个频率相同的交变磁场，工件内部就会产生频率相同、方向相反的感应电流，该电流在钢件内自成回路，称为涡流。涡流在工件截面上的分布是不均匀的，主要集中在工件表面，这种现象称为涡流的趋肤效应。感应器中的电流频率越高，涡流越集中于工件的表层，趋肤效应越明显。这样，生产中只要调整通入感应器的电流频率，就可以有效控制加热层的深度。感应加热表面淬火电流频率与淬硬层深度的关系见表 5-13。涡流在趋肤效应作用下使工件表层迅速加热到淬火所需的温度（而心部温度仍接近室温），随即喷水快速冷却，从而达到表面淬火的目的。

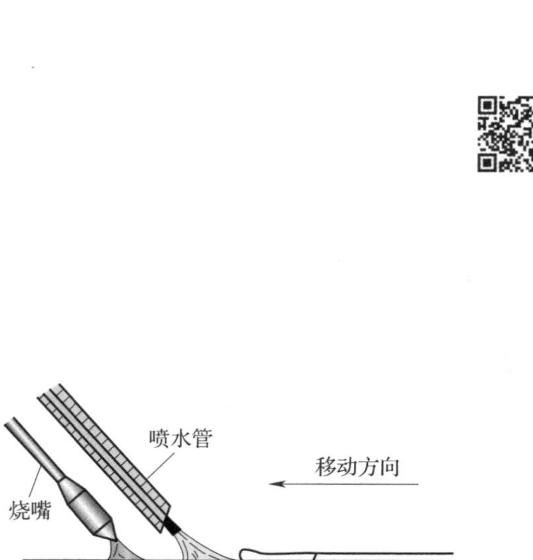

图 5–14　火焰加热表面淬火示意图

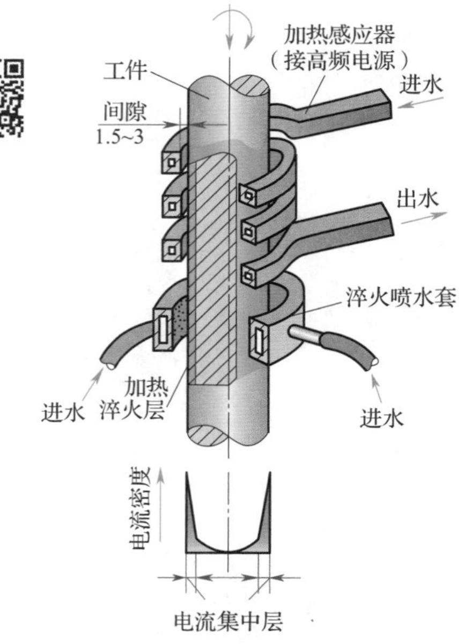

图 5–15　感应加热表面淬火原理示意图

表 5–13　　感应加热表面淬火电流频率与淬硬层深度的关系

项目	电流频率	淬硬层深度 /mm	应用
高频感应加热	200 ~ 300 kHz	0.5 ~ 2	在摩擦条件下工作的零件，如小齿轮、小轴等
中频感应加热	1 ~ 10 kHz	2 ~ 8	承受转矩、压力载荷的零件，如曲轴、大齿轮、主轴等
工频感应加热	50 Hz	10 ~ 15	承受转矩、压力载荷的大型零件，如冷轧辊等

与火焰加热表面淬火相比，感应加热表面淬火具有以下特点：

（1）加热速度快，零件由室温加热到淬火温度仅需几秒到几十秒的时间。

（2）淬火质量好，由于加热迅速，奥氏体晶粒不易长大，淬火后表层可获得细针状马氏体，硬度比普通淬火高 2 ~ 3HRC。

（3）淬硬层深度易于控制，淬火操作易实现机械化和自动化，但设备较复杂、成本高，故适用于大批生产。

二、化学热处理

将工件置于一定温度的活性介质中保温，使一种或几种元素渗入其表层，以改变其化学成分、组织和性能的热处理工艺称为化学热处理。与其他热处理相比，化学热处理不仅改变了钢的组织，而且使其表面层的化学成分发生了变化，因而能更有效地改变零件表层的性能。

1. 化学热处理的过程

化学热处理的种类很多，根据渗入元素的不同，化学热处理有渗碳、渗氮、碳氮共渗、渗硼、渗金属等，目前最常用的是渗碳、渗氮、碳氮共渗三种。无论哪一种化学热处理方法，都是通过图 5–16 所示的三个基本过程来完成。

（1）分解　介质在一定的温度下发生化学分解，产生可渗入元素的活性原子。

（2）吸收　活性原子被工件表面吸收。例如，活性原子溶入铁的晶格中形成固溶体，或与铁化合形成金属化合物等。

（3）扩散　渗入工件表面层的活性原子，由表面向心部迁移，渗入原子通过扩散形成一定厚度的扩散层（即渗层）。扩散要有两个基本条件：一是浓度差，原子只能由浓度高处向浓度低处扩散；二是扩散的原子具有一定的能量，化学热处理要在一定的加热条件下进行。

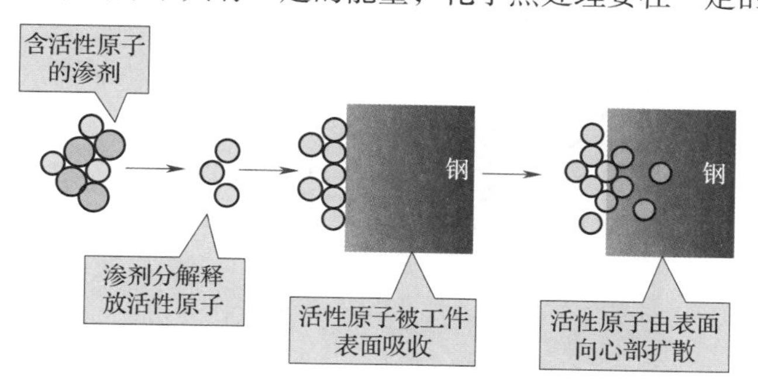

图 5–16　化学热处理的过程示意图

2. 钢的渗碳

钢的渗碳是将工件置于渗碳介质中加热并保温，使碳原子渗入工件表层的化学热处理工艺。其目的是提高工件表层的含碳量。渗碳后的工件需经淬火及低温回火，才能使工件表面获得更高的硬度和耐磨性（心部仍保持较高的塑性和韧性），从而达到“外硬内韧”的性能要求。

为了达到上述要求，应注意渗碳工件必须用低碳钢或低碳合金钢来制造。其工艺路线一般为：锻造→正火→机械加工→渗碳→淬火 + 低温回火。

根据渗碳介质的工作状态，渗碳方法可分为固体渗碳、盐浴渗碳和气体渗碳三种，应用最广泛的是气体渗碳。

气体渗碳是将工件置于气体渗碳剂中进行渗碳的工艺。图 5–17 所示为气体渗碳示意图，操作时先将工件置于密封加热炉中，加热到 900 ~ 950 ℃，滴入煤油、丙酮、甲醇等渗碳剂。这些渗碳剂在高温下分解，产生活性碳原子。随后，活性碳原子被工件表面吸收而溶入奥氏体中，并向其内部扩散，从而形成一定深度的渗碳层。渗碳层深度主要取决于保温时间，一般可按每小时渗入 0.2 ~ 0.25 mm 的速度估算。

一般工件渗碳后，其表面含碳量控制在 0.85% ~ 1.05%，含碳量从表面到心部逐渐减少，心部仍保持原来的含碳量。图 5–18 所示为低碳钢渗碳后缓冷的渗碳层显微组织，图中渗碳

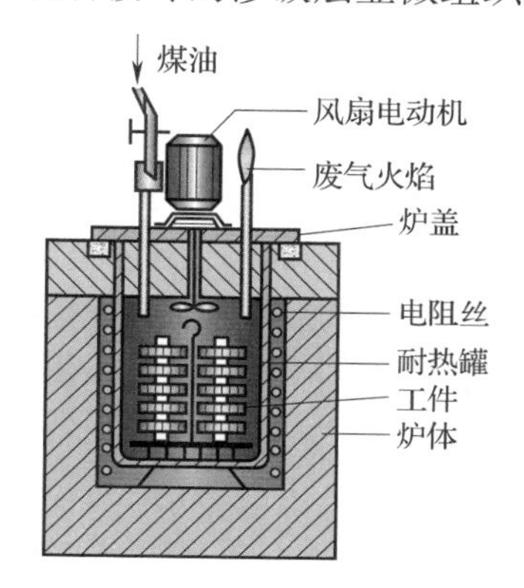

图 5–17　气体渗碳示意图

层的组织由表面向中心依次为过共析组织、共析组织、亚共析组织（过渡层），中心仍为原来的亚共析组织。

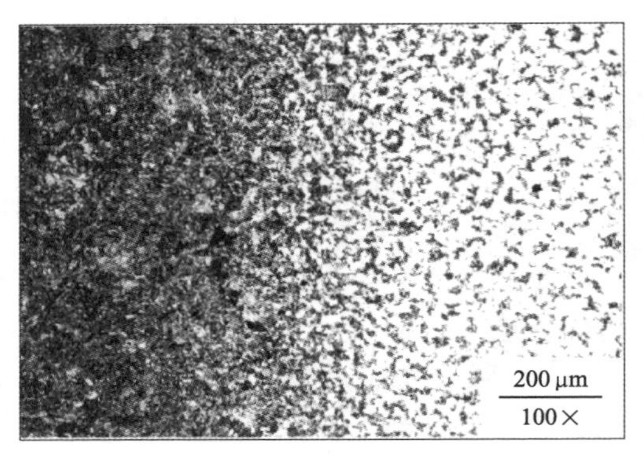

图 5-18　低碳钢渗碳后缓冷的渗碳层显微组织

渗碳的工件经淬火及低温回火后，表层显微组织为细针状回火马氏体和均匀分布的细小颗粒状渗碳体，硬度高达 58 ~ 64HRC。心部因是低碳钢，其显微组织仍为铁素体和珠光体（某些低碳合金钢，其心部组织为低碳回火马氏体及铁素体，硬度为 30 ~ 45HRC），所以心部具有良好的综合力学性能，即较高的韧性和适当的强度。

渗碳只改变工件表面的化学成分。要使工件表层具有高的硬度和耐磨性，而心部具有足够的强度与良好的韧性，渗碳后的工件必须再进行淬火和低温回火。一些承受冲击的耐磨零件，如轴、齿轮、凸轮、活塞销等大都进行渗碳，但在高温下工作的耐磨件不宜采用渗碳处理。

3. 钢的渗氮

在一定温度下，使活性氮原子渗入工件表面的化学热处理工艺称为渗氮。渗氮的目的是提高工件表面的硬度、耐磨性、耐腐蚀性及疲劳强度。

（1）渗氮的特点　渗氮与渗碳相比有以下特点：

1）渗氮层具有很高的硬度和耐磨性，工件渗氮后表层中形成稳定的金属氮化物，具有极高的硬度，所以渗氮后不用淬火就可达到高硬度，而且具有较高的红硬性。如 38CrMoAl 钢渗氮层硬度高达 1 000HV 以上（相当于 69 ~ 72HRC），而且这些性能在 600 ~ 650 ℃时仍可保持。

2）渗氮层具有渗碳层所没有的耐腐蚀性，可防止水、蒸气、碱性溶液的腐蚀。

3）渗氮比渗碳温度低（一般约 570 ℃），所以工件变形小。

渗氮虽然具有上述特点，但它的生产周期长，成本高，渗氮层薄而脆，不宜承受集中的重载荷，这就使渗氮的应用受到一定限制。在生产中渗氮主要用来处理重要和复杂的精密零件，如精密丝杠、镗杆、排气阀、精密机床的主轴等。渗氮的工艺路线为：锻造→退火→机械粗加工→调质处理→机械精加工→去应力退火→粗磨→渗氮→精磨或研磨。

（2）渗氮的方法　渗氮方法很多，目前应用最多的渗氮方法为气体渗氮和离子渗氮。

1）气体渗氮　工件在气体介质中进行渗氮称为气体渗氮。它是将工件放入密闭的炉内，加热到 500 ~ 600 ℃，通入氨气（NH_3），利用氨气分解出活性氮原子进行渗氮的方法。

渗氮用钢是含有 Al、Cr、Mo 等合金元素的钢，通常使用的是 38CrMoAl，其次是 35CrMo、18CrNiW 等。这样，氮原子被工件表面吸收，与钢中的合金元素 Al、Cr、Mo 形成氮化物，并向心部扩散，渗氮层薄而致密，深度一般仅为 0.1 ~ 0.6 mm。图 5–19 所示为渗氮层的显微组织。

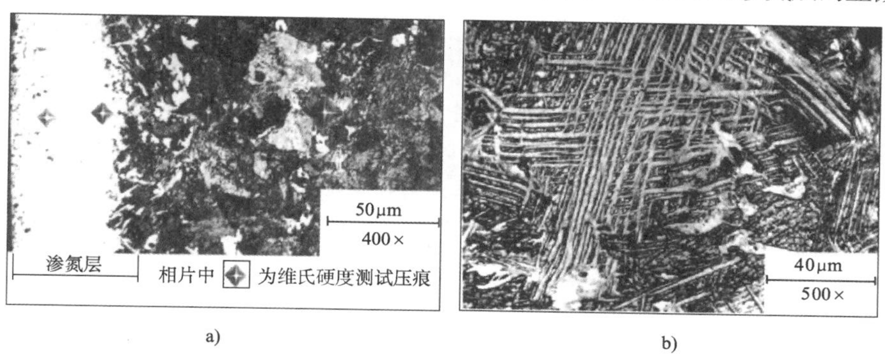

图 5–19 渗氮层的显微组织

a）渗氮层及维氏硬度测试压痕 b）渗氮层中致密的针状氮化物（白色）

2）离子渗氮 在低于一个大气压的渗氮气氛中，利用工件（阴极）和阳极之间产生的辉光放电现象进行渗氮的工艺称为离子渗氮。图 5–20 所示为离子渗氮装置示意图。

离子渗氮的原理是将需要渗氮的工件作为阴极，将炉壁作为阳极，在真空室中通入氨气，并在阴、阳极之间通以高压直流电。在高压电场作用下，氨气被电离，形成辉光放电。被电离的氮离子以极高的速度轰击工件表面，使工件表面温度升高（一般为 450 ~ 650 ℃），并使氮离子在阴极上夺取电子后还原成氮原子而渗入工件表面，然后经过扩散形成渗氮层。

离子渗氮具有速度快、生产周期短、渗氮质量高、工件变形小、对材料的适应性强等优点，因而迅速地发展起来，已在实际生产中得到了应用。但目前离子渗氮还存在投资高、装炉量少、测温困难及质量不够稳定等问题，尚需进一步改进。

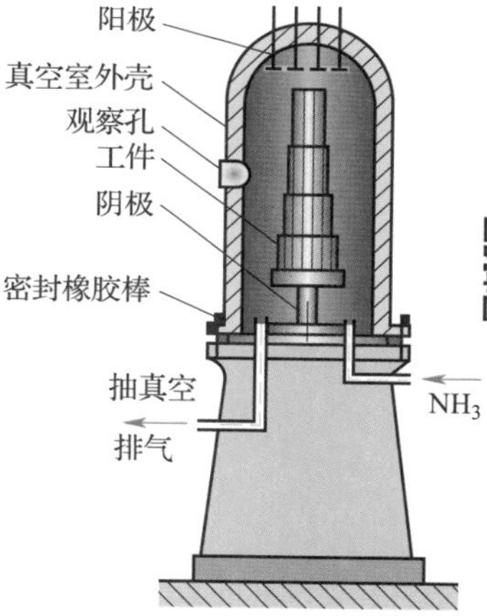

图 5–20 离子渗氮装置示意图

4. 碳氮共渗

在一定温度下，将碳、氮原子同时渗入工件表层奥氏体中，并以渗碳为主的化学热处理工艺称为碳氮共渗。气体碳氮共渗为最常用的方法。

气体碳氮共渗的温度为 820 ~ 870 ℃，共渗层表面含碳量为 0.7% ~ 1.0%，含氮量为 0.15% ~ 0.5%。热处理后，表层组织为含碳、氮的马氏体及呈均匀分布的细小碳氮化合物。

碳氮共渗与渗碳相比，具有很多优点。它不仅加热温度低，零件变形小，生产周期短，而且渗层具有较高的硬度、耐磨性和疲劳强度。目前，它常用来处理汽车和机床上的齿轮、蜗杆和轴类零件等。

以渗氮为主的氮碳共渗，也称为软氮化。其常用共渗介质是尿素，处理温度一般不超过 570 ℃，处理时间仅为 1 ~ 3 h。与一般渗氮相比，其渗层硬度较低，脆性较小。软氮化常用于处理模具、量具和高速钢刀具等。

热处理新技术简介

热处理的新技术和新工艺指在进行零件的热处理时，能有效提高热处理的质量及生产率、节约能源、降低成本、减少环境污染等的技术和工艺。目前，热处理技术发展的主流是推广与完善自动控制技术的应用，改善加热和冷却方式，开发性能完善的冷却介质。比较典型的热处理新技术有热处理自动控制、流态层热处理、激光热处理、真空热处理等。

1. 热处理自动控制

目前，在一些先进的热处理车间已实现通过计算机对热处理的工艺过程进行全程控制。只要预先将热处理工艺信息存入计算机中，不但可以调用程序或自动选定工艺程序进行热处理整个流程的控制，还能对热处理过程中的参数进行动态自动控制，使炉温、气压、渗碳气氛、流量等工艺参数保持在给定值范围内。在各种传感器将测定的参数值传给计算机后，计算机会按照给定的最优化工艺数学模型进行运算、分析和处理，以自动调整工艺参数，实现最优化的综合控制。

2. 流态层热处理

流态层热处理又称流动层热处理，是一种操作方便、容易维护、无公害的热处理方法，其原理如下图所示。

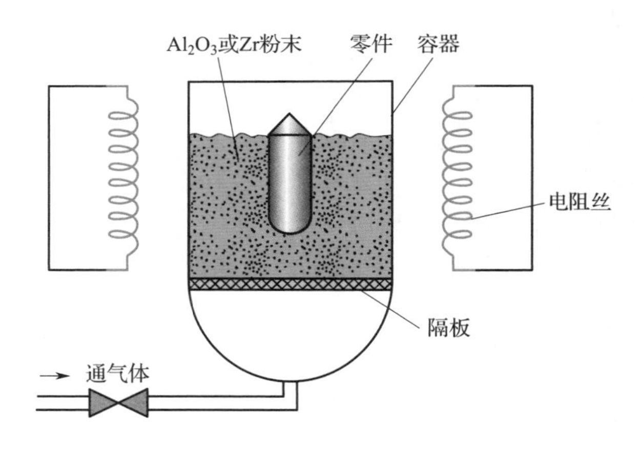

零件放于流动粒子炉内进行热处理时，在炉内带有微孔的隔板上撒一层 Al_2O_3 或 Zr 粉末（即很细小的粒子），将零件置于粉末之中。当电阻丝对粉末进行加热时，可从炉底部送进气体。随着气流增大，细小的粒子会被气流托起并开始相互冲击、混合，像气体一样自由流动起来，形成流态层。这种用流态化的固体粒子作为加热或冷却介质的热处理炉就是流态粒子炉。这种流动的细小的粉末（粒子）导热性能好，加热迅速、均匀，并能准确控制温度，因此零件在热处理时变形与开裂倾向大大减小。

3. 激光热处理

激光热处理是利用激光束的高密度能量快速加热工件表面，然后依靠零件本身的导热冷却使其淬火的工艺过程。目前，使用最多的加热装置是 CO_2 激光器。激光热处理后得到的淬硬层是极细的组织，因此比高频淬火具有更高的硬度、耐磨性和疲劳强度。激光热处理后变形量很小，仅为高频淬火变形的 1/10～1/3，解决了易变形件淬火难的问题。

4．真空热处理

真空热处理是将工件置于 0.013 3～1.33 Pa 真空度的真空介质中加热、保温并冷却的工艺过程。真空热处理可防止零件的氧化与脱碳，并能使零件表面氧化物、油脂迅速分解，得到光亮的表面。真空热处理还具有脱气作用，使钢中的氢、氮及氧化物分解逸出，并可减少工件的变形。真空热处理不仅可用于真空退火、真空淬火，还可用于真空化学热处理，如真空渗碳等。

§5-5　零件的热处理分析

热处理是机械制造过程中的重要工序，正确理解热处理的技术条件，合理安排热处理工艺在整个加工过程中的位置，对于改善钢的切削加工性能、保证零件的质量、满足使用要求具有重要意义。

一、热处理的技术条件

工件热处理后的组织、应当达到的力学性能、精度和工艺性能等要求，统称为热处理的技术条件。热处理的技术条件是根据零件工作特性提出的。一般零件均以硬度作为热处理的技术条件，对渗碳零件应标注渗碳层深度，对某些性能要求较高的零件还需标注力学性能指标或金相组织要求。

标注热处理技术条件时，可用文字在零件图样上作扼要说明，也可用国家标准（GB/T 12603—2005）中规定的热处理工艺代号来表示。

二、热处理的工序位置

根据热处理的目的和工序位置的不同，热处理可分为预备热处理和最终热处理两大类。

1．预备热处理

预备热处理包括退火、正火、调质处理等。退火、正火的工序位置通常安排在毛坯生产之后、切削加工之前，以消除毛坯的内应力，均匀组织，改善切削加工性能，并为以后的热处理做好组织准备。对于精密零件，为了消除切削加工的残余应力，在半精加工以后还要安排去应力退火。调质处理工序一般安排在粗加工之后、精加工或半精加工之前，目的是获得良好的综合力学性能，为以后的热处理做好组织准备。调质处理一般不安排在粗加工之前，以免表面调质层在粗加工时大部分被切削，失去调质处理的作用，这一点对于淬透性差的非合金钢零件尤为重要。

2．最终热处理

最终热处理包括淬火、回火及表面热处理等。零件经这类热处理后，获得所需的使用性能，因其硬度较高，除磨削外，不宜再进行其他形式的切削加工，故其工序位置一般安排在半精加工之后。

有些零件性能要求不高，对其毛坯进行退火、正火或调质处理即可满足使用要求，这时退火、正火或调质处理也可作为最终热处理。

三、典型零件或工具的热处理分析

1. 锉刀

锉刀是常用的钳工工具。锉削时的切削速度较低，所以对锉刀材料的热硬性（钢在较高温度下，仍能保持较高硬度的性能）要求不高，但要有足够的硬度和耐磨性；同时，由于使用时操作者需要通过柄部施力，所以锉柄的硬度不宜过高，要有足够的韧性，以防折断、伤人。鉴于以上原因，现选择 T12 钢的锻件毛坯，热处理的技术条件如下：锉身硬度为 58 ~ 62HRC，锉柄硬度为 30 ~ 35HRC。

锉刀的加工工艺路线为：备料→锻造→正火、球化退火→机械粗加工→锉身局部淬火、回火→机械精加工。

锉刀加工中热处理工序的作用分析见表 5–14。

表 5–14　锉刀加工中热处理工序的作用分析

热处理名称	性质	加热温度 /℃	作用分析
正火	预备热处理	850 ~ 870	消除毛坯的锻造应力，细化晶粒，消除网状渗碳体组织
球化退火		750 ~ 760	降低硬度，改善切削加工性能；避免淬火加热时晶粒长大
局部淬火 + 低温回火	最终热处理	760 ~ 780	使锉身获得足够的硬度，经回火后应达 58 ~ 62HRC；锉柄部分淬火冷却时不浸入介质，相当于空冷，以获得 30 ~ 35HRC 的硬度和足够的韧性
		200 ~ 230	

带柄工件的淬火

下图所示为常见带柄工件淬火时，浸入淬火剂的方式和对锉刀局部的淬火冷却方法。

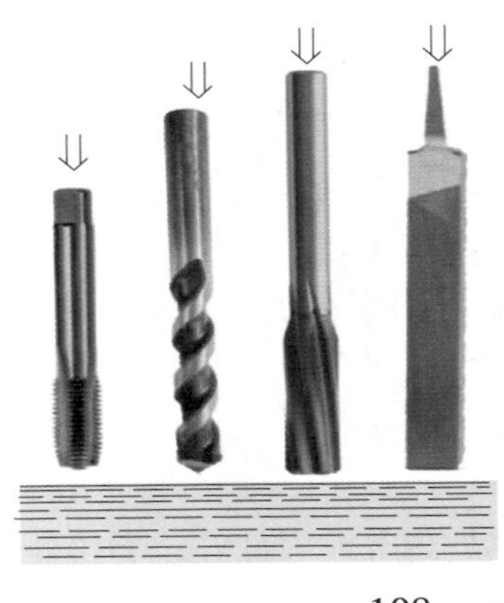

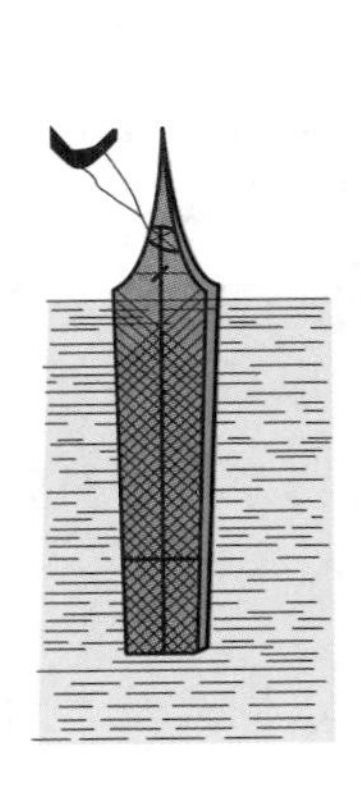

2. 汽车变速齿轮

汽车变速齿轮在工作时，齿面和内花键孔表面主要承受摩擦载荷，整个齿轮主要承受扭转载荷，在变速时还要承受一定的冲击载荷。分析表明，汽车变速齿轮属典型的要求力学性能“外硬内韧”的零件，所以确定该齿轮选用淬透性好、晶粒不易长大的合金渗碳钢20CrMnTi的锻件毛坯，热处理技术条件如下：齿面渗碳层深度为0.8~1.3 mm，齿面硬度为58~62HRC，心部硬度为33~48HRC。

该变速齿轮的加工工艺路线为：备料→锻造→正火→机械加工→渗碳→淬火、低温回火→喷丸→校正花键孔→磨齿。

汽车变速齿轮加工中热处理工序的作用分析见表5–15。

表5–15　汽车变速齿轮加工中热处理工序的作用分析

<table>
<tr><th>热处理名称</th><th>性质</th><th>加热温度/℃</th><th>作用分析</th></tr>
<tr><td>正火</td><td>预备热处理</td><td>855~875</td><td>消除毛坯的锻造应力；降低硬度，改善切削加工性能；均匀组织，细化晶粒，为以后的热处理做好组织准备</td></tr>
<tr><td>渗碳</td><td rowspan="3">最终热处理</td><td>900~950</td><td>保证齿面的含碳量在0.85%以上，渗碳安排在齿面粗加工之后，并根据粗加工后余量确定渗层深度</td></tr>
<tr><td rowspan="2">淬火+低温回火</td><td>760~780</td><td rowspan="2">表面获得针状高碳马氏体，具有足够的硬度，经回火后应达58~62HRC；心部可得到板条状低碳马氏体，具有较高的强度和韧性，硬度达33~48HRC</td></tr>
<tr><td>200~220</td></tr>
</table>

3. 汽车传动齿轮轴

汽车传动齿轮轴的工作条件与变速齿轮相似，但光轴部分要与座体上的轴承相配合，花键轴和齿轮要承受更大的载荷，所以确定该齿轮选用淬透性、综合性能好的合金调质钢40Cr锻件毛坯，热处理技术条件如下：整体调质处理后硬度为220~250HBW，花键齿廓和齿轮齿廓部分硬度为48~53HRC。

该传动齿轮轴的加工工艺路线为：备料→锻造→正火→机械粗加工→调质处理→机械半精加工→花键齿廓和齿轮齿廓部分表面淬火、回火→精磨。

汽车传动齿轮轴加工中热处理工序的作用分析见表5–16。

表5–16　汽车传动齿轮轴加工中热处理工序的作用分析

<table>
<tr><th>热处理名称</th><th>性质</th><th>加热温度/℃</th><th>作用分析</th></tr>
<tr><td>正火</td><td rowspan="2">预备热处理</td><td>812~832</td><td>消除毛坯的锻造应力；降低硬度，改善切削加工性能；均匀组织，细化晶粒，为以后的热处理做好组织准备</td></tr>
<tr><td>调质处理</td><td>812~832</td><td>保证齿轮轴整体具有较高的综合力学性能，消除粗加工带来的内应力，进一步改善半精加工和精加工的切削性能，调质处理后硬度应达220~250HBW</td></tr>
<tr><td>表面淬火+低温回火</td><td>最终热处理</td><td>760~780</td><td>采用高频淬火使表面获得针状马氏体，经回火后花键齿廓和齿轮齿廓的硬度应达48~53HRC；心部保持调质处理后得到的回火索氏体组织，具有较高的强度和韧性</td></tr>
</table>

现有一批用 T12 钢制造的丝锥，成品刃部硬度要求 60HRC 以上，柄部硬度要求 35 ~ 40HRC，加工工艺路线为：轧制→热处理→机加工→热处理→机加工。想一想上述热处理工序的具体内容和作用。

*§5-6 钢的热处理（试验）

一、试验目的

1. 了解非合金钢热处理的基本操作。

2. 了解含碳量、加热温度、冷却速度、回火温度对非合金钢力学性能的影响。

二、试验内容和试验器材

1. 试验内容：20、45、T8、T12 钢试样的淬火、正火、退火及回火的操作；用硬度计测定试样的硬度。

2. 试验器材：箱式电阻炉、硬度计、淬火水槽、夹钳等。

三、试验准备

1. 采用如图 5-21 所示的箱式电阻炉，并进行加热准备。

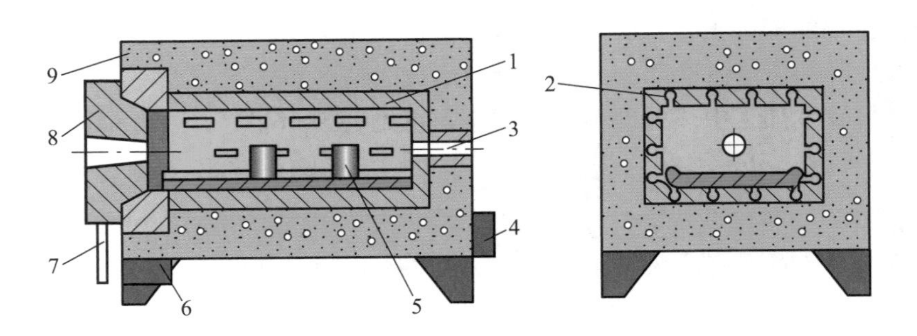

图 5-21 箱式电阻炉

1—加热室 2—电阻丝 3—测温孔 4—接线盒 5—试样
6—控制开关 7—挡铁 8—炉门 9—隔热层

2. 确定加热温度。非合金钢淬火加热温度根据下列原则选择：亚共析钢淬火加热温度为 Ac_3 以上 30 ~ 50 ℃，过共析钢淬火加热温度为 Ac_1 以上 30 ~ 50 ℃。表 5-17 所示为常用非合金钢的临界点。

表 5–17　常用非合金钢的临界点

钢号	Ac_1/℃	Ac_3/℃	A_{cm}/℃	常规淬火加热温度 /℃
20	727	835		860±10
45	727	780		830±10
T8	727		800	790±10
T12	727		895	780±10

3．确定保温时间。碳钢保温时间可根据工件有效厚度按 1 mm/min 计算。

四、试验步骤

按试验内容不同分成 4 组分别试验，并将试验工艺参数及硬度值写在黑板上，供全体同学摘抄。

第一组：

（1）领取 20、45、T8、T12 钢试样各 3 件。

（2）确定各类钢试样常规淬火加热温度及保温时间。

（3）将各试样加热到各自常规淬火加热温度，保温后在水中快速冷却。

（4）测定并记录各试样硬度。

第二组：

（1）领取 45 钢试样 4 件。

（2）将 4 件 45 钢试样分别加热到 650 ℃、740 ℃、840 ℃、950 ℃，保温后在水中快速冷却。

（3）测定并记录各试样硬度。

第三组：

（1）领取 45 钢试样 4 件。

（2）确定 45 钢试样常规淬火加热温度和保温时间。

（3）将试样加热到常规淬火加热温度，保温后对 4 件试样分别进行 10% 盐水、油、空气及随炉冷却。

（4）测定并记录各试样硬度。

第四组：

（1）领取已淬火的 45 钢试样 3 件。

（2）测定各试样硬度。

（3）将试样分别加热到 180 ℃、400 ℃、600 ℃，保温 0.5 h 后取出，在空气中冷却至室温。

（4）测定并记录各试样硬度。

五、注意事项

1．试验前，应先了解箱式电阻炉的结构与炉温调节方法。

2．试验时必须注意安全。箱式电阻炉必须接地，在装取试样时一定要切断电源，在操作过程中应戴手套，以防烫伤。

3．每次取试样时，开、关炉门应快，炉门打开时间不要过长，以免损害炉膛材料和影响电阻丝的使用寿命。

4．不同材料的试样应做标记，以防混淆。

5．试样加热时，应放置在距热电偶最近处，使指示炉温与实际炉温相差最小。

6．淬火前应将夹钳预热，并用其迅速夹住试样置于水或油中冷却。试样在淬火介质中应不停地搅动，以使其均匀快速冷却。

7．测试硬度前应将试样擦干并用砂纸打磨干净，表面不得带有油脂、氧化皮。

8．试样加热过程中要观察炉温变化，并记录各试样的加热时间。

六、试验报告

1．写出试验目的及试验器材。

2．将各试验数据填入表 5–18 至表 5–21 中。

表 5–18　不同钢试样的淬火硬度

钢号	加热温度 /℃	保温时间 /h	淬火介质	淬火后的硬度 HRC
20				
45				
T8				
T12				

表 5–19　45 钢试样不同淬火加热温度的硬度

保温时间 /h	淬火介质	不同淬火加热温度的硬度 HRC			
		650 ℃	740 ℃	840 ℃	950 ℃

表 5–20　45 钢试样不同淬火介质的硬度

保温时间 /h	淬火温度 /℃	不同淬火介质对应的硬度 HRC			
		10% 盐水	油	空气	随炉冷却

表 5–21　45 钢试样不同回火温度的硬度

试样编号	淬火后的硬度 HRC	回火温度 /℃	回火后的硬度 HRC

*§5-7 参观热处理车间

参观热处理车间或走访相关工厂、企业，观察热处理生产中所使用的设备，填写企业观察记录表（表 5-22）、热处理车间设备记录表（表 5-23）。

表 5-22 企业观察记录表

企业名称	企业主要产品	参观的车间

表 5-23 热处理车间设备记录表

设备	名称	特点	主要用途

续表

设备	名称	特点	主要用途
总结			

习题

1. 钢在热处理时加热的目的是什么？钢在加热时的奥氏体化过程分为哪几步？

2. 以共析钢为例，过冷奥氏体在不同温度等温冷却时，可得到哪些产物？其性能如何？

3. 什么是马氏体？它有哪两种类型？它们的性能各有何特点？

4. 什么是临界冷却速度？

5. 共析钢奥氏体化后在空冷、水冷、油冷和炉冷条件下各得到什么组织？

6. 什么是退火？常用的退火分为哪几种？说明各自的应用范围。

7. 什么是正火？说明其主要用途。

8. 什么是淬火？淬火的主要目的是什么？有哪些常用方法？

9. 淬火时的温度应如何选择？为什么？

10. 什么是淬透性？它与淬硬性有何区别？

11. 钢在淬火时常见的缺陷有哪些？应如何防止与补救？

12. 什么是回火？淬火钢回火的目的是什么？

13. 常用的回火方法有哪几种？各适用于什么场合？

14. 哪些零件需要进行表面热处理？有哪些常用方法？

15. 表面淬火适用于什么钢？

16. 什么是表面化学热处理？它由哪几个过程组成？

17. 渗碳的目的是什么？渗碳适用于什么钢？

18. 什么是渗氮？它与渗碳有哪些不同？

第六章 低合金钢与合金钢

1. 了解合金元素在钢中的作用。
2. 掌握低合金钢与合金钢的分类、牌号、性能特点和应用。
3. 了解低合金钢与合金钢的热处理特点。

我们用的不锈钢厨具、餐具为什么会不生锈？在车间里实习我们会发现高速钢车刀、钻头可以实现高速切削，而手锯锯条、锉刀则不能，这是为什么？

尽管非合金钢的冶炼、加工都比较简单，价格便宜，并且通过热处理可以得到不同的性能，但随着科学和工程技术的不断发展，对钢材的性能要求越来越高。非合金钢在许多方面已远远不能满足生产要求。例如，尺寸大的高强度零件，不仅要求钢具有优良的综合力学性能，而且具有较高淬透性；某些特殊条件下工作的零件，要求其具有耐腐蚀、抗氧化、耐磨等性能；切削速度较高的刀具，要求其具有较高的热硬性。非合金钢是不能满足这些性能要求的，因此，必须采用性能优异的低合金钢与合金钢。

低合金钢与合金钢就是在非合金钢的基础上，为了改善性能，在冶炼时有目的地加入一种或数种合金元素的钢。与非合金钢相比，由于合金元素的加入，低合金钢与合金钢具有较高的力学性能、淬透性和回火稳定性等，有的还具有耐热、耐酸、耐腐蚀等特殊性能，在机械制造中得到了广泛应用。

§6-1 合金元素在钢中的作用

合金元素在钢中的作用是非常复杂的，它对钢的组织和性能有很大影响，下面介绍其主要作用。

一、强化铁素体

大多数合金元素（除铅外）都能溶于铁素体，形成合金铁素体。由于合金元素与铁的晶格类型和原子半径的差异会引起铁素体的晶格畸变，产生固溶强化作用，因而会使合金钢中铁素体的强度和硬度提高，塑性和韧性下降。有些合金元素对铁素体韧性的影响与它们的含量有关，如 $w_{Si}<1.00\%$，$w_{Mn}<1.50\%$ 时，铁素体的韧性没有下降，当含量超过此值时，则韧性有下降的趋势；而铬和镍在适当范围内（$w_{Cr} \leqslant 2.0\%$，$w_{Ni} \leqslant 5.0\%$），在明显强化铁素体的同时，还可使铁素体的韧性提高，从而提高合金钢的强度和韧性。

二、形成合金碳化物

锰、铬、钼、钨、钒、钛等元素与碳能形成碳化物，当这些碳化物呈细小颗粒并均匀分布在钢中时，能显著提高钢的强度和硬度。根据合金元素与碳的亲和力不同，它们在钢中形成的碳化物可分为以下两类：

1. 合金渗碳体

锰、铬、钼、钨等弱、中强碳化物形成元素倾向于形成合金渗碳体，如 $(Fe, Mn)_3C$、$(Fe, Cr)_3C$、$(Fe, W)_3C$ 等。合金渗碳体较渗碳体略稳定，硬度也略高，但明显提高低合金钢的强度。

2. 特殊碳化物

钒、铌、钛等强碳化物形成元素能与碳形成特殊碳化物，如 VC、TiC 等。特殊碳化物比合金渗碳体具有更高的熔点、硬度和耐磨性，而且更稳定，不易分解。当钢中的特殊碳化物呈弥散分布时，将显著提高钢的强度、硬度和耐磨性，而不降低其韧性。

三、细化晶粒

几乎所有的合金元素都有抑制钢在加热时奥氏体晶粒长大的作用，达到细化晶粒的目的。强碳化物形成元素铌、钒、钛等形成的碳化物，以及铝（Al）在钢中形成的 AlN 和 Al_2O_3，均能强烈地阻碍奥氏体晶粒的长大，使合金钢在热处理后获得比非合金钢更细的晶粒。

四、提高钢的淬透性

除钴外，所有的合金元素溶解于奥氏体后，均可增加过冷奥氏体的稳定性，推迟其向珠光体的转变，使 C 形曲线右移，从而减小钢的淬火临界冷却速度，提高钢的淬透性。

常用的提高淬透性的合金元素主要有钼、锰、铬、镍和硼等，如微量的硼（0.000 5%～0.003%）能明显提高钢的淬透性。

五、提高钢的回火稳定性

淬火钢在回火时抵抗软化的能力称为钢的回火稳定性。合金钢在回火过程中，由于合金元素的阻碍作用，使马氏体不易分解，碳化物不易析出，即使析出后也不易聚集长大，从而保持较大的弥散度，所以钢在回火过程中硬度下降较慢。

在相同的回火温度下，合金钢比相同含碳量的非合金钢具有更高的硬度和强度。在强度要求相同的条件下，合金钢可在更高的温度下回火，以充分消除内应力，使其韧性更好。

高的回火稳定性使钢在较高温度下仍能保持高硬度和高耐磨性。金属材料在高温下保持高硬度的能力称为红硬性，这种性能对一些工具钢具有重要意义。如高速切削时，刀具温度很高，若刀具材料的回火稳定性高，就可以使刀具在较高的温度下仍保持高的硬度和耐磨性，从而大大提高刀具的使用寿命。

低合金钢与合金钢的强度等性能比相同含碳量的非合金钢高出许多，其原因是加入的各种合金元素之间的不同作用合理搭配。特别是通过不同的热处理强化，合金钢的性能优势得到了更充分的发挥。

§6-2 低合金钢与合金钢的分类和牌号

一、低合金钢与合金钢的划分

低合金钢与合金钢是按所含合金元素的质量分数来划分的，其合金元素的规定含量界限值见表 6-1。当表中所列合金元素的质量分数处于低合金钢或合金钢相应界限范围内时，该钢则分别为低合金钢或合金钢。若 Cr、Cu、Mo、Ni 四种元素，有其中两种、三种或四种元素同时出现在钢中时，对于低合金钢，还应考虑所含合金元素质量分数的总和应不大于表中对应元素最高界限值总和的 70%。如果大于最高界限值总和的 70%，即使所含每种元素的质量分数低于规定的最高界限值，也应划入合金钢。

表 6-1　低合金钢与合金钢合金元素规定含量界限值（摘自 GB/T 13304.1—2008）

合金元素	规定含量界限值（质量分数）/%		合金元素	规定含量界限值（质量分数）/%	
	低合金钢	合金钢		低合金钢	合金钢
Al	—	≥ 0.10	Nb	0.02 ~ <0.06	≥ 0.06
B	—	≥ 0.000 8	Pb	—	≥ 0.40
Bi	—	≥ 0.10	Se	—	≥ 0.10
Cr	0.30 ~ <0.50	≥ 0.50	Si	0.50 ~ <0.90	≥ 0.90
Co	—	≥ 0.10	Te	—	≥ 0.10
Cu	0.10 ~ <0.50	≥ 0.50	Ti	0.05 ~ <0.13	≥ 0.13
Mn	1.00 ~ <1.40	≥ 1.40	W	—	≥ 0.10
Mo	0.05 ~ <0.10	≥ 0.10	V	0.04 ~ <0.12	≥ 0.12
Ni	0.30 ~ <0.50	≥ 0.50	Zr	0.05 ~ <0.12	≥ 0.12
La 系（每一种元素）	0.02 ~ <0.05	≥ 0.05	其他规定元素（S、P、C、N 除外）	—	≥ 0.05

注：1. La 系元素含量也可作为混合稀土含量总量。

2. “—”表示不规定，不作为划分依据。

二、低合金钢的分类（GB/T 13304.2—2008）

1. 按质量等级分类

（1）普通质量低合金钢　不规定在生产过程中需要特别控制质量的用于一般用途的低合金钢。

（2）特殊质量低合金钢　在生产过程中需要特别严格控制质量和性能（特别是严格控制硫、磷等杂质含量）的低合金钢。

（3）优质低合金钢　除普通质量低合金钢和特殊质量低合金钢以外的低合金钢。

2. 按主要性能及使用特性分类

低合金钢按主要性能及使用特性分类，可分为可焊接的低合金高强度结构钢、低合金耐候钢、低合金钢筋钢、铁道用低合金钢、矿用低合金钢和其他低合金钢。

三、合金钢的分类（GB/T 13304.2—2008）

1. 按质量等级分类

（1）优质合金钢　在生产过程中需要特别控制质量和性能，但其生产控制和质量要求不如特殊质量合金钢严格的合金钢。

（2）特殊质量合金钢　在生产过程中需要特别严格控制质量和性能的合金钢。除优质合金钢以外的其他合金钢都为特殊质量合金钢。

2. 按主要性能及使用特性分类

（1）工程结构用合金钢　如一般工程结构用合金钢、合金钢筋钢、高锰耐磨钢等。

（2）机械结构用合金钢　如调质处理合金结构钢、表面硬化合金结构钢、合金弹簧钢等。

（3）不锈、耐腐蚀和耐热钢　如不锈钢、抗氧化钢和热强钢等。

（4）工具钢　如合金工具钢、高速工具钢等。

（5）轴承钢　如高碳铬轴承钢、高碳铬不锈轴承钢等。

（6）特殊物理性能钢　如软磁钢、永磁钢、无磁钢（如 0Cr16Ni14）等。

（7）其他　如焊接用合金钢等。

另外，为便于生产、使用和研究，习惯上常将合金钢按合金元素的种类分为铬钢、锰钢、硅锰钢、铬镍钢等；按用途分为合金结构钢、合金工具钢、特殊性能钢等。

四、低合金钢与合金钢的牌号

按 GB/T 221—2008 的规定，低合金钢与合金钢的牌号表示方法见表 6–2。

表 6–2　　低合金钢与合金钢的牌号表示方法（摘自 GB/T 221—2008）

产品名称	牌号表示方法	牌号举例
低合金结构钢	其牌号与碳素结构钢基本相同，由以下三部分组成： （1）前缀符号＋强度值（单位 MPa）。其中通用结构钢前缀符号（牌号头）为代表屈服强度的拼音字母 Q，专用结构钢的前缀符号见表 6–3 （2）（必要时）钢的质量等级。用英文字母 A、B、C、D、E 表示，从 A 到 E 依次提高 （3）（必要时）在牌号尾加代表产品用途、特性和工艺方法表示符号，见表 6–3	HP345 Q460E Q420Q
	根据需要，高强度低合金结构钢牌号也可以采用两位阿拉伯数字（表示该钢的平均含碳量，以万分数计）加元素符号及必要时加代表产品用途、特性和工艺方法的表示符号（见表 6–3），按顺序表示	20MnK

续表

<table>
<tr><th colspan="2">产品名称</th><th>牌号表示方法</th><th>牌号举例</th></tr>
<tr><td colspan="2">合金结构钢和合金弹簧钢</td><td>（1）合金结构钢牌号由以下四部分组成：
1）以两位阿拉伯数字表示平均含碳量（以万分数计）
2）合金元素的含量，以化学元素符号及阿拉伯数字表示。合金元素平均含量小于 1.5% 时，牌号中仅标明元素，一般不标明含量；平均含量为 1.5% ~ 2.49%、2.5% ~ 3.49%、3.5% ~ 4.49%、4.5% ~ 5.49%…时，在合金元素后相应写 2、3、4、5…
3）钢材冶金质量，即高级优质钢、特级优质钢分别以 A、E 表示，优质钢不用字母表示
4）（必要时）产品用途、特性和工艺方法表示符号（见表 6–3）
（2）合金弹簧钢牌号的表示方法与合金结构钢相同</td><td>25Cr2MoVA
18MnMoNbRE
60Si2Mn</td></tr>
<tr><td colspan="2">合金工具钢</td><td>其牌号通常由两部分组成：
（1）合金工具钢的平均含碳量小于 1.00% 时，采用一位数字表示平均含碳量（以千分数计）；平均含碳量不小于 1.00% 时，不标明含碳量数字
（2）合金元素的含量，以化学元素符号及阿拉伯数字表示，表示方法同合金结构钢第二部分。低铬（平均含铬量小于 1%）合金工具钢，在含铬量（以千分数计）前加数字“0”</td><td>9SiCr
CrWMn
Cr06
W18Cr4V</td></tr>
<tr><td colspan="2">高速工具钢</td><td>其牌号表示方法与合金结构钢相同，但牌号头部一般不标明表示含碳量的阿拉伯数字。为了区别牌号，在牌号头部可以加 C 表示高碳高速工具钢</td><td>W6Mo5Cr4V2
CW18Cr4V</td></tr>
<tr><td colspan="2">不锈钢和耐热钢</td><td>其牌号用两位或三位阿拉伯数字表示含碳量的最佳控制值（以万分数或十万分数计），合金元素含量的表示方法与合金结构钢第二部分相同
当材料只规定含碳量上限时，若含碳量上限 ≤ 0.10%，则以其上限值的 3/4 表示，若含碳量上限 >0.10% 时，则以其上限值的 4/5 表示（两位数，以万分数计）
当含碳量上限 ≤ 0.03%（超低碳）时，则以三位数表示含碳量最佳控制值（以十万分数计）
当含碳量规定上、下有限时，则采用平均含碳量表示（两位数，以万分数计）
当在不锈钢中特意加入铌、钛、锆、氮等元素时，即使含量很低也应在牌号中标出</td><td>06Cr19Ni10
12Cr17
015Cr19Ni11
022Cr18Ti</td></tr>
<tr><td rowspan="3">轴承钢</td><td>高碳铬轴承钢</td><td>其牌号通常由两部分组成：
（1）（滚珠）轴承钢表示符号 G，但不标明含碳量
（2）合金元素 Cr 符号及含量（以千分数计）。其他合金元素的含量，以化学元素符号及阿拉伯数字表示，表示方法同合金结构钢第二部分</td><td>GCr15
GCr15SiMn</td></tr>
<tr><td>渗碳轴承钢</td><td>在牌号头部加符号 G，采用合金结构钢的牌号表示方法。高级优质渗碳轴承钢，在牌号尾部加 A</td><td>G20CrNiMoA</td></tr>
<tr><td>高碳铬不锈轴承钢和高温轴承钢</td><td>在牌号头部加符号 G，采用不锈钢和耐热钢的牌号表示方法</td><td>G95Cr18
G80Cr4Mo4V</td></tr>
</table>

续表

产品名称	牌号表示方法	牌号举例
焊接用钢	包括焊接用非合金钢、焊接用低合金钢、焊接用合金结构钢、焊接用不锈钢等，其钢号均沿用各自钢类的钢号表示方法，同时需在钢号前冠以字母 H 表示区别	H08A H08Mn2Si H06Cr19Ni10
	某些焊丝在按硫、磷含量分等级时，用钢号后缀表示：后缀 A 表示 S、P 含量≤ 0.030%；后缀 E 表示 S、P 含量≤ 0.020%；后缀 C 表示 S、P 含量≤ 0.015%；未加后缀表示 S、P 含量≤ 0.035%	H08A H08E H08C H08

钢铁产品牌号中化学元素采用国际常用的化学元素符号表示，混合稀土元素用 RE 表示。

专用结构钢的用途、特性和工艺方法表示符号见表 6–3。

表 6–3　专用结构钢的用途、特性和工艺方法表示符号（摘自 GB/T 221—2008）

产品名称	采用的汉字及汉语拼音或英文单词			采用字母	位置
	汉字	汉语拼音	英文单词		
热轧光圆钢筋	热轧光圆钢筋	—	Hot Rolled Plain Bars	HPB	牌号头
热轧带肋钢筋	热轧带肋钢筋	—	Hot Rolled Ribbed Bars	HRB	牌号头
细晶粒热轧带肋钢筋	热轧带肋钢筋 + 细	—	Hot Rolled Ribbed Bars+Fine	HRBF	牌号头
冷轧带肋钢筋	冷轧带肋钢筋	—	Cold Rolled Ribbed Bars	CRB	牌号头
预应力混凝土用螺纹钢筋	预应力、螺纹、钢筋	—	Prestressing、Screw、Bars	PSB	牌号头
焊接气瓶用钢	焊瓶	HAN PING	—	HP	牌号头
管线用钢	管线	—	Line	L	牌号头
船用锚链钢	船锚	CHUAN MAO	—	CM	牌号头
煤机用钢	煤	MEI	—	M	牌号头
锅炉和压力容器用钢	容	RONG	—	R	牌号尾
锅炉用钢（管）	锅	GUO	—	G	牌号尾
低温压力容器用钢	低容	DI RONG	—	DR	牌号尾
桥梁用钢	桥	QIAO	—	Q	牌号尾
耐候钢	耐候	NAI HOU	—	NH	牌号尾

续表

产品名称	采用的汉字及汉语拼音或英文单词			采用字母	位置
	汉字	汉语拼音	英文单词		
高耐候钢	高耐候	GAO NAI HOU	—	GNH	牌号尾
汽车大梁用钢	梁	LIANG	—	L	牌号尾
高性能建筑结构用钢	高建	GAO JIAN	—	GJ	牌号尾
低焊接裂纹敏感性钢	低焊接裂纹敏感性	—	Crack Free	CF	牌号尾
保证淬透性钢	淬透性	—	Hardenability	H	牌号尾
矿用钢	矿	KUANG	—	K	牌号尾
船用钢	采用国际符号				

五、钢铁及合金牌号统一数字代号体系（GB/T 17616—2013）

钢铁及合金牌号统一数字代号体系，简称“ISC”，它规定了钢铁及合金产品统一数字代号的编制原则、结构、分类、管理及体系表等内容。

统一数字代号由固定的六个符号组成，如图 6-1 所示。左边第一位用大写的拉丁字母作前缀（一般不使用字母 I 和 O），后接五位阿拉伯数字，如“A×××××”表示合金结构钢，“B×××××”表示轴承钢，“L×××××”表示低合金钢，“S×××××”表示不锈钢和耐热钢，“T×××××”表示工具钢，“U×××××”表示非合金钢。每一个统一数字代号只适用于一个产品牌号；相应地，每一个产品牌号只对应一个统一数字代号。当产品牌号取消后，一般情况下，原对应的统一数字代号不再分配给另一个产品牌号。

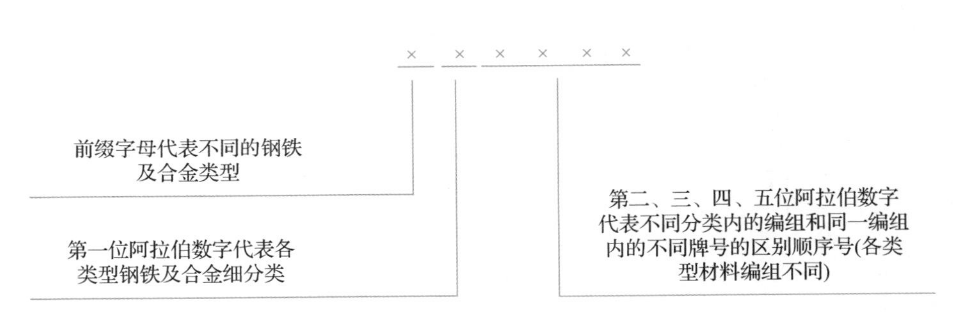

图 6-1 统一数字代号的组成

第一位阿拉伯数字有 0 ~ 9，对于不同类型的钢铁及合金，每一个数字所代表的含义各不相同。例如，在合金结构钢中，数字“0”代表 Mn、MnMo 系钢，数字“1”代表 SiMn、SiMnMo 系钢，数字“4”代表 CrNi 系钢；在低合金钢中，数字“0”代表低合金一般结构钢，数字“1”代表低合金专用结构钢；在非合金钢中，数字“1”代表非合金一般结构及工程结构钢，数字“2”代表非合金机械结构钢等。

§6-3 低合金钢

低合金钢是在碳素结构钢的基础上加入了少量（一般总合金元素的质量分数不超过3%）的合金元素而得到的。由于合金元素的强化作用，低合金钢比碳素结构钢（含碳量相同）的强度要高得多，并且具有良好的塑性、韧性、耐腐蚀性和焊接性能。低合金钢广泛用于制造工程构件，如图 6–2 所示。按主要性能及使用特性不同，常用低合金钢可分为低合金高强度结构钢、低合金耐候钢及低合金专用钢等。

图 6–2　低合金钢的应用

一、低合金高强度结构钢

低合金高强度结构钢的含碳量较低，一般≤ 0.20%，以保证具有良好的塑性、韧性和焊接性能。常加入的合金元素有锰（Mn）、硅（Si）、钛（Ti）、铌（Nb）、钒（V）、铝（Al）、铬（Cr）、氮（N）、镍（Ni）等。其中钒、钛、铝、铌元素是细化晶粒元素，其主要作用是在钢中形成细小的碳化物和氮化物，在金属相变时沿奥氏体晶界析出，形成细小弥散相，阻止晶粒长大，有效地防止钢过热，改善钢的强度，提高钢的韧性和抗层状撕裂性。它与非合金钢相比具有较高的强度，较好的韧性、耐腐蚀性及焊接性。低合金高强度结构钢的主要力学性能及应用见表 6–4。

低合金高强度结构钢的生产工艺过程与碳素结构钢类似，而且价格与碳素结构钢接近，一般在热轧或正火状态下使用。因此，低合金高强度结构钢具有良好的使用价值和经济价值，广泛用于制造工程结构件、桥梁、船舶、车辆、压力容器、起重机械等。

现行国家标准《低合金高强度结构钢》（GB/T 1591—2018）取消了 Q345 牌号，以上屈服强度数值作为牌号中的强度级别，相应指标提高 10 ~ 15 MPa，以 Q355 钢级替代 Q345 钢级，这主要是为了与国际标准接轨。

表 6–4　低合金高强度结构钢的主要力学性能及应用（摘自 GB/T 1591—2018）

牌号	质量等级	统一数字代号	上屈服强度 R_{eH}/MPa	抗拉强度 R_m/MPa	断后伸长率 A/%	冲击吸收能量 KV_2/J		应用
			公称厚度或直径 /mm				试验温度 /℃	
			≤ 16	≤ 100	≤ 40	12 ~ 150		
Q355	B	L03552	≥ 355	470 ~ 630	≥ 22	≥ 34	20	用于制造桥梁、船舶、车辆、管道、锅炉、各种容器、油罐、电站、厂房结构、低温压力容器等
	C	L03553					0	
	D	L03554					–20	
	E	L03555					–40	
Q390	B	L03902	≥ 390	490 ~ 650	≥ 20	≥ 34	20	用于制造锅炉汽包、中高压石油化工容器、桥梁、船舶、起重机、较高负荷的焊接件和连接构件等
	C	L03903					0	
	D	L03904					–20	
	E	L03905					–40	
Q420	B	L04202	≥ 420	520 ~ 680	≥ 19	≥ 34	20	用于制造高压容器、重型机械、桥梁、船舶、机车车辆、锅炉及其他大型焊接结构件等
	C	L04203					0	
	D	L04204					–20	
	E	L04205					–40	
Q460	C	L04603	≥ 460	550 ~ 720	17	≥ 34	0	用于制造大型工程结构件和工程机械；经淬火加回火后，用于制造大型挖掘机、起重运输机械、钻井平台等
	D	L04604					–20	
	E	L04605					–40	
Q500	C	L05003	≥ 500	610 ~ 770	≥ 17	≥ 31	0	用于机械制造、钢结构、起重和运输设备，制作各种塑料模具、光亮模具、工程机械、耐磨零件、石油化工和电站的锅炉、反应器、热交换器、球罐、油罐、气罐、核反应堆压力容器、锅炉汽包、液化石油气罐、水轮机涡流壳等
	D	L05004				≥ 47	–20	
	E	L05005				≥ 55	–40	
Q550	C	L05503	≥ 550	670 ~ 830	≥ 16	≥ 31	0	
	D	L05504				≥ 47	–20	
	E	L05505				≥ 55	–40	
Q620	C	L06203	≥ 620	710 ~ 880	≥ 15	≥ 31	0	
	D	L06204				≥ 47	–20	
	E	L06205				≥ 55	–40	
Q690	C	L06903	≥ 690	770 ~ 940	≥ 14	≥ 31	0	
	D	L06904				≥ 47	–20	
	E	L06905				≥ 55	–40	

高性能绿色桥梁钢

2017年12月29日，“港珠澳大桥主体工程全线贯通”入选人民日报评出的“2017年国内十大新闻”。这座被国家主席习近平在2018年新年贺词中所提到的跨海大桥，设计寿命120年，抗16级台风、8级地震及30万吨巨轮撞击等，是世界上总体跨度最长、钢结构桥体最长、海底沉管隧道最长的跨海大桥，也是世界公路建设史上技术最复杂、施工难度最大、工程规模最庞大的桥梁。

被誉为“新世界七大奇迹”之一的港珠澳大桥，大量应用新一代控轧控冷工艺的高性能绿色桥梁钢。新一代控轧控冷工艺，建立了以超快速冷却为核心的细晶强化、析出强化和相变强化的综合强韧化理论，使钢材组织细化35%以上，析出相尺寸减小25%以上，有效满足了桥梁钢高强度和高韧性的需求。通过“优化的成分设计＋控制轧制＋轧后超快速冷却”这套组合拳，钢材获得了良好的组织配比，在提高强韧性能基础上，降低了屈强比，满足了桥梁的抗震和抗应变要求。该类桥梁钢板在使用过程中性能稳定性良好，表现出优异的强韧性和焊接性能，且尺寸精度高，表面质量优良，各项指标均能够满足超大跨度桥梁结构施工的使用要求，大大提高了我国桥梁制造业的国际竞争力。

二、低合金耐候钢

低合金耐候钢是在低碳非合金钢的基础上加入少量铜、铬、镍等合金元素，使钢表面形成一层保护膜的钢。为了进一步改善耐候钢的性能，还可再添加微量的铌、钒、钛、钼、锆等其他能增强耐大气腐蚀性能的合金元素。我国目前使用的耐候钢分为高耐候钢和焊接耐候钢两大类，其牌号及应用见表6–5。

表 6–5　　低合金耐候钢的牌号及应用

类别	牌号	生产方式	应用
高耐候钢	Q295GNH、Q355GNH	热轧	用于车辆、集装箱、建筑、塔架或其他结构件等，与焊接耐候钢相比，具有较好的耐大气腐蚀性能
	Q265GNH、Q310GNH	冷轧	
焊接耐候钢	Q235NH、Q295NH、Q355NH、Q415NH、Q460NH、Q500NH、Q550NH	热轧	用于车辆、桥梁、集装箱、建筑或其他结构件等，与高耐候钢相比，具有较好的焊接性能

三、低合金专用钢

在实际生产中，为了满足某些行业的特殊需要，对低合金高强度结构钢的化学成分、生产工艺及性能进行相应的调整和补充，从而形成了门类众多的低合金专用钢，其中有些钢种已纳入国家标准或行业标准。下面介绍几类应用较为广泛的低合金专用钢。

1. 汽车用低合金钢

汽车用低合金钢用量较大，分类较为详细，质量控制较严格。它是在低碳钢中，通过单一或复合添加铌、钛、钒等微合金元素，形成碳氮化合物粒子进行强化，同时通过微合金元素的细化晶粒作用，获得较高的强度。

汽车用低合金钢主要用来制造汽车纵梁、横梁、轮辋、托架及车壳等构件，常用牌号有370L、420L、09MnREL、06TiL、08TiL、16MnL、16MnREL 等。

2. 锅炉、压力容器用低合金钢

由于锅炉处于中温、高压状态下工作，除承受较高压力外，还受到冲击、疲劳载荷及水和气的腐蚀，对锅炉用钢的性能要求主要是有良好的焊接及冷弯性能、一定的高温强度和耐碱性腐蚀、耐氧化性能等。压力容器绝大多数由钢板拼焊而成，在制造过程中压力容器钢板要经受冷、热加工，所以要求压力容器钢板具有良好的工艺性能，并且具有一定强度和足够的韧性，以保证在正常工作条件下承受外载荷而不发生脆性破坏。因此，在制造锅炉和压力容器时，为满足不同的使用条件，常选用锅炉和压力容器用低合金钢。

常用牌号有 Q345R、Q370R、18MnMoNbR、13MnNiMoR、15CrMoR、14Cr1MoR、12Cr2Mo1R、12Cr1MoVR 等。

3. 铁道用低合金钢

铁道用低合金钢主要用于制造铁路钢轨、铁路用辗钢整体车轮等。其系列钢材主要有热轧轻轨钢中的 45SiMnP、50SiMnP；铁路用热轧钢轨钢中的 U71Mn、U70MnSi、U71MnSiCu、U75V、U76NbRE、U70Mn；异型钢 09CuPRE、09V 等。

4. 矿用低合金钢

矿用低合金钢主要用于制造煤机、矿用结构件等。其系列钢材主要有煤机用热轧异型钢中的 M510、M540、M565；矿山巷道支护用热轧 U 型钢中的 20MnK、25MnK、20MnVK；矿用高强度圆环链用钢中的 20Mn2A、20MnV、25MnV 等。

§6-4 合金结构钢

合金结构钢主要指机械结构用合金钢，它主要用于制造机械零件，如轴、连杆、齿轮、弹簧、轴承等，其质量等级属于特殊质量等级要求，一般需热处理，以发挥钢材的力学性能潜力。合金结构钢按其用途和热处理特点，可分为合金渗碳钢、合金调质钢、合金弹簧钢和滚动轴承钢等。

一、合金渗碳钢

合金渗碳钢经渗碳 + 淬火 + 低温回火的典型热处理后，便具有“外硬内韧”的性能，用于制造既具有优良的耐磨性和耐疲劳性，又能承受冲击载荷的零件，如汽车、拖拉机中的变速齿轮，内燃机中的凸轮和活塞销等（图 6–3）。

图 6–3　合金渗碳钢的应用

若用含碳量为 0.10% ~ 0.20% 的非合金钢作为渗碳件，由于淬透性差，仅能在表层获得高的硬度，而心部得不到强化，故只适用于制造受力较小的渗碳零件。一些性能要求高或截面更大的零件，均须采用合金渗碳钢。

合金渗碳钢的含碳量为 0.10% ~ 0.25%，可保证心部有足够的塑性和韧性。加入合金元素主要是为了提高钢的淬透性，使零件在热处理后，表层和心部均得到强化，并防止钢因长时间渗碳而造成晶粒粗大。制造汽车变速齿轮所用的 20CrMnTi 是最常用的一种合金渗碳钢，适用于截面径向尺寸小于 30 mm 的高强度渗碳零件。

常用合金渗碳钢的牌号、热处理工艺、力学性能及用途见表 6–6。

二、合金调质钢

合金调质钢用于制造一些受力较复杂的，要求具有良好的综合力学性能的重要结构件（图 6–4）。这类钢的含碳量一般为 0.25% ~ 0.50%，属于中碳合金钢。对制造复杂受力件而言，若含碳量过低，则会造成硬度不足；若含碳量过高，则又会造成韧性不足。

表 6–6　　常用合金渗碳钢的牌号、热处理工艺、力学性能及用途

类别	牌号	热处理工艺 /℃			力学性能（不小于）			用途
		渗碳	第一次淬火	回火	R_m/MPa	R_{eL}/MPa	A/%	
低淬透性	20Cr	930	880 水油	200 水空	835	540	10	截面不大的机床变速箱齿轮、凸轮、滑阀、活塞、活塞环、联轴器等
	20Mn2	930	850 水油	200 水空	785	590	10	代替 20Cr 钢制造渗碳小齿轮、小轴、汽车变速箱操纵杆等
	20MnV	930	880 水油	200 水空	785	590	10	活塞销、齿轮、锅炉、高压容器等焊接结构件
中淬透性	20CrMn	930	850 油	200 水空	930	735	10	截面不大、中高负荷的齿轮、轴、蜗杆、调速器的套筒等
	20CrMnTi	930	880 油	200 水空	1 080	835	10	截面直径在 30 mm 以下，承受调速、中或高负荷以及冲击、摩擦的渗碳零件，如齿轮轴、爪形离合器等
	20MnTiB	930	860 油	200 水油	1 100	930	10	代替 20CrMnTi 钢制造汽车、拖拉机上的小截面、中等载荷的齿轮
	20SiMnVB	930	900 油	200 水油	1 175	980	10	可代替 20CrMnTi
高淬透性	12Cr2Ni4A	930	880 油	200 水油	1 175	1 080	10	在高负荷下工作的齿轮、蜗轮、蜗杆、转向轴等
	18Cr2Ni4WA	930	950 空	200 水油	1 175	835	10	大齿轮、曲轴、花键轴、蜗轮等

图 6–4　受力较复杂的结构件

合金调质钢中常加入少量铬、锰、硅、镍、硼等合金元素以增加钢的淬透性，使铁素体强化并提高韧性。加入少量钼、钒、钨、钛等碳化物形成元素，可阻止奥氏体晶粒长大和提高钢的回火稳定性，以进一步改善钢的性能。例如，40Cr 钢的强度比 40 钢提高了约 20%。

合金调质钢的热处理工艺是调质处理（淬火 + 高温回火），处理后获得回火索氏体组织，使零件具有良好的综合力学性能。若要求零件表面有很高的耐磨性，可在调质处理后再进行表面淬火或化学热处理。

常用合金调质钢的牌号、热处理工艺、力学性能及用途见表 6–7。

表 6–7　常用合金调质钢的牌号、热处理工艺、力学性能及用途

类别	牌号	统一数字代号	热处理工艺 /℃		力学性能（不小于）			用途
			淬火	回火	R_m/MPa	R_{eL}/MPa	A/%	
低淬速性	40Cr	A20402	850 油	520 水油	980	785	9	中等载荷、中等转速机械零件，如汽车的转向节、后半轴，机床上的齿轮、轴、蜗杆等。表面淬火后制造耐磨零件，如套筒、芯轴、销、连杆螺钉、进气阀等
	40MnB	A71402	850 油	500 水油	980	785	10	主要代替 40Cr，如汽车的车轴、转向轴、花键轴，以及机床的主轴、齿轮等
	35SiMn	A10352	900 油	570 水油	885	735	15	中等负荷、中等转速零件，如传动齿轮、主轴、转轴、飞轮等，可代替 40Cr
中淬透性	40CrNi	A40402	820 油	500 水油	980	785	10	截面尺寸较大的轴、齿轮、连杆、曲轴、圆盘等
	42CrMn	A22422	840 油	550 水油	980	835	9	在高速及弯曲负荷下工作的轴、连杆等，在高速、高负荷且无强冲击负荷下工作的齿轮轴、离合器等
	42CrMo	A30422	850 油	560 水油	1 080	930	12	机车牵引用的大齿轮、增压器传动齿轮、发动机气缸、负荷极大的连杆及弹簧等
	38CrMoAlA	A33383	940 油	740 水油	980	835	14	镗杆、磨床主轴、自动车床主轴、精密丝杠、精密齿轮、高压阀杆、气缸套等
高淬透性	40CrNiMo	A50402	850 油	600 水油	980	835	12	重型机械中高负荷的轴类、大直径的汽轮机轴、直升机的旋翼轴、齿轮喷气发动机的蜗轮轴等
	40CrMnMo	A34402	850 油	600 水油	980	785	10	40CrNiMo 的代用钢

三、合金弹簧钢

弹簧（图 6–5）是各种机器和仪表中的重要零件，它利用弹性变形吸收能量以达到缓冲、减振及储能的作用。因此，弹簧材料应具有高的强度和疲劳强度，以及足够的塑性和韧性。合金弹簧钢的含碳量一般为 0.45% ~ 0.70%。若含碳量过高，则塑性和韧性降低，疲劳极限也会下降。合金弹簧钢中可加入的合金元素有锰、硅、铬、钒和钨等。加入硅、锰主要是提高钢的淬透性，同时提高钢的弹性极限，其中硅的作用最为突出。但硅元素含量过高易使钢在加热时脱碳，锰元素含量过高则易使钢产生过热。因此，重要用途的弹簧钢必须加入铬、钒、钨等，它们不仅使钢材具有更高的淬透性，不易过热，而且可在高温下保持足够的强度和韧性。

图 6–5　弹簧

弹簧的加工工艺

根据加工方法不同，弹簧可分为以下两类：

1. 热成形弹簧

热成形弹簧一般用于大型弹簧或形状复杂的弹簧。弹簧热成形后进行淬火和中温回火，获得回火屈氏体组织，以达到弹簧工作时要求的性能。其硬度为 40 ~ 45HRC。热处理后的弹簧往往还要进行喷丸处理，使表面产生硬化层，并形成残余压应力，以提高弹簧的抗疲劳性能，从而提高弹簧的使用寿命。通过喷丸处理还能消除或减轻弹簧表面的裂纹、划痕、氧化、脱碳等缺陷。

2. 冷成形弹簧

冷成形弹簧采用冷拉弹簧钢丝冷绕成形，一般用于小型弹簧。由于弹簧钢丝在生产过程中（冷拉或铅浴淬火）已具备了良好的性能，所以冷绕成形后不再进行淬火，只需进行 250 ~ 300 ℃的去应力退火，以消除在冷绕过程中产生的应力，使弹簧定型。

常用合金弹簧钢的牌号、热处理工艺、力学性能及用途见表 6–8。

表 6–8　常用合金弹簧钢的牌号、热处理工艺、力学性能及用途（摘自 GB/T 1222—2016）

牌号	统一数字代号	热处理工艺			力学性能（不小于）				用途
		淬火/℃	淬火介质	回火/℃	R_m/MPa	R_{eL}/MPa	A/%	Z/%	
65Mn	U21653	830	油	540	980	785	8	30	各种小尺寸扁、圆弹簧，阀弹簧，制动器弹簧等
55CrMn	A22553	840	油	480	1 225	1 080	9	20	汽车、拖拉机、机车上的板弹簧、螺旋弹簧、安全阀弹簧，以及230 ℃以下工作的弹簧等
60Si2Mn	A11603	870	油	440	1 570	1 375	5	20	
60Si2CrV	A28603	850	油	410	1 860	1 665	6	20	250 ℃以下工作的弹簧、油封弹簧、碟形弹簧等
50CrV	A23503	850	油	500	1 275	1 130	10	40	210 ℃以下工作的弹簧、气门弹簧、喷油嘴管、安全阀弹簧等
60CrMnB	A22609	840	油	490	1 225	1 080	9	20	
55SiMnVB	A77552	860	油	460	1 375	1 225	5	30	代替 60Si2Mn 制作重型、中型、小型汽车的板簧和其他中型断面的板簧和螺旋弹簧

四、滚动轴承钢

滚动轴承钢主要用于制造各种滚动轴承的内、外圈及滚动体（滚珠、滚柱、滚针），如图 6–6 所示，也可用于制造各种工具和耐磨零件。

图 6–6　滚动轴承及构件

滚动轴承钢在工作时承受较大且集中的交变应力，同时在滚动体和内、外圈之间还会产生强烈的摩擦。因此，滚动轴承钢必须具有高的硬度和耐磨性、高的弹性极限和接触疲劳强度，以及足够的韧性和一定的耐腐蚀性。

应用范围最广的轴承钢是高碳铬轴承钢，其含碳量为 0.95% ~ 1.15%，含铬量为 0.40% ~ 1.65%。加入合金元素铬是为了提高淬透性，并在热处理后形成细小且均匀分布的碳化物，以提高钢的硬度、接触疲劳强度和耐磨性。制造大型轴承时，为了进一步提高淬透性，还可加入硅、锰等元素。

滚动轴承钢对有害元素及杂质的限制极高，所以滚动轴承钢都是高级优质钢。目前应用最多的滚动轴承钢有 GCr15 和 GCr15SiMn。GCr15 主要用于中小型滚动轴承，GCr15SiMn 主要用于较大的滚动轴承。

由于滚动轴承钢的化学成分和主要性能与低合金工具钢相近，故一般工厂常用它来制造刀具、冷冲模、量具及性能要求与滚动轴承相似的耐磨零件。

滚动轴承钢的热处理包括预备热处理和最终热处理。预备热处理采用球化退火，目的是获得球状珠光体组织，以降低锻造后钢的硬度，便于切削加工，并为淬火做好组织准备。最终热处理为淬火 + 低温回火，目的是获得极细的回火马氏体和细小且均匀分布的碳化物组织，以提高轴承的硬度和耐磨性。其硬度可达 61 ~ 65HRC。

高碳铬轴承钢的牌号前加字母 G，不标出含碳量。如 GCr15，牌号中铬元素后面的数字表示含铬量的千分数，其他元素仍按百分数表示。渗碳轴承钢则在渗碳钢的牌号前加字母 G，如 GCr20NiMoA 为含碳量为 0.2% 左右的高级优质合金渗碳轴承钢。对于高铬不锈轴承钢和耐热轴承钢，则在不锈钢或耐热钢的牌号前加字母 G，如 G95Cr18、G80Cr4Mo4V 等。

常用滚动轴承钢的牌号、热处理工艺及用途见表 6–9。

表 6–9　常用滚动轴承钢的牌号、热处理工艺及用途（摘自 GB/T 18254—2016）

牌号	统一数字代号	热处理工艺			回火后硬度 HRC	用途
		淬火 /℃	淬火介质	回火 /℃		
G8Cr15	B00151	850 ~ 860	油	150 ~ 170	61 ~ 64	宜制作壁厚 ≤ 12 mm、外径 ≤ 250 mm 的轴承内、外圈及所有尺寸的滚针
GCr15	B00150	835 ~ 850	油	150 ~ 170	61 ~ 65	宜制作壁厚 <20 mm 的中小型内、外圈，直径 <50 mm 的钢球
GCr15SiMn	B01151	820 ~ 840	油	150 ~ 170	61 ~ 65	宜制作壁厚 <30 mm 的中大型内、外圈，直径 50 ~ 100 mm 的钢球
GCr15SiMo	B03150	830 ~ 850	油	150 ~ 170	61 ~ 65	可代替 GCr15SiMn
GCr18Mo	B02180	850 ~ 865	油	160 ~ 180	61 ~ 65	用于贝氏体处理的轴承钢，制造高速列车、矿山机械和冶金机械轴承

§6–5　合金工具钢

工具钢可分为非合金工具钢和合金工具钢两种。非合金工具钢容易加工，价格便宜，但是淬透性差，容易变形和开裂，而且当切削过程温度升高时容易软化，因此，尺寸大、精度高和形状复杂的模具、量具以及切削速度较高的刀具，均采用合金工具钢制造。

合金工具钢按用途可分为合金刃具钢、合金模具钢和合金量具钢。

一、合金刃具钢

合金刃具钢主要用于制造车刀、铣刀、钻头等各种金属切削刀具（图 6–7）。合金刃具钢要求具有高硬度、高耐磨性、高热硬性及足够的强度和韧性等。

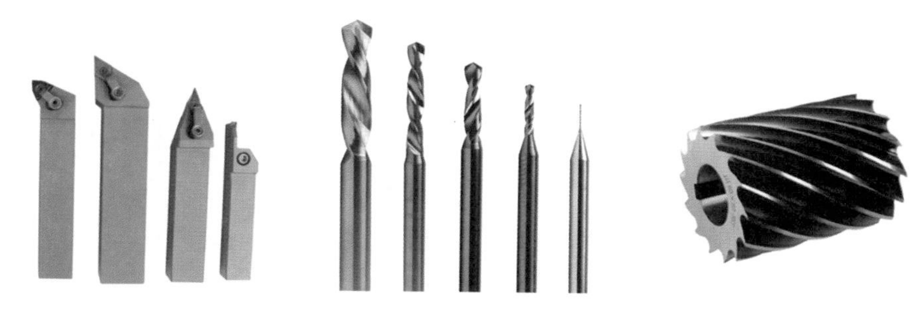

图 6–7　合金刃具钢的应用

合金刃具钢分为低合金刃具钢和高速钢两种。

1. 低合金刃具钢

低合金刃具钢是在非合金工具钢的基础上加入少量合金元素的钢。钢中主要加入铬、锰、硅等元素，目的是提高钢的淬透性和强度；加入钨、钒等强碳化物形成元素，目的是提高钢的硬度和耐磨性，并防止加热时过热，保持晶粒细小。低合金刃具钢与非合金工具钢相比，提高了淬透性，能制造尺寸较大的刀具，可在冷却较缓慢的介质（如油）中淬火，使变形倾向减小。这类钢的硬度和耐磨性也比碳素工具钢高。由于合金元素加入量不大，故一般工作温度不得超过 300 ℃。

9SiCr 和 CrWMn 是最常用的低合金刃具钢。

由于 9SiCr 中加入了铬和硅，因而具有较高的淬透性和回火稳定性，碳化物细小均匀，热硬性可达 300 ℃，因而适用于制造刀刃细薄的低速切削刀具，如丝锥、板牙、铰刀（图 6–8）等。

CrWMn 的含碳量为 0.90% ~ 1.05%，铬、钨、锰同时加入，使钢具有很高的硬度（64 ~ 66HRC）和耐磨性，但热硬性不如 9SiCr。CrWMn 热处理后变形小，故又称为微变形钢，主要用于制造较精密的低速刀具，如长铰刀、拉刀等。

低合金刃具钢的预备热处理是球化退火，最终热处理为淬火 + 低温回火。

常用低合金刃具钢的牌号、主要化学成分、热处理工艺及用途见表 6–10。

图 6–8　低速切削刀具（丝锥、板牙、铰刀）

表 6-10　常用低合金刃具钢的牌号、主要化学成分、热处理工艺及用途（摘自 GB/T 1299—2014）

牌号	统一数字代号	主要化学成分（质量分数）/%				热处理工艺 /℃	硬度 HRC	用途
		C	Mn	Si	Cr			
9SiCr	T31219	0.85 ~ 0.95	0.30 ~ 0.60	1.20 ~ 1.60	0.95 ~ 1.25	830 ~ 860 油冷	≥ 62	冷冲模、铰刀、拉刀、板牙、丝锥、搓丝板等
CrWMn	T21290	0.85 ~ 0.95	0.80 ~ 1.10	≤ 0.4	0.90 ~ 1.20	820 ~ 840 油冷	≥ 62	要求淬火后变形小的刀具，如长丝锥、长铰刀、量具、形状复杂的冷冲模等
9Mn2V	T20019	0.75 ~ 0.85	1.70 ~ 2.00	≤ 0.4	—	780 ~ 810 油冷	≥ 60	量具、块规、精密丝杠、丝锥、板牙等
9Cr2	T31209	0.85 ~ 0.95	≤ 0.4	≤ 0.4	1.30 ~ 1.70	820 ~ 850 油冷	≥ 62	尺寸较大的铰刀、车刀等刀具

2. 高速钢

高速钢是一种具有高红硬性、高耐磨性和足够强度的合金工具钢。钢中含有较多的碳（0.7% ~ 1.5%）和大量的钨、铬、钒、钼等强碳化物形成元素。高的含碳量是为了保证形成足够量的合金碳化物，并使高速钢具有高的硬度和耐磨性；钨和钼是提高钢红硬性的主要元素；铬主要提高钢的淬透性；钒能显著提高钢的硬度、耐磨性和红硬性，并能细化晶粒。高速钢的红硬性可达 600 ℃，切削时能长期保持刃口锋利，故又称为锋钢。

高速钢常用于制造切削速度较高的刀具（如车刀、铣刀、钻头等）和形状复杂、载荷较大的成形刀具（如齿轮铣刀、拉刀等），如图 6-9 所示。此外，高速钢还可用于制造冷挤压模及某些耐磨零件。

高速钢经淬火及回火后的组织是含有较多合金元素的回火马氏体、均匀分布的细粒状合金碳化物及少量残余奥氏体，硬度可达 63 ~ 66HRC。

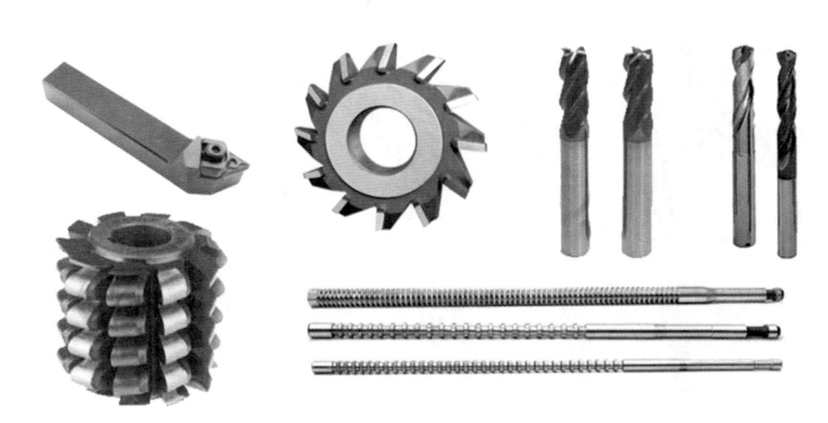

图 6-9　高速钢成形刀具

高速钢的热处理

高速钢只有经过适当的热处理后才能获得较好的组织和性能。下图所示为高速钢热处理的工艺曲线。因高速钢的合金元素含量高，导热性很差，淬火温度又很高，所以淬火加热时必须进行一次预热（800 ~ 850 ℃）或两次预热（500 ~ 600 ℃，800 ~ 850 ℃）。高速钢中含有大量钨、钼、钒、铬等难溶碳化物，它们只有在 1 200 ℃以上时才能大量溶入奥氏体中，因此，高速钢的淬火加热温度很高，一般为 1 220 ~ 1 280 ℃，以保证淬火、回火后获得高的红硬性。高速钢的淬透性虽然很好（空冷可得到马氏体组织），但冷却太慢时会从奥氏体中析出碳化物，降低钢的红硬性，所以常在油中淬火或分级淬火。正常的淬火组织是马氏体 + 残余奥氏体 + 合金碳化物。此时由于钢中的残余奥氏体较多，因而钢的硬度尚不够高。

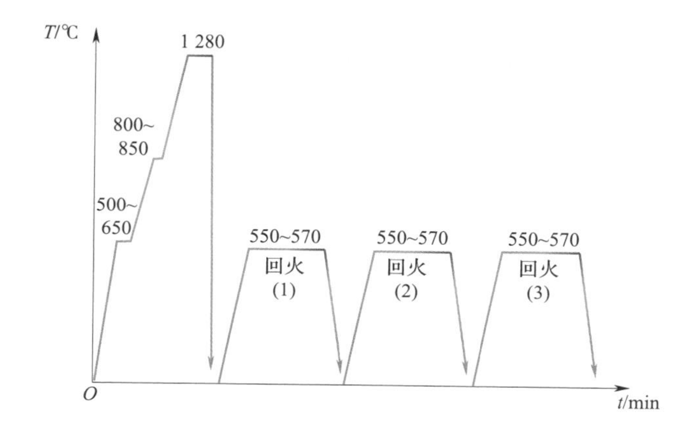

高速钢淬火后必须在 550 ~ 570 ℃温度下进行多次回火（一般两次或三次）。此时，由马氏体中析出极细碳化物，并使残余奥氏体转变为回火马氏体，进一步提高钢的硬度和耐磨性，使钢的硬度达到较高值。

常用高速钢的牌号、主要化学成分、热处理工艺及用途见表 6–11。

表 6–11　常用高速钢的牌号、主要化学成分、热处理工艺及用途（摘自 GB/T 9943—2008）

牌号	统一数字代号	主要化学成分（质量分数）/%			热处理工艺 /℃		硬度 HRC		用途
		C	W	Mo	淬火	回火	回火后的硬度	热硬度	
W18Cr4V（18–4–1）	T51841	0.73 ~ 0.83	17.20 ~ 18.70	—	1 250 ~ 1 270	550 ~ 570	≥ 63	61.5 ~ 62	用于制造一般高速切削用车刀、刨刀、钻头、铣刀等
CW6Mo5Cr4V2	T66542	0.86 ~ 0.94	5.90 ~ 6.70	4.70 ~ 5.20	1 190 ~ 1 210	540 ~ 560	≥ 64	64 ~ 65	用于制作切削性能优良的刀具

续表

牌号	统一数字代号	主要化学成分（质量分数）/%			热处理工艺 /℃		硬度 HRC		用途
		C	W	Mo	淬火	回火	回火后的硬度	热硬度	
W6Mo5Cr4V2	T66541	0.80 ~ 0.90	5.50 ~ 6.75	4.50 ~ 5.50	1 200 ~ 1 220	540 ~ 560	≥ 64	60 ~ 61	用于制造要求耐磨性和韧性很好配合的高速刀具，如丝锥、钻头等
W6Mo5Cr4V3	T66543	1.25 ~ 1.32	5.90 ~ 6.70	4.70 ~ 5.20	1 190 ~ 1 210	540 ~ 560	≥ 64	64	用于制造要求耐磨性和热硬性较高，耐磨性和韧性配合较好的，形状复杂的刀具
W12Cr4V5Co5	T71245	1.50 ~ 1.60	11.75 ~ 13.00	—	1 220 ~ 1 240	540 ~ 560	≥ 65	64 ~ 64.5	用于制造形状简单的刀具或仅需很少磨削的刀具。其优点是硬度、热硬性高，耐磨性优越，使用寿命长；缺点是韧性有所降低
W10Mo4Cr4V3-Co10	T71010	1.20 ~ 1.35	9.00 ~ 10.00	3.20 ~ 3.90	1 220 ~ 1 240	550 ~ 570	≥ 66	64	用于制作各种复杂的高精度刀具，如精密拉刀、成形铣刀、专用车刀、钻头，以及各种高硬度刀具，可用于对难加工材料如钛合金、高温合金、超高强度钢等的切削加工
W6Mo5Cr4V3-Co8	T76438	1.23 ~ 1.33	5.90 ~ 6.70	4.70 ~ 5.30	1 170 ~ 1 190	550 ~ 570	≥ 65	64	
W6Mo5Cr4V2Al	T66546	1.05 ~ 1.15	5.50 ~ 6.75	4.50 ~ 5.50	1 200 ~ 1 220	550 ~ 570	≥ 65	65	切削一般材料时，使用寿命为18-4-1的两倍；切削难加工材料时，使用寿命接近含钴高速钢

二、合金模具钢

用于制造模具的钢称为模具钢。根据工作条件不同，模具钢又可分为冷作模具钢、热作模具钢和塑料模具钢三类。

1. 冷作模具钢

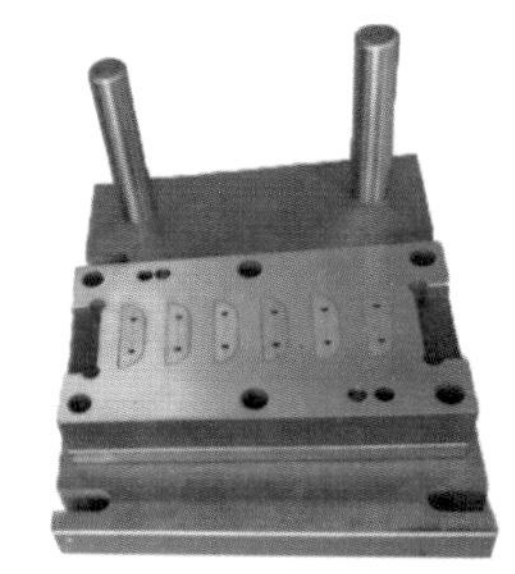

图 6–10　冲裁模

冷作模具钢用于制造使金属在冷状态下变形的模具，如冲裁模（图 6–10）、拉丝模、弯曲模、拉深模等。这类模具工作时的实际温度一般不超过 200 ~ 300 ℃，被加工材料的变形抗力较大，模具的刃口部分受到强烈的摩擦和挤压，所以模具钢应具有高的硬度、耐磨性和强度。模具在工作时受冲击，故模具钢也要求具有足够的韧性。另外，形状复杂、精密、大型的模具，其材料还要求具有较高的淬透性和较小的热处理变形。

小型冷作模具可采用非合金工具钢或低合金刃具钢来制造，如 T10A、T12、9SiCr、CrWMn、9Mn2V 等。大型冷作模具一般采用 Cr12、Cr12MoV 等高碳高铬钢制造。

冷作模具钢的最终热处理是淬火 + 低温回火，以保证其具有足够的硬度和耐磨性。

2. 热作模具钢

热作模具钢用于制造使金属在高温下成形的模具，如热锻模、压铸模和热挤压模（图 6–11）等。这类模具工作时的型腔温度可达 600 ℃。热作模具钢在受热和冷却的条件下工作，反复受热应力和机械应力的作用，因此，热作模具钢要具备较高的强度、韧性、高温耐磨性及热稳定性，并具有较好的抗热疲劳性能。

图 6–11　热锻模、压铸模和热挤压模

热作模具通常采用中碳合金钢（含碳量 0.3% ~ 0.6%）制造。含碳量过高会使韧性下降，导热性变差；含碳量过低则不能保证钢的强度和硬度。加入合金元素铬、镍、锰、硅等是为了强化钢的基体和提高钢的淬透性。加入铝、钨、钒等是为了细化晶粒，提高钢的回火稳定性和耐磨性。目前，一般采用 5CrMnMo 和 5CrNiMo 制造热锻模，采用 3Cr2W8V 制造热挤压模和压铸模。

热作模具钢的最终热处理是淬火 + 中温回火（或高温回火），以保证其具有足够的韧性。

3. 塑料模具钢

从儿童玩具到我们每天使用的生活用品，塑料制品在生活中无处不在。这些塑料制品大都是通过塑料模具（图 6–12）压注出来的。目前，塑料模具的制造已经成为模具制造中最主要的内容之一。

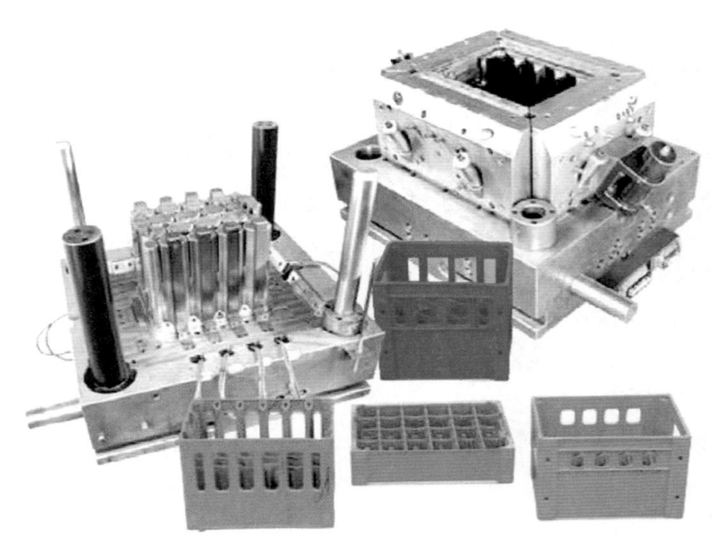

图 6–12　塑料制品与塑料模具

过去我国没有专用的塑料模具钢，一般塑料模具用正火的 45 钢和 40Cr 钢经调质处理后制造，因而模具硬度低、耐磨性差、表面粗糙度值高，加工出来的塑料产品外观质量较差，模具使用寿命低；精密塑料模具及高硬度塑料模具采用 CrWMo、Cr12MoV 等合金工具钢制造，不仅机械加工性能差，而且难以加工复杂的型腔，更无法解决热处理变形问题。因此，我国对塑料模具钢进行了研制，并获得了一定的进展，已有了自己的专用模具钢系列。目前，已纳入国家标准的有两种，即 3Cr2Mo 和 3Cr2MnNiMo；纳入行业标准的有 20 多种，已在生产中推广应用的有 10 多种。

塑料模具对材料的强度和韧性的要求低于冷作模具和热作模具，根据其失效形式和工作要求，其基本性能要求如下：

（1）要有足够的耐磨性。

（2）由于注塑零件的形状往往比较复杂，塑料模具在淬硬后很难加工，有时甚至无法加工，所以应选用热处理变形小的材料。

（3）塑料模具的型腔复杂，切削加工量大，所以应具有优良的切削加工性能。

（4）塑料模具型腔表面的质量要求很高，材料必须具有良好的抛光性和刻蚀性。

（5）塑料模具型腔中往往要添加各种化学添加剂，所以模具材料需要有良好的耐腐蚀性能。

常用塑料模具钢的类别、牌号及特性见表 6–12。

表 6–12　常用塑料模具钢的类别、牌号及特性

类别	牌号	特性
渗碳钢	08Cr4NiMoV、20Cr、12CrNi2、12CrNi3、20CrMnTi 等	这类钢为冷挤压成形专用钢，具有成形性能优良、渗碳层深、热处理变形小、耐磨性好等优点。退火后的硬度低、塑性好，可以采用冷挤压法成形，从而提高效率，降低成本

续表

类别	牌号	特性
调质型模具钢	（SM）45、（SM）55、42CrMo、40CrMo、38CrMoAl、5CrNiMo、5CrMnMo 等	这类钢在完成模具机械加工后，再进行调质处理，使模具达到较好的综合力学性能 其中，优质非合金钢适宜于形状简单或精度要求不高、使用寿命不长的模具。合金钢可以在调质处理后进行碳氮共渗，进一步提高耐磨性和耐腐蚀性。38CrMoAl 是典型的渗氮钢，调质处理后经渗氮处理，表面硬度高并具有较好的耐腐蚀性
预硬型塑料模具专用钢	3Cr2MnNiMo、3Cr2MoS、8Cr2MnWMoVS、5CrNiMnMoVSCa、4Cr5MoSiV1 等	这类钢往往在预硬化状态（30～45HRC）下进行加工成形，以避免加工后再热处理所造成的各种缺陷，从而提高了模具的制作精度，同时缩短了制作周期。由于硬度较高，可切削性较差，所以为了便于切削加工，常在这类钢中加入 S、P、Ca 等元素以改善其切削性能

三、合金量具钢

量具是测量工件尺寸的工具，如游标卡尺、量规和样板等（图 6–13）。它们的工作部分一般要求具有高硬度、高耐磨性、高的尺寸稳定性和足够的韧性。

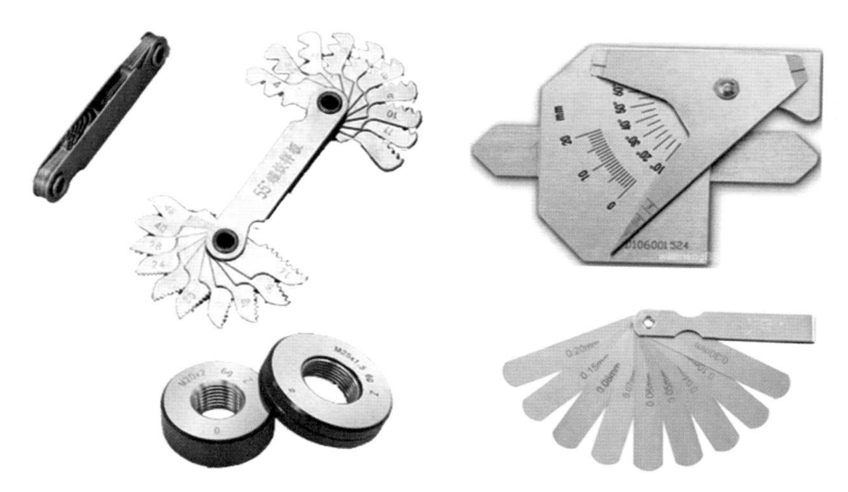

图 6–13　量规和样板

制造量具没有专用钢种，非合金工具钢、合金工具钢和滚动轴承钢均可。要求较高的量具，一般均采用微变形合金工具钢制造，如 CrWMn、CrMn、GCr15 等。

合金量具钢经淬火后要在 150～170 ℃下长时间低温回火，以稳定尺寸。对于精密量具，为了保证使用过程中的尺寸稳定性，淬火后要进行 −80～−70 ℃的冷处理，促使残余奥氏体的转变，然后进行长时间的低温回火。在精磨后或研磨前，还要进行时效处理（在 120～150 ℃条件下保温 24～36 h），以进一步消除内应力。表 6–13 所示为合金量具钢的应用实例。

表 6-13　　合金量具钢的应用实例

量具名称	钢号
样板、卡板	15、20、50、55、60、60Mn、65Mn
一般量具	T10A、T12A、9SiCr
高精度量规	Cr12、GCr15
高精度、复杂量规	CrWMn

§6-6　特殊性能钢

具有特殊的物理性能和化学性能的钢称为特殊性能钢。特殊性能钢的种类很多，机械制造行业主要使用的特殊性能钢有不锈钢、耐热钢和耐磨钢等。

一、不锈钢

不锈钢主要指在空气、水、盐水溶液、酸及其他腐蚀性介质中具有高度化学稳定性的钢，又称不锈耐酸钢。只能抵抗大气腐蚀的钢是一般不锈钢，而在一些化学介质（如酸类）中能抵抗腐蚀的钢称为耐酸钢。一般不锈钢不一定耐酸，而耐酸钢大都具有良好的耐腐蚀性能。

金属的腐蚀

金属因与周围介质作用而损坏的过程称为金属的腐蚀。按照腐蚀原理不同，腐蚀可分为化学腐蚀和电化学腐蚀两类。

金属和周围介质发生化学反应而损坏的现象称为化学腐蚀。例如，金属与干燥气体中的 O_2、H_2S、SO_2、Cl_2 等接触时，在表面将生成相应的化合物，即氧化物、硫化物、氯化物等，从而使表面损坏。

金属与电解质溶液构成微电池而引起的腐蚀称为电化学腐蚀。例如，金属在电解质溶液（酸、碱、盐水溶液）及海水中发生的腐蚀，金属管道与土壤接触的腐蚀，金属在潮湿空气中的腐蚀等，均属于电化学腐蚀。通过下图所示的原电池实验来说明电化学腐蚀的实质：将锌板和铜板放入电解质溶液中，用导线连接，由于两种金属的电极电位不同，因而产生了电流，构成了原电池。由于锌比铜活泼（锌电极电位低），易失去电子，故电流的产生必然是锌板上的电子往铜板移动。锌原子失去电子后，变成正离子而进入溶液，锌就被溶解破坏了，而铜不被腐蚀。

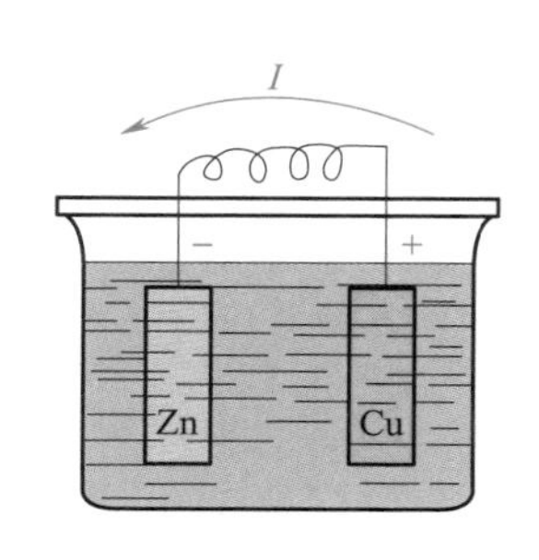

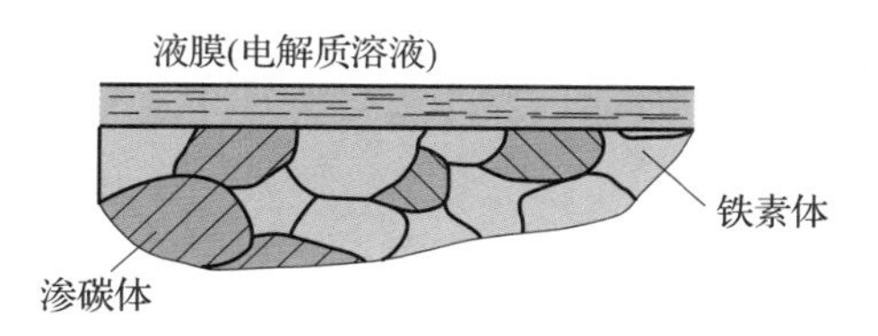

由此可知，任意两种金属在电解质溶液中互相接触时就会形成原电池，从而产生电化学腐蚀，其中较活泼的金属（电极电位较低的金属）不断地被溶解而损坏。实际上，即使是同一种金属材料，因内部有不同的组织（或杂质），其电极电位是不等的。当有电解质溶液存在时，也会构成原电池，从而产生电化学腐蚀。如非合金钢是由铁素体和渗碳体两相组成的，铁素体的电极电位低，渗碳体的电极电位高，在潮湿空气中，钢表面蒙上一层液膜（电解质溶液），两相组织互相接触，从而形成微电池，铁素体被腐蚀。

金属的腐蚀大多数是由电化学腐蚀引起的，电化学腐蚀比化学腐蚀快得多，危害性也更大。根据金属腐蚀原理，提高金属的耐腐蚀性可采取以下措施：在钢中加入一定量的铬（≥ 12.5%），使钢表面形成一层氧化膜，提高金属抗氧化的能力；提高基体的电极电位，并尽量使合金在室温下呈单相组织，从而提高其抵抗电化学腐蚀的能力。

随着不锈钢中含碳量的增加，其强度、硬度和耐磨性相应提高，但耐腐蚀性下降。因此，大多数不锈钢的含碳量都较低，有些不锈钢的含碳量甚至低于 0.03%（如 022Cr18Ni9Ti）。不锈钢中的基本合金元素是铬，只有当含铬量达到一定值时，不锈钢才具有良好的耐腐蚀性。因此，不锈钢中的含铬量都在 13% 以上。不锈钢中还含有镍、钛、锰、氮、铌等元素，以进一步提高耐腐蚀性或塑性。

常用的不锈钢按化学成分可分为铬不锈钢、铬镍不锈钢和铬锰不锈钢等，按金相组织特点又可分为奥氏体不锈钢、马氏体不锈钢和铁素体不锈钢等。

1. 奥氏体不锈钢

它是应用范围最广的不锈钢，其含碳量很低（≤ 0.15%），含铬量为 18%，含镍量为 9%。这种不锈钢习惯上称为 18–8 型不锈钢，属于铬镍不锈钢。常用的奥氏体不锈钢有 12Cr18Ni9、06Cr19Ni10N 等。

奥氏体不锈钢的含碳量极低，由于镍的加入，采用固溶处理（即将钢加热到 1 050～1 150 ℃，然后水冷）后可以获得单相奥氏体组织，具有很高的耐腐蚀性和耐热性，其耐腐蚀性高于马氏体不锈钢。同时，它具有高塑性，适宜冷加工成形，焊接性能良好。此外，它无磁性，故可用于制造抗磁零件。因此，奥氏体不锈钢广泛应用于在强腐蚀性介质中工作的化工设备、抗磁仪表等。

2. 马氏体不锈钢

这类钢中的含碳量为 0.10%～1.20%，淬火后能得到马氏体，故称为马氏体不锈钢，它属于铬不锈钢。这类钢都要经过淬火、回火后才能使用。马氏体不锈钢的耐腐蚀性、塑性和焊接性都不如奥氏体不锈钢和铁素体不锈钢，但由于它具有较好的力学性能，并具有一定的耐腐蚀性，故应用广泛。含碳量较低的 12Cr13、20Cr13 等可用于制造力学性能要求较高且要有一定耐腐蚀性的零件，如汽轮机叶片、医疗器械等；含碳量较高的 30Cr13、40Cr13、

68Cr13 等可用于制造医用手术器具、量具及轴承等耐磨工件。

马氏体不锈钢锻造后需退火，以降低硬度，改善切削加工性能。在冲压后也需进行退火，以消除硬化，提高塑性，便于进一步加工。

3. 铁素体不锈钢

铁素体不锈钢的含碳量 <0.12%，含铬量为 11.50% ~ 30%，属于铬不锈钢。铬是缩小奥氏体相区的元素，可使钢获得单相铁素体组织，即使将钢从室温加热到高温（900 ~ 1 100 ℃），其组织也不会发生显著变化。它具有良好的高温抗氧化性（700 ℃以下），特别是耐腐蚀性较好。但其力学性能不如马氏体不锈钢，塑性不及奥氏体不锈钢，故多用于受力不大的耐酸结构件和作为抗氧化钢使用，如各种家用不锈钢厨具、餐具等。常用的铁素体不锈钢有 10Cr17、022Cr30Mo2 等。

常用不锈钢的主要化学成分、热处理工艺、力学性能及用途见表 6-14。

表 6-14　常用不锈钢的主要化学成分、热处理工艺、力学性能及用途（摘自 GB/T 20878—2007）

类别	牌号 GB/T 221—2008（旧牌号）	主要化学成分 /%		热处理工艺 /℃	力学性能			用途
		C	Cr		R_{eL}/MPa	A/%	硬度 HBW	
奥氏体不锈钢	12Cr18Ni9（1Cr18Ni9）	≤ 0.15	17.0 ~ 19.0	固溶处理 1 010 ~ 1 150 快冷	≥ 520	≥ 40	≤ 187	硝酸、化工、化肥等工业设备零件
	06Cr19Ni10N（0Cr19Ni9N）	≤ 0.08	18.0 ~ 20.0	固溶处理 1 010 ~ 1 050 快冷	≥ 649	≥ 35	≤ 217	硝酸、化工等工业设备中强度和耐腐蚀性要求较高的结构零件
	022Cr19Ni10N（00Cr18Ni10N）	≤ 0.03	17.0 ~ 19.0	固溶处理 1 010 ~ 1 150 快冷	≥ 549	≥ 40	≤ 217	化学、化肥及化纤工业用的耐腐蚀材料
	06Cr18Ni11Nb（0Cr18Ni11Nb）	≤ 0.08	17.0 ~ 19.0	固溶处理 920 ~ 1 150 快冷	≥ 520	≥ 40	≤ 187	镍铬钢焊芯、耐酸容器、抗磁仪表、医疗器械等
铁素体不锈钢	10Cr17（1Cr17）	≤ 0.12	16.0 ~ 18.0	785 ~ 850 空冷或缓冷	≥ 400	≥ 20	≤ 187	耐腐蚀性良好的通用钢种，用于建筑装饰、家用电器、家庭用具等
	008Cr30Mo2（00Cr30Mo2）	≤ 0.010	28.5 ~ 32.0	900 ~ 1 050 快冷	≥ 450	≥ 22	≤ 187	耐蚀性很好，制造苛性碱设备及有机酸设备
马氏体不锈钢	12Cr13（1Cr13）	≤ 0.15	11.5 ~ 13.5	950 ~ 1 000 油冷 700 ~ 750 回火	≥ 539	≥ 25	≤ 187	汽轮机叶片、水压机阀、螺栓、螺母等抗弱腐蚀并承受冲击的结构零件
	20Cr13（2Cr13）	0.16 ~ 0.25	12.0 ~ 14.0	920 ~ 980 油冷 600 ~ 750 回火	≥ 588	≥ 16	≤ 187	
	30Cr13（3Cr13）	0.26 ~ 0.40	12.0 ~ 14.0	920 ~ 980 油冷 600 ~ 750 回火	≥ 735	≥ 12	≤ 217	硬度较高的耐腐蚀、耐磨零件和工具，如热油泵轴、阀门、滚动轴承、医疗器具、量具、刃具等
	32Cr13Mo（3Cr13Mo）	0.28 ~ 0.35	12.0 ~ 14.0	1 020 ~ 1 075 油冷 200 ~ 300 回火	—	—	—	

二、耐热钢

耐热钢是指在高温下具有良好的化学稳定性和较高的强度，能较好地适应高温条件件的特殊性能钢。钢的耐热性包含高温抗氧化性和高温强度两个指标。在高温下具有抗高温介质腐蚀能力的钢称为抗氧化钢；在高温下仍具有足够力学性能的钢称为热强钢。耐热钢是抗氧化钢和热强钢的总称。

在钢中加入铬、硅、铝等元素，形成致密的 Cr_2O_3、SiO_2、Al_2O_3 等氧化膜，可提高钢的抗氧化能力。而要提高钢在高温下保持高强度的性能（热强性），通常要加入钛、钨、钒、铌、铬、钼等元素。

常用的抗氧化钢有 42Cr9Si2、06Cr13Al 等。典型的热强钢是 45Cr14Ni14W2Mo。

三、耐磨钢

耐磨钢指在巨大压力和强烈冲击载荷作用下能发生硬化的高锰钢。耐磨钢的典型牌号是 ZG120Mn13，其化学成分特点是高碳（含碳量为 0.7%～1.35%）、高锰（含锰量为 7%～19%），为使高锰钢获得单相奥氏体组织，须对其进行水韧处理。水韧处理是将高锰钢加热至 1 000～1 100 ℃，保持一定时间，使碳化物全部溶入奥氏体中，然后水冷，得到单相奥氏体的工艺。水韧处理后，其韧性很好，但硬度并不高（≤ 220HBW），当受到强烈的冲击、挤压和摩擦时，其表面因塑性变形而产生强烈的形变强化，使表面硬度显著提高（50HRC 以上），因而可获得很高的耐磨性，其心部仍保持良好的塑性和韧性。

由于高锰钢在巨大压力和强烈冲击载荷作用下才能发生硬化，因而当它在一般工作条件下使用时并不耐磨。因此，耐磨钢主要应用于巨大压力和强烈冲击载荷作用下工作的零件，如起重机和拖拉机的履带、挖掘机铲斗的斗齿、碎石机的颚板、铁路道岔、防弹钢板等（图 6-14）。此外，这种钢极易加工硬化，切削加工困难，故高锰钢零件大多采用铸造成形。

由于耐磨钢是单一的奥氏体组织，所以还具有良好的耐腐蚀性和抗磁性。

图 6-14　耐磨钢制成的产品

*§6-7 钢的火花鉴别（试验）

一、试验目的

1. 了解钢材的火花鉴别方法。

2. 掌握常用钢材的火花特征。

二、试验原理

生产中常常通过火花来鉴别钢号混杂的钢材、非合金钢的含碳量、钢材表层的脱碳情况、材料中所含合金元素的类别等。

1. 火花的组成

（1）火束　钢试样在砂轮上磨削时所产生的全部火花称为火束。火束分为根部、中部和尾部三部分，如图 6-15 所示。

（2）流线　火束中明亮的线条称为流线。不同化学成分的钢的流线形状不同，如非合金钢火束中的流线均呈直线状，铬钢和铬镍钢火束中常夹有波浪状流线，钨钢和高速钢火束中常出现断续流线，如图 6-16 所示。

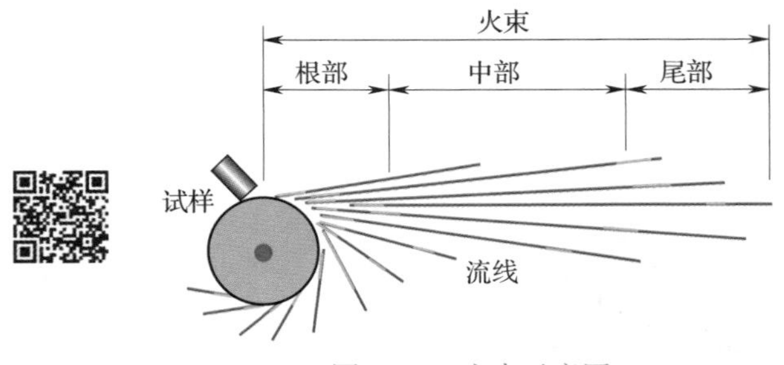

图 6-15　火束示意图

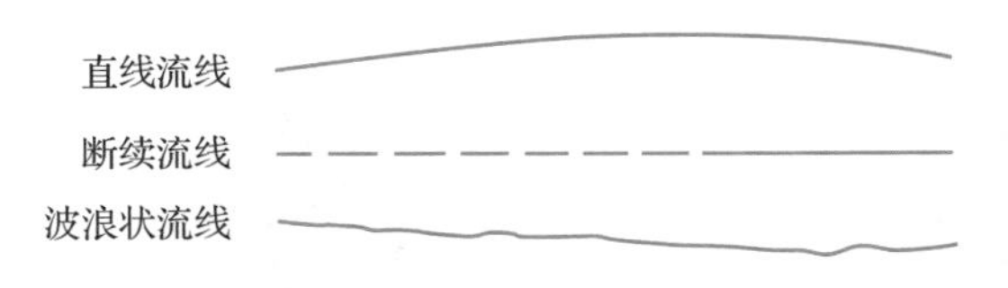

图 6-16　流线形状示意图

（3）节点与芒线　流线中途爆裂的地方称为节点。由节点发射出来的细流线称为芒线，如图 6-17 所示。

（4）爆花与花粉　在流线上由节点、芒线所组成的火花称为爆花。由于钢中含碳量的不同，发射出来的芒线次数也不同，只有一次爆裂的芒线称为一次花，在一次爆花的芒线上，又一次发生爆裂时所形成的爆花称为二次花。因此，爆花又分为一次花、二次花、三次花及多次花。一般爆花上芒线越多，含碳量越高。分散在爆花之间的点状火花称为花粉，如图 6-18 所示。出现花粉是高碳钢火花的特点。

（5）尾花　火束尾部的火花称为尾花。根据尾花形状，可以判断钢中合金元素的种类。例如，直羽尾花（图 6-19a）是钢中硅元素的特征；枪尖尾花（图 6-19b）是钢中钼元素的特征；狐尾花（图 6-19c）是钢中钨元素的特征，在高速钢中常出现狐尾花。

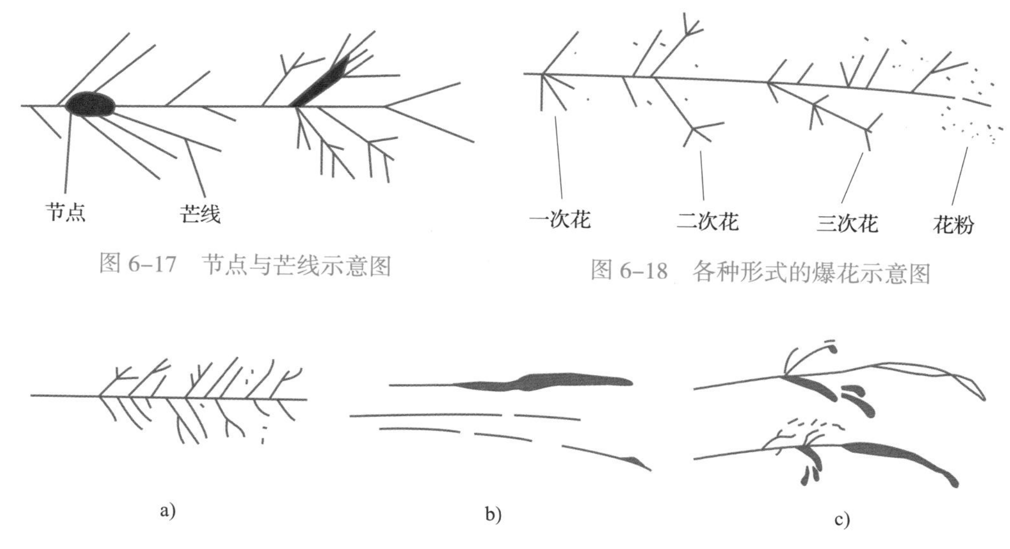

图 6-17 节点与芒线示意图

图 6-18 各种形式的爆花示意图

图 6-19 尾花示意图

a）直羽尾花 b）枪尖尾花 c）狐尾花

2. 火花鉴别的原理

在旋转着的砂轮上打磨钢试样，试样上脱落下来的钢屑在惯性力作用下飞溅出来，根据试样与砂轮的接触压力不同、钢的成分不同，形成火花流线也各不一样。飞溅的钢屑达到高温时，钢和钢中的伴生元素（特别是碳、硅和锰）在空气中烧掉。因为碳的氧化物 CO 和 CO_2 是气体，这些小的赤热微粒在离开砂轮一定距离时产生类似于爆炸的现象，于是爆裂成火花，所以可根据火花的特征来鉴别钢材的成分。

3. 常用钢的火花特征

常用钢的火花特征见表 6-15。

表 6-15 常用钢的火花特征

类型	特征	说明
低碳钢 （以 20 钢为例）	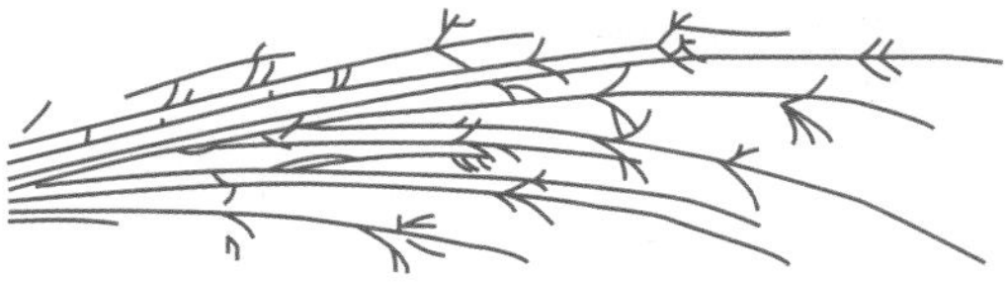	整个火束较长，颜色呈橙黄带红，芒线稍粗，发光适中，流线稍多，多根分叉爆裂，呈一次花状
中碳钢 （以 45 钢为例）	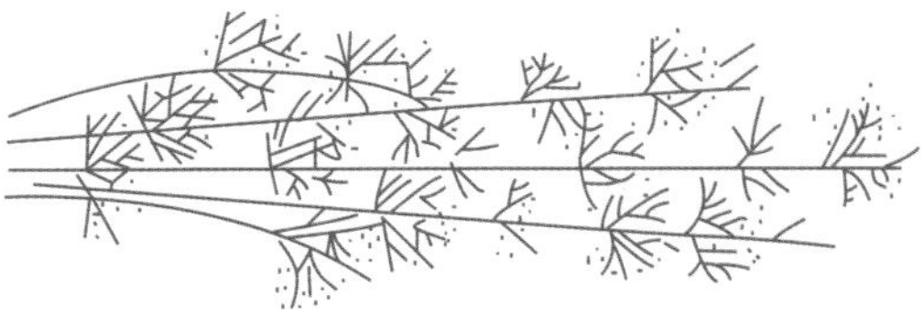	整个火束稍短，颜色呈橙黄色，发光明亮，流线多而稍细，以多根分叉二次花为主，也有三次花，花量约占整个火束的 3/5 以上

续表

类型	特征	说明
高碳钢（以 T10 钢为例）		火束较中碳钢短而粗，颜色呈橙红色，根部色泽暗淡，发光稍弱，流线多而细密，爆花为多根分叉三次花，花粉量多而密集，花量占整个火束的 5/6 以上。磨削时手感较硬
高速钢（以 W18Cr4V 钢为例）		火束细长，呈暗红色，发光极暗。由于受大量钨元素的影响，几乎无火花爆裂，仅在尾部有分叉爆裂，花量极少，流线根部及中部呈断续状态，尾部膨胀并下垂成点状狐尾花。磨削时手感较硬

三、试验器材

1. 手提式砂轮机或台式砂轮机。
2. 几种钢材标准样品及标准火花图谱。
3. 防护用品，如无色平光眼镜等。

四、试验步骤

动手磨削几种钢材，对照钢材标准样品及其火花图谱，仔细观察它们的火花特征，并判断其牌号。火花鉴别操作步骤见表 6–16。

表 6–16 火花鉴别操作步骤

步骤	图示	说明
选用设备		通常用台式或手提式砂轮机。手提式砂轮机功率为 0.1 ~ 0.3 kW，台式砂轮机功率为 0.5 ~ 1.0 kW，砂轮转速应控制在 2 800 ~ 4 000 r/min
选用砂轮		砂轮通常选用中等硬度、粒度为 36 ~ 60 号的普通氧化铝砂轮，直径为 150 ~ 200 mm，不宜使用碳化硅或白色氧化铝砂轮。由于火束的形成受砂轮线速度的影响，所以当砂轮磨损而直径变小时，必须进行更换

续表

步骤	图示	说明
制备试样		将已知成分的样品制成试样，其尺寸为 ϕ20 mm × 150 mm ~ ϕ20 mm × 200 mm，以便手持磨削
使用砂轮机磨削试样		磨削时操作者要站在砂轮机的侧面，施加压力以 20 ~ 60 N 为宜。台式砂轮机适于小型工件、试样的火花鉴别。操作时先打开开关，待砂轮机启动旋转后，手拿着工件或试样与砂轮圆周接触进行磨削。手提式砂轮机适于大批钢材或大型工件的火花鉴别，将工件或钢材排列在地面上，手拿砂轮机，打开开关使火束大致向略高于水平方向发射，以便对火花进行全面观察
观察火花	15 钢火花 40 钢火花 T10 钢火花 W18Cr4V 高速钢火花	详细观察火花的火束粗细、火束长短、花次层叠程度和色泽变化情况。轻压看合金元素，重压看含碳量。注意观察组成火束的流线形态，火束根部、中部及尾部的特殊情况及其运动规律，同时还要观察火花爆裂的形态、花粉的大小和多少

五、注意事项

1. 操作砂轮机时，戴上无色平光眼镜，站在砂轮机侧面。
2. 试样与砂轮接触时，压力大小要适中，这样才能正确判断火花特征。
3. 鉴别时应避免其他光线照射，要做多方面的辨识，才会得到正确的结论。

六、试验报告

1. 简述火花鉴别的原理。
2. 画出所鉴别材料的火花示意图。
3. 根据试验完成表 6–17。

表 6-17　　试验记录

鉴别项目		1 号试样	2 号试样	3 号试样	4 号试样
流线	亮度				
	长度				
	粗细				
	数量				
爆花	形状				
	大小				
	花粉				
	数量				
手感					
火花特征					
鉴别结论					

1. 什么是合金钢？
2. 合金元素在钢中有哪些主要作用？这些作用对钢的性能会产生哪些影响？
3. 合金钢是如何分类的？
4. 合金钢的牌号编制有何特点？
5. 合金结构钢按用途和热处理特点可分为哪几类？总结它们含碳量变化的规律。
6. 分析并总结合金结构钢的用途与最终热处理间的关系。
7. 合金工具钢按主要用途可分为哪几类？
8. 碳素工具钢、低合金刃具钢和高速钢三者相比，谁的热硬性最好？谁的热硬性最差？
9. 通过对冷作模具钢与热作模具钢牌号的比较，分析它们在成分和热处理上的不同。
10. 什么是特殊性能钢？常用的特殊性能钢有哪几种？
11. 不锈钢有哪几种分类方法？含碳量对不锈钢的耐腐蚀性有何影响？
12. 耐热钢中常加入哪些元素？为什么要加入这些元素？
13. 为什么高锰钢耐磨且具有良好的韧性？

第七章

铸 铁

1. 掌握铸铁的特点和分类。
2. 了解铸铁石墨化的概念及其影响因素。
3. 掌握常用铸铁的组织、性能、牌号及应用。

请观察以下产品，这些产品虽然形状各异、用途不同，但它们都采用了同种材料和相同的加工方法，你能说出这些产品采用了哪种材料吗？这些产品是通过何种加工方法加工出来的？

铸铁是含碳量大于2.11%的铁碳合金。工业上常用铸铁的含碳量一般为2.5%～4.0%。此外，还含有硅（Si）、锰（Mn）、硫（S）、磷（P）等元素。

铸铁是应用非常广泛的一种金属材料，机床的床身、台虎钳的钳体和底座等都是用铸铁制成的。在各类机器的制造中，若按质量百分比计算，铸铁约占整个机器质量的45%～90%。

§7-1　铸铁的组织与分类

一、铸铁的分类

铸铁的分类如图 7-1 所示。

1. 根据铸铁在结晶过程中的石墨化程度不同分类

（1）灰口铸铁　铸铁在结晶过程中，碳全部以游离态的石墨存在，断口呈暗灰色。工业上所用的铸铁几乎全部属于这类铸铁。

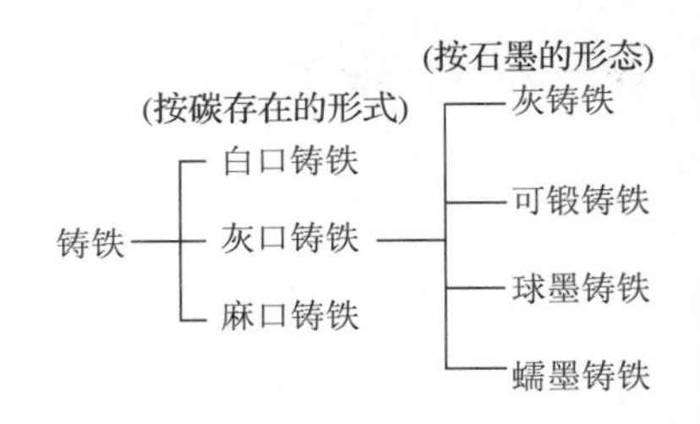

图 7-1　铸铁的分类

（2）白口铸铁　铸铁在结晶过程中，碳是完全按照 Fe-Fe_3C 相图进行结晶而得到的，其断口呈银白色。这类铸铁组织中碳全部呈化合碳状态，形成渗碳体，并具有莱氏体组织，性能硬而脆，不易加工，所以很少用它直接制造机械零件，主要用作炼钢原料。

（3）麻口铸铁　铸铁中的碳一部分以 Fe_3C 形式存在，另一部分以石墨形式存在，断口呈黑白相间的麻点，故称为麻口铸铁。其组织介于白口铸铁与灰口铸铁之间，含有不同程度的莱氏体，具有较大的硬脆性，工业上很少应用。

2. 根据铸铁中石墨形态的不同分类

（1）普通灰铸铁（图 7-2a）　石墨呈片状存在于铸铁中，简称灰铸铁或灰铁，是目前应用最广的一种铸铁。

（2）可锻铸铁（图 7-2b）　由一定成分的白口铸铁经过石墨化退火而获得。其中，石墨呈团絮状存在于铸铁中，有较高的韧性和一定的塑性。应注意：可锻铸铁虽称“可锻”，但实际上是不能锻造的。

（3）球墨铸铁（图 7-2c）　铁液在浇注前经球化处理，使析出的石墨呈球状存在于铸铁中，简称球铁。由于石墨呈球状，所以其力学性能比普通灰铸铁高很多，因而在生产中的应用日益广泛。

（4）蠕墨铸铁（图 7-2d）　铁液在浇注前经蠕化处理，使析出的石墨呈蠕虫状存在于铸铁中，简称蠕铁。其性能介于灰铸铁与球墨铸铁之间。

二、铸铁的石墨化

铸铁的性能与其内部组织密切相关，由于铸铁中的含碳量、含硅量较高，所以铸铁中的碳大部分不再以渗碳体的形式存在，而是以游离的石墨状态存在（含碳量为 100%）。铸铁中的碳以石墨形式析出的过程称为石墨化。

1. 石墨化的途径

铸铁中的石墨可以从液态中直接结晶出或从奥氏体中直接析出，也可以先结晶出渗碳体，再由渗碳体在一定条件下分解而得到（$Fe_3C \rightarrow 3Fe+C$），如图 7-3 所示。

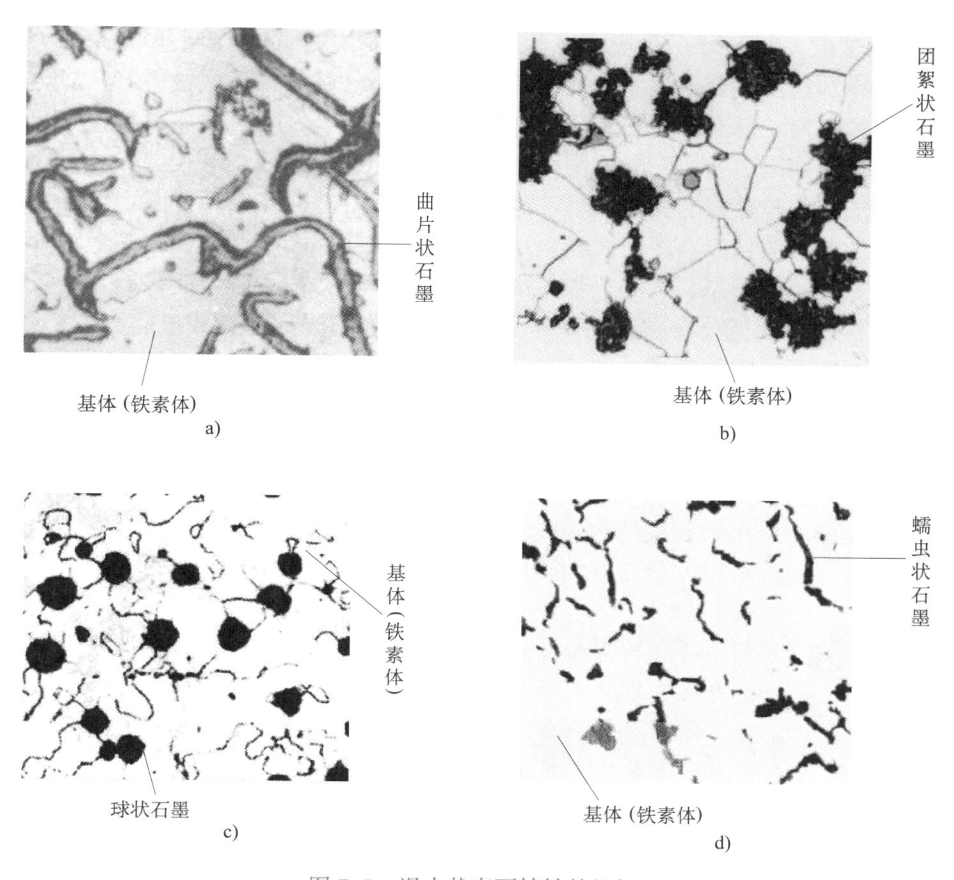

图 7–2　退火状态下铸铁的组织

a）普通灰铸铁　b）可锻铸铁　c）球墨铸铁　d）蠕墨铸铁

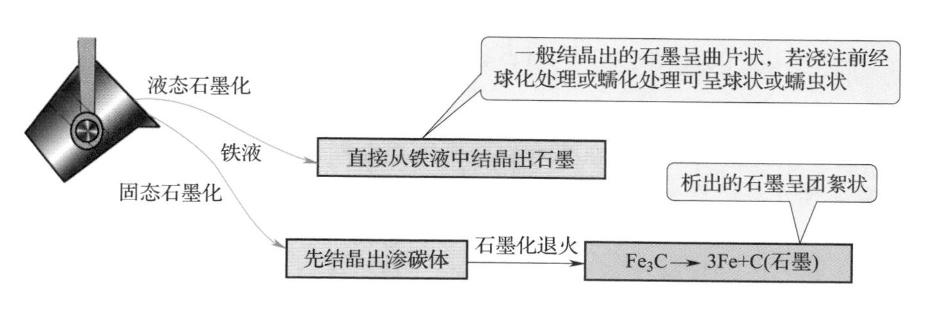

图 7–3　铸铁的石墨化途径

2. 影响石墨化的因素

影响石墨化的因素主要是铸铁的成分和冷却速度。

铸铁中的各种合金元素根据对石墨化的作用不同，可以分为两大类：一类是促进石墨化的元素，有碳、硅、铝、镍、铜和钴等，其中碳和硅对促进石墨化的作用最为显著，因此，铸铁中碳、硅含量越高，往往其内部析出的石墨量就越多，石墨片也越大；另一类是阻碍石墨化的元素，有铬、钨、钼、钒、锰和硫等。

冷却速度对石墨化的影响也很大，当铸铁结晶时，冷却速度越缓慢，就越有利于扩散，使析出的石墨越大、越充分。在快速冷却时，碳原子无法扩散，则阻碍石墨化，促进白口化。而铸件的冷却速度主要取决于壁厚和铸型材料，铸件越厚，铸型材料散热性能越差，铸件的冷却速度就越慢，越有利于石墨化。这就是在加工铸铁件时，往往在其表面会遇到“白口”且很难切削的原因。

三、铸铁的组织与性能的关系

当铸铁中的碳大多数以石墨形式析出后，其组织状态如图 7–2 所示。其组织可看成是在钢的基体上分布着不同形态、大小、数量的石墨。由于石墨的力学性能很差，其强度和塑性几乎为零，这样就可以把分布在钢的基体上的石墨看作不同形态和数量的微小裂纹或孔洞，这些孔洞一方面割裂了钢的基体，破坏了基体的连续性，另一方面又使铸铁获得了良好的铸造、切削加工性能，以及消声、减振、耐压、耐磨、缺口敏感性低等诸多优良性能。

从图 7–2 中可以看出，在相同基体的情况下，不同形态和数量的石墨对基体的割裂作用是不同的。呈片状时表面积最大，割裂最严重；蠕虫状次之；球状表面积最小，应力最分散，割裂作用的影响最小。石墨的数量越多、越集中，对基体的割裂也就越严重，铸铁的抗拉强度也就越低，塑性就越差。铸铁的硬度则主要取决于基体的硬度。

铸铁的力学性能主要取决于基体的组织和石墨的形态、数量、大小以及分布状态。其中，基体的组织一般可通过不同的热处理加以改变，但石墨的形态和分布却无法改变，故要想得到细小而分布均匀的石墨就需要在石墨化时对其析出过程加以控制。

中国古代铸铁技术

中国早在春秋时期就已发明铸铁技术。现代所知的早期铸铁器件如江苏六合铁丸，湖南长沙铁臿、铁鼎等，其制造年代都在公元前 6 世纪左右。

商周时期高度发展的青铜冶铸业，为铸铁技术的发明和迅速发展提供了前提条件。为了使用铸铁制造生产工具，战国前期发明了韧性铸铁，通过脱碳热处理和石墨化热处理，分别获得脱碳不完全的白心韧性铸铁和黑心韧性铸铁。战国铁臿的金相组织如图 1 所示。战国中期以后，铸铁器逐步取代铜器、木器、石器，成为主要的生产工具，出土实物有犁铧、镢、铲、臿、镰、锄、斧、锛、凿等。

秦汉时期，铸铁热处理技术有了明显的进步。不少器件用铁范铸造，壁厚一般在 3 ~ 5 mm，属于薄壁铸件。在实践中，人们掌握了较为合理的热处理规范，因而所得的韧性铸铁件质量较好。特别是西汉后期已出现具有球状石墨的高强度铸铁，在铁素体 – 珠光体基体上均匀分布着典型的圆度较好的球状石墨，在偏光下呈放射状，经多种手段检测，证实其与现代球墨铸铁中的石墨球相似，被认为是铸后经退火形成的。西汉铁镬的金相组织如图 2 所示。这些工艺在南北朝时期仍被使用，对封建社会前期生产力的发展起了重要作用。同时，生铁冶铸作为中国古代冶铁业的技术基础，对钢铁冶炼的发展有深远的影响。

图 1　战国铁臿的金相组织

图 2　西汉铁镢的金相组织

§7-2 常用铸铁

一、灰铸铁

1. 灰铸铁的成分与组织

灰铸铁的化学成分一般为：C（2.7%～3.6%）、Si（1.0%～2.2%）、S（<0.15%）、P（<0.3%）。其组织由金属基体和在基体中分布的片状石墨组成。石墨化的程度不同，基体组织中的含碳量也不同。石墨化越充分，则基体中的含碳量就越低，这样便形成了三种不同的基体组织的灰铸铁，即铁素体灰铸铁（铁素体 + 片状石墨）、铁素体 – 珠光体灰铸铁（铁素体 + 珠光体 + 片状石墨）和珠光体灰铸铁（珠光体 + 片状石墨）。它们的显微组织如图 7–4 所示。

2. 灰铸铁的性能和孕育处理

由于灰铸铁中的石墨呈片状，所以其对基体的割裂面积大，严重地破坏了基体的连续性，大大减小了有效承载面积，并且在石墨的尖角处容易产生应力集中。其力学性能中的抗拉强度、塑性、韧性均远不如钢，而抗压强度和硬度并没有明显降低。同时，由于石墨的存在使灰铸铁获得了许多优异性能，如由于石墨的脆性，使灰铸铁在切削时切屑呈崩碎状，大大减少了切屑与刀具前面的摩擦，减少了切削热，提高了刀具的使用寿命。此外，石墨还具有一定的润滑性能，使铸铁获得了良好的切削性能。除具有良好的切削性能外，灰铸铁还具有良好的铸造、耐磨、消声、减振以及较低的缺口敏感性等性能。

为了改善灰铸铁的性能，一方面要改变石墨的数量、大小和分布，另一方面要增加基体中珠光体的数量。由于石墨对铸铁强度的影响远比基体的影响大，所以提高灰铸铁性能的关键是改变石墨片的形态和数量。石墨片越少、越细小且分布越均匀，铸铁的力学性能就越高。为了细化金属基体并增加珠光体数量，改变石墨片的形态和数量，在生产中常采用孕育处理工艺。

孕育处理（或称变质处理）是在浇注前向铁液中投加少量硅铁、硅钙合金等作为孕育剂，使铁液内产生大量均匀分布的晶核，使石墨片及基体组织得到细化。

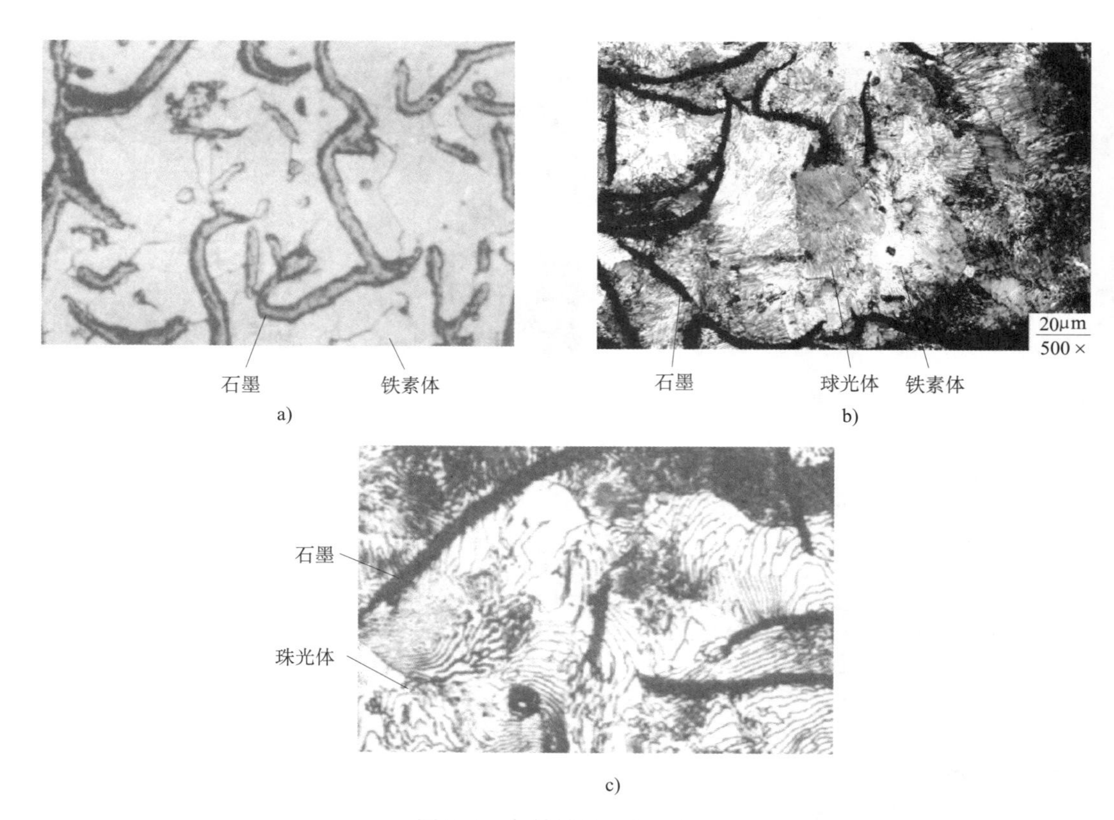

图 7-4　灰铸铁的显微组织

a）铁素体灰铸铁　b）铁素体 – 珠光体灰铸铁　c）珠光体灰铸铁

经过孕育处理后的铸铁称为孕育铸铁，不仅其强度有很大提高，而且塑性和韧性也有所改善。因此，孕育铸铁常用于制造力学性能要求较高、截面尺寸变化较大的大型铸铁件。

3. 灰铸铁的牌号及用途

灰铸铁的牌号由“灰铁”二字的汉语拼音字母字头 HT 及后面的一组表示最小抗拉强度数值的数字组成。灰铸铁的牌号、力学性能见表 7–1，其组织和应用见表 7–2。

表 7–1　灰铸铁的牌号、力学性能（摘自 GB/T 9439—2023）

牌号	抗拉强度 R_m/MPa	规定非比例延伸强度 $R_{p0.2}$/MPa	抗压强度 R_{mc}/MPa	断后伸长率 A/%	HBW
HT100	≥ 100	—	500	—	≤ 170
HT150	≥ 150	≥ 98	600	0.3 ~ 0.8	125 ~ 205
HT200	≥ 200	≥ 130	720	0.3 ~ 0.8	150 ~ 230
HT225	≥ 225	≥ 150	780	0.3 ~ 0.8	170 ~ 240
HT250	≥ 250	≥ 165	840	0.3 ~ 0.8	180 ~ 250

续表

牌号	抗拉强度 R_m/MPa	规定非比例延伸强度 $R_{p0.2}$/MPa	抗压强度 R_{mc}/MPa	断后伸长率 A/%	HBW
HT275	≥ 275	≥ 180	900	0.3 ~ 0.8	190 ~ 260
HT300	≥ 300	≥ 195	960	0.3 ~ 0.8	200 ~ 275
HT350	≥ 350	≥ 228	1 080	0.3 ~ 0.8	220 ~ 270

表 7–2 灰铸铁的组织和应用（摘自 GB/T 9439—2023）

牌号	组织	应用	图示
HT100	铁素体	主要用于负荷小、对摩擦和磨损无特殊要求的零件，如防护罩、盖、油盘、手轮、支架、挂轮架等	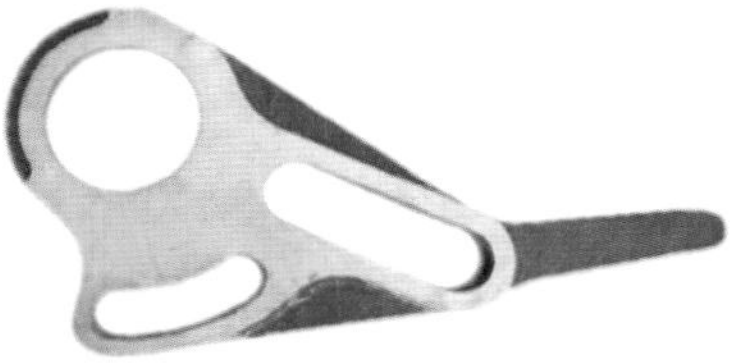 挂轮架 　手轮
HT150	铁素体 + 珠光体	主要用于承受中等负荷的零件，如机座、箱体、工作台、刀架、带轮、轴承座、端盖、泵体、阀体、飞轮、电动机座等	 带轮
HT200 HT225 HT250	珠光体	主要用于承受较大负荷和要求具有一定气密性或耐腐蚀性等的较重要零件，如气缸、齿轮、机座、飞轮、机床床身、气缸体、气缸套、活塞、齿轮箱、刹车轮、联轴器、中等压力阀门等	 机床床身
HT275 HT300 HT350	珠光体（孕育铸铁）	主要用于承受高负荷、要求耐磨和优良气密性的重要零件，如重型机床、剪床、压力机、自动车床的床身、机座、机架，车床卡盘，高压液压件，活塞环，受力较大的凸轮、齿轮、衬套，大型发动机的气缸体、缸套、气缸盖等	 气缸体

二、可锻铸铁

可锻铸铁俗称玛钢、马铁。它是白口铸铁通过石墨化退火，使渗碳体分解成团絮状的石墨而获得的。由于石墨呈团絮状，相对于片状石墨而言，减轻了对基体的割裂作用和应力集中，因而可锻铸铁相对于灰铸铁有较高的强度，塑性和韧性也有很大的提高。

1. 可锻铸铁的组织与性能

可锻铸铁的生产过程包括两个步骤：首先铸造成白口铸铁件，然后进行长时间的石墨化退火。为了保证在一般冷却条件下获得白口铸铁件，又要在退火时使渗碳体易分解，并呈团絮状石墨析出，就要严格控制铁液的化学成分。与灰铸铁相比，其碳和硅的含量要低一些，以保证铸铁件获得白口组织；但也不能太低，否则退火时难以石墨化。

可锻铸铁的成分一般为：C（2%～2.8%）、Si（1.2%～1.8%）、Mn（0.4%～0.6%）、P（<0.1%）、S（<0.25%）。

根据白口铸铁件退火的工艺不同，其基体组织也不同，可分为铁素体可锻铸铁、铁素体＋珠光体可锻铸铁和珠光体可锻铸铁（图 7–5）。其中铁素体可锻铸铁的断口心部呈灰黑色，表层呈灰白色，故又称为黑心可锻铸铁。

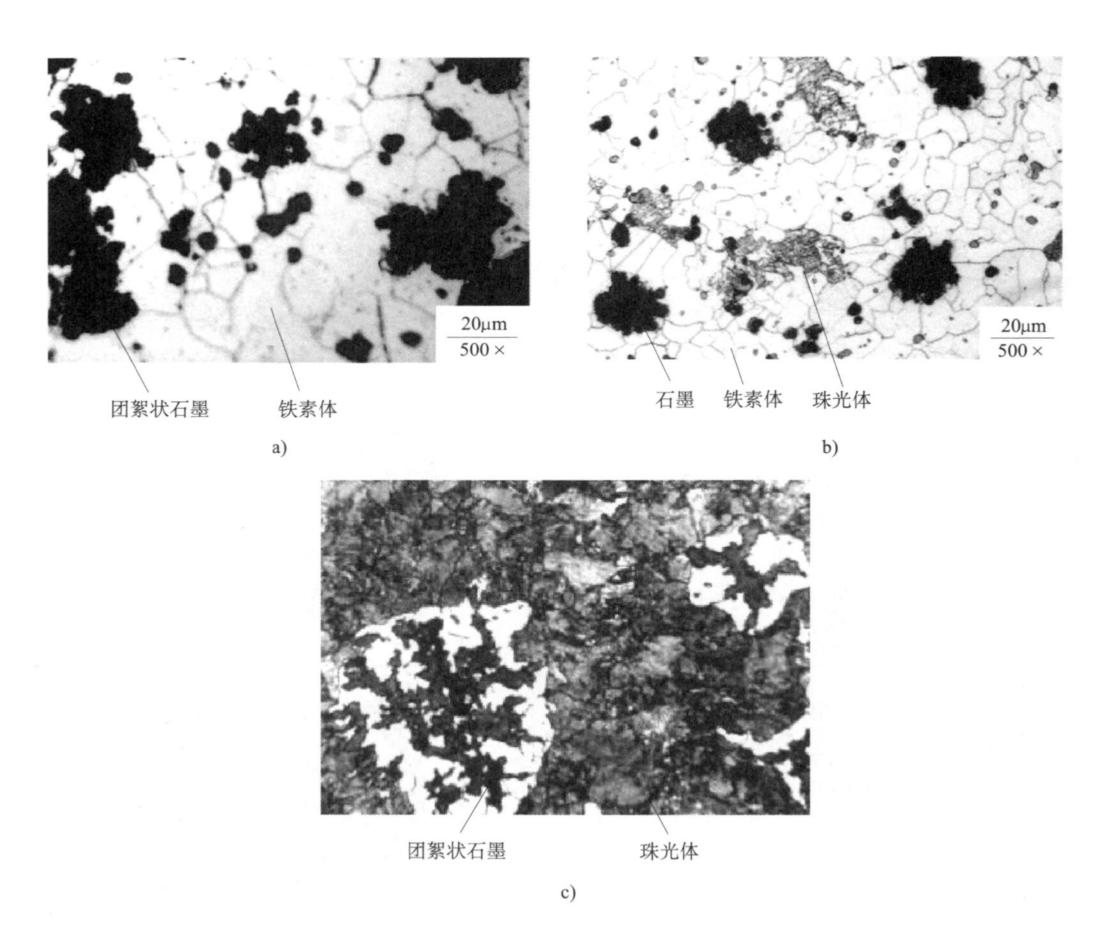

图 7–5　可锻铸铁的显微组织

a）铁素体可锻铸铁　b）铁素体＋珠光体可锻铸铁　c）珠光体可锻铸铁

可锻铸铁的基体组织不同，其性能也不相同。黑心可锻铸铁具有一定的强度、塑性与韧性，而珠光体可锻铸铁则具有较高的强度、硬度和耐磨性，塑性与韧性较低。

2. 可锻铸铁的牌号及用途

我国可锻铸铁的牌号是由三个字母及两组数字组成的。前两个字母 KT 是“可铁”二字汉语拼音字母字头，第三个字母代表可锻铸铁的类别。后面两组数字分别代表最低抗拉强度和断后伸长率的数值。如 KTH300–06 表示黑心可锻铸铁，其最低抗拉强度为 300 MPa，最低断后伸长率为 6%; KTZ450–06 表示珠光体可锻铸铁，其最低抗拉强度为 450 MPa，最低断后伸长率为 6%。表 7–3 所示为黑心可锻铸铁和珠光体可锻铸铁的牌号、力学性能，表 7–4 所示为其应用。

可锻铸铁具有铁液处理简单、质量稳定、容易组织流水生产、低温韧性好等优点，广泛应用于管道配件和汽车、拖拉机制造，常用于制造形状复杂、承受冲击载荷的薄壁、中小型零件。

表 7–3 黑心可锻铸铁和珠光体可锻铸铁的牌号、力学性能（摘自 GB/T 9440—2010）

牌号	试样直径 d/mm	R_m/MPa	$R_{p0.2}$/MPa	A/%（L_o=3d）	HBW
		不小于			
KTH300–06	12 或 15	300	—	6	不大于 150
KTH330–08		330	—	8	
KTH350–10		350	220	10	
KTH370–12		370	—	12	
KTZ450–06		450	270	6	150 ~ 200
KTZ550–04		550	340	4	180 ~ 230
KTZ650–02		650	430	2	210 ~ 260
KTZ700–02		700	530	2	240 ~ 290

注：牌号 B 为过渡性牌号，该表未列出。

表 7–4 黑心可锻铸铁和珠光体可锻铸铁的应用

牌号	应用	图示
KTH300–06	适用于动载或静载、要求气密性好的零件，如管道配件，中、低压阀门	管道配件

续表

牌号	应用	图示
KTH330-08	适用于承受中等动载和静载的零件，如机床用扳手、车轮壳、钢丝绳接头	扳手
KTH350-10 KTH370-12	适用于承受较高的冲击、振动及扭转负荷的零件，如汽车上的差速器壳、轮壳、转向节壳	转向节壳
KTZ550-04 KTZ650-02 KTZ700-02	适用于承受较高载荷、耐磨损并要求有一定韧性的重要零件，如曲轴、凸轮轴、连杆、齿轮、活塞环、摇臂、扳手	活塞环

三、球墨铸铁

1. 球墨铸铁的组织与性能

球墨铸铁的化学成分一般为：C（3.6%～3.9%）、Si（2.0%～2.8%）、Mn（0.6%～0.8%）、S（<0.07%）、P（<0.1%）。与灰铸铁相比，它的碳、硅含量较高，有利于石墨球化。

球墨铸铁按其基体组织不同，可分为铁素体球墨铸铁、铁素体－珠光体球墨铸铁和珠光体球墨铸铁三种。其显微组织如图 7-6 所示。

由于球墨铸铁中的石墨呈球状，其割裂基体的作用及应力集中现象大为减少，可以充分发挥金属基体的性能，所以它的强度和塑性已超过灰铸铁和可锻铸铁，接近铸钢，而铸造性能和切削性能均比铸钢好。

2. 球墨铸铁的牌号及用途

球墨铸铁的牌号是由“球铁”二字汉语拼音字母字头 QT 及两组数字组成，两组数字分别代表其最低抗拉强度和断后伸长率。如 QT400-18 表示球墨铸铁，其最低抗拉强度为 400 MPa，最低断后伸长率为 18%。

球墨铸铁的牌号、力学性能见表 7-5，其组织及用途见表 7-6。

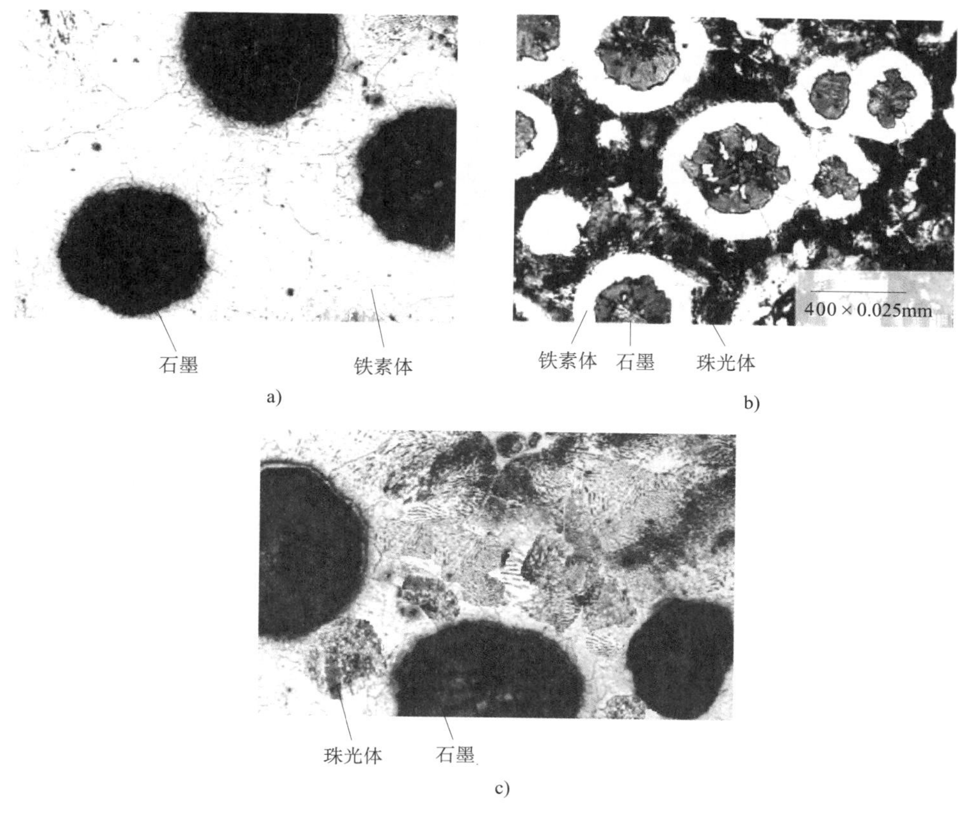

图 7–6 球墨铸铁的显微组织

a）铁素体球墨铸铁 b）铁素体－珠光体球墨铸铁 c）珠光体球墨铸铁

表 7–5 球墨铸铁的牌号、力学性能（摘自 GB/T 1348—2019）

牌号	R_m/MPa	R_{eL}/MPa	A/%	HBW
	不小于			
QT400–18	400	250	18	120 ~ 175
QT400–15	400	250	15	120 ~ 180
QT450–10	450	310	10	160 ~ 210
QT500–7	500	320	7	170 ~ 230
QT600–3	600	370	3	190 ~ 270
QT700–2	700	420	2	225 ~ 305
QT800–2	800	480	2	245 ~ 335
QT900–2	900	600	2	280 ~ 360

表 7-6　　球墨铸铁的组织及用途（摘自 GB/T 1348—2019）

牌号	组织	用途	图示
QT400-18 QT400-15 QT450-10	铁素体	用于制造承受冲击、振动的零件，如汽车轮毂、驱动桥壳体、差速器壳、离合器壳、拨叉、铁路垫板、阀体、阀盖等	拨叉
QT500-7	铁素体 + 珠光体	用于制造机器座架、传动轴、飞轮、电动机架、内燃机的机油泵齿轮、铁路车辆轴瓦等	铁路车辆轴瓦
QT600-3	珠光体 + 铁素体	用于制造承受载荷大、受力复杂的零件，如汽车、拖拉机的曲轴、连杆、凸轮轴、气缸套，磨床、铣床、车床的主轴、蜗杆、蜗轮，轧钢机的轧辊、大齿轮等	曲轴
QT700-2	珠光体		
QT800-2	珠光体或 索氏体		
QT900-2	回火马氏体 或屈氏体 + 索氏体	用于制造高强度齿轮，如汽车后桥螺旋锥齿轮，减速器齿轮，内燃机曲轴、凸轮轴等	减速器齿轮

由于球墨铸铁具有良好的力学性能和工艺性能，并能通过热处理使其力学性能在较大范围内变化，因而可以代替碳素铸钢、合金铸钢和可锻铸铁，制造一些受力复杂，强度、硬度、韧性和耐磨性要求较高的零件，如内燃机曲轴、凸轮轴、连杆，减速箱齿轮及轧钢机轧辊等。

四、蠕墨铸铁

蠕墨铸铁是近代发展起来的一种新型结构材料。它是在高碳、低硫、低磷的铁液中加入蠕化剂（目前采用的蠕化剂有镁钛合金、稀土镁钛合金或稀土镁钙合金），经蠕化处理后，使石墨变为短蠕虫状的高强度铸铁。蠕虫状石墨介于片状石墨和球状石墨之间，金属基体与球墨铸铁相近。图 7–7 所示为蠕墨铸铁的显微组织。在金相显微镜下观察，蠕虫状石墨像片状石墨，但是较短而厚，头部较圆，形似蠕虫。因此，这种铸铁的性能介于优质灰铸铁和球墨铸铁之间，抗拉强度和疲劳强度相当于铁素体球墨铸铁，减振性、导热性、耐磨性、切削加工性能和铸造性能近似于优质灰铸铁。表 7–7 所示为蠕墨铸铁的牌号、力学性能及用途。

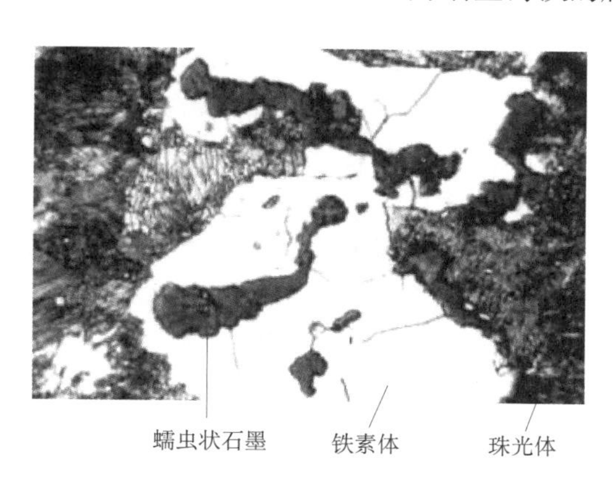

图 7–7　蠕墨铸铁的显微组织

表 7–7　蠕墨铸铁的牌号、力学性能及用途（摘自 GB/T 26655—2022）

牌号	R_m/MPa	$R_{p0.2}$/MPa	A/%	HBW	基体组织	用途
	≥					
RuT300	300	210	2.0	140 ~ 210	铁素体	适用于制造承受冲击载荷及热疲劳的零件，如汽车的底盘零件、增压器、废气进气壳体
RuT350	350	245	1.5	160 ~ 220	珠光体 + 铁素体	适用于制造强度要求高及承受热疲劳的零件，如排气管、气缸盖、液压件、钢锭模
RuT400	400	280	1.0	180 ~ 240	珠光体 + 铁素体	适用于制造强度、刚度和耐磨性要求高的零件，如飞轮、制动鼓、玻璃模具
RuT450	450	315	1.0	200 ~ 250	珠光体	适用于制造强度或耐磨性要求高的零件，如活塞、制动盘、制动鼓、玻璃模具
RuT500	500	350	0.5	220 ~ 260	珠光体	

蠕墨铸铁主要应用于承受循环载荷、要求组织致密、强度要求较高、形状复杂的零件，如气缸盖、进排气管、液压件和钢锭模等。

合金铸铁

在普通铸铁中加入合金元素，使之具有某些特殊性能的铸铁称为合金铸铁。通常加入的合金元素有硅、锰、磷、镍、铬、钼、铜、铝、硼、钒、钛、锑、锡等。合金铸铁根据合金元素的加入量分为低合金铸铁（合金元素含量 <3%）、中合金铸铁（合金元素含量为 3% ~ 10%）和高合金铸铁（合金元素含量 >10%）。合金元素能使铸铁基体组织发生变化，从而使铸铁获得特殊的耐热、耐磨、耐腐蚀、无磁和耐低温等物理－化学性能，因此这种铸铁也称为特殊性能铸铁。目前，合金铸铁被广泛地应用于机器制造、冶金矿山、化工、仪表等行业。

例如，耐磨铸铁中的高磷铸铁，在铸铁中提高了磷的含量，可形成高硬度的磷化物共晶体，呈网状分布在珠光体基体上，形成坚硬的骨架，使高磷铸铁的耐磨能力比普通灰铸铁提高一倍以上。在含磷较高的铸铁中再加入适量的 Cr、Mo、Cu 或微量的 V、Ti、B 等元素，则耐磨性能更好。

又如常用的耐热铸铁（中硅铸铁、高铬铸铁、镍铬硅铸铁、镍铬球墨铸铁等），可用来代替耐热钢制造耐热零件，如加热炉底板、热交换器、坩埚等。这些铸铁中加入 Si、Al、Cr 等合金元素，在铸铁表面形成一层致密的、稳定性好的氧化膜（SiO_2、Al_2O_3、Cr_2O_3），可使铸铁在高温环境下工作时内部金属不被继续氧化。同时，这些元素能提高固态相变临界点，使铸铁在使用范围内不发生相变，以减少由此而造成的体积胀大和显微裂纹等。

此外，耐腐蚀铸铁具有较高的耐腐蚀性能，其耐腐蚀措施与不锈钢相似，一般加入 Si、Al、Cr、Ni、Cu 等合金元素，在铸件表面形成牢固、致密而又完整的保护膜，阻止腐蚀继续进行，提高铸铁基体的电极电位和铸铁的耐腐蚀性。

五、常用铸铁的热处理

1. 热处理的作用

对于已形成的铸铁组织，通过热处理只能改变其基体组织，但不能改变石墨的大小、数量、形态和分布，对灰铸铁的力学性能改变不大。对灰铸铁进行热处理是为了减小其内应力，提高表面硬度和耐磨性能，以及消除因冷却过快而在铸件表面产生的白口组织。

可锻铸铁通过先浇注成白口铸铁，再通过不同的退火工艺来获得不同的基体组织和团絮状石墨，所以一般不再进行其他热处理。

球墨铸铁中的石墨对基体的割裂作用小，因此可通过热处理改变其基体组织来提高和改善其力学性能，在生产中常常采用不同的热处理方法来改善其性能。

蠕墨铸铁中的石墨的割裂作用比灰铸铁小，浇注后的组织中有较多的铁素体存在，通常可通过正火使其获得以珠光体为主的基体组织，在一定程度上提高其力学性能。

2. 热处理的方法

灰铸铁和球墨铸铁的热处理方法、目的及应用见表 7–8。

表 7-8　　灰铸铁和球墨铸铁的热处理方法、目的及应用

铸铁类型	热处理方法	热处理目的及应用
灰铸铁	去应力退火	消除复杂铸件因壁厚不均、冷却不均及切削加工等造成的内应力，避免工件变形与开裂。主要应用于机床床身、机架等
	表面淬火	提高重要工件表面的硬度和耐磨性。主要应用于机床导轨、缸体内壁等
	石墨化退火	消除铸件表面或薄壁处的白口组织，降低硬度，改善切削性能
球墨铸铁	退火	得到铁素体基体，提高塑性、韧性，消除应力，改善切削性能
	正火	得到珠光体基体，提高强度和耐磨性
	调质处理	获得回火索氏体的基体组织，获得良好的综合力学性能。主要应用于主轴、曲轴、连杆等
	等温淬火	使外形复杂且综合力学性能要求高的零件获得下贝氏体的基体组织，获得高强度、高硬度、高韧性等综合力学性能，避免热处理时产生开裂。主要应用于主轴、曲轴、齿轮等

*§7-3　铸铁的高温石墨化退火（试验）

一、试验目的

1. 用断口分析法观察并分析白口铸铁、灰口铸铁的组织特征。

2. 通过编制白口铸铁高温石墨化退火工艺并进行实际操作，体会热处理在铸铁生产中的作用。

3. 进一步明确影响铸铁石墨化的主要因素。

二、试验原理

铸件冷凝时，在表面或某些薄壁处，由于冷却速度较快，很容易出现白口组织，使铸件的硬度和脆性增加，造成切削加工困难和使用时易剥落。此时必须将铸件加热到共析温度以上，进行消除白口的软化退火（即高温石墨化退火），如图 7-8 所示。

图 7-8　铸件消除白口的高温石墨化退火

消除白口的软化退火，一般是将铸件加热到 850～950 ℃，保温 1～5 h，使共晶渗碳体发生分

解，即进行第一阶段石墨化；然后在随炉缓慢冷却过程中使二次渗碳体及共析渗碳体发生分解，即进行中间和第二阶段石墨化；待随炉缓冷到 400～500 ℃时，再出炉空冷，这样就可获得铁素体或铁素体＋珠光体基体的灰口铸铁，从而降低铸件的硬度，改善切削加工性。若采用较快的冷却速度，使铸件不发生第二阶段石墨化，则最终就获得珠光体基体的灰口铸铁，增加了铸件的强度和耐磨性。灰铸铁高温石墨化退火规范见表 7–9。

表 7–9　　灰铸铁高温石墨化退火规范

铸件状况及要求	装炉温度 /℃	加热速度 /（℃ /h）	加热温度 /℃	保温时间 /h	冷却方式
局部白口且不深	<300	70～100	900～950	0.25～0.5	炉冷或空冷
白口层深	<200			1～4	
铁素体基体 高塑性、韧性	<200	70～100	900～950	1～4	炉冷至室温或 400～500 ℃出炉空冷 炉冷至 720～760 ℃二阶段石墨化＋炉冷至室温，或炉冷至 400～500 ℃＋出炉空冷
珠光体基体 高强度、耐磨性	<300	70～100	900～950	1～4	出炉空冷至室温 出炉空冷至 600 ℃，再进炉，以速度 50～100 ℃ /h 冷至 300 ℃以下，出炉空冷，减少二次应力

三、试验器材

1．设备和仪器：箱式电阻炉（图 7–9）1 台，洛氏硬度计 2 台，台虎钳 2 台，锤子 2 把，热处理夹钳，钩子等。

2．材料：白口层深的薄壁铸件、局部白口且不深的铸件。

四、试验内容

1．对两种试样进行退火前的断口观察和分析，用硬度计测量其硬度。

2．对两种试样进行高温石墨化退火。

3．对两种试样进行退火后的断口观察和分析，用硬度计测量其硬度。

五、试验步骤

按试验内容，每班可分为两大组。每个大组再分为两个小组进行试验。

1．第一大组试验件为白口层深的薄壁铸件，第二大组试验件为局部白口且不深的铸件。各组先进行退火前断口观察、分析与硬度测试。

图 7–9　箱式电阻炉

2．各组按表 7–10 的要求进行高温石墨化退火。

表 7–10　　高温石墨化退火要求

<table>
<tr><th colspan="2">组别</th><th>试样</th><th>装炉温度 /℃</th><th>加热工艺</th><th>冷却工艺</th><th>处理后组织</th></tr>
<tr><td rowspan="2">一</td><td>1</td><td rowspan="2">白口层深的薄壁铸件</td><td rowspan="2"><200</td><td rowspan="2">加热到 930 ℃，保温 1 h</td><td>400 ~ 500 ℃出炉空冷</td><td>铁素体基体</td></tr>
<tr><td>2</td><td>出炉空冷至室温</td><td>珠光体基体</td></tr>
<tr><td rowspan="2">二</td><td>3</td><td rowspan="2">局部白口且不深的铸件</td><td rowspan="2"><300</td><td rowspan="2">加热到 930 ℃，保温 1 h</td><td>400 ~ 500 ℃出炉空冷</td><td>铁素体基体</td></tr>
<tr><td>4</td><td>出炉空冷至室温</td><td>珠光体基体</td></tr>
</table>

3．退火完成后，各组按要求对退火后的试样断口做观察与分析，并进行硬度测试。

六、注意事项

1．各组进行断口取样时，要注意安全，以防崩伤、砸伤。

2．在退火操作中，工件进、出炉必须先切断电源，以防触电。

3．经过热处理的工件不要用手去摸，以免烫伤。操作时必须戴手套。

4．工具用完后要有条理地放置，各项操作要在教师的指导下进行。

七、试验报告

1．简述本次试验的目的。

2．简述影响铸铁高温石墨化的主要因素。

3．根据试验填写表 7–11。

表 7–11　　试验记录

<table>
<tr><th colspan="2" rowspan="2">组别</th><th rowspan="2">试样</th><th colspan="2">退火前</th><th colspan="2">退火后</th><th rowspan="2">出炉温度 /℃</th><th rowspan="2">处理后组织</th></tr>
<tr><th>断口特征</th><th>硬度值</th><th>断口特征</th><th>硬度值</th></tr>
<tr><td rowspan="2">一</td><td>1</td><td rowspan="2">白口层深的薄壁铸件</td><td></td><td></td><td></td><td></td><td></td><td></td></tr>
<tr><td>2</td><td></td><td></td><td></td><td></td><td></td><td></td></tr>
<tr><td rowspan="2">二</td><td>3</td><td rowspan="2">局部白口且不深的铸件</td><td></td><td></td><td></td><td></td><td></td><td></td></tr>
<tr><td>4</td><td></td><td></td><td></td><td></td><td></td><td></td></tr>
</table>

习题

1．什么是铸铁？与钢相比，它在成分、组织和性能等方面有什么不同？

2．什么是铸铁的石墨化？影响铸铁石墨化的因素有哪些？

3．铸铁中的石墨有哪些形态？石墨的形态、数量和分布状态对铸铁的性能有何影响？
4．灰铸铁有哪些优异特性？
5．生产中是采用什么方法来改善灰铸铁性能的？
6．可锻铸铁能不能锻造？它是如何获得的？
7．为什么球墨铸铁的强度、韧性比灰铸铁和可锻铸铁要好？
8．为什么生产中许多复杂受力零件的材料要用球墨铸铁？
9．为什么球墨铸铁可通过热处理来有效提高其力学性能，而灰铸铁却不能？

第八章

有色金属与硬质合金

1. 了解常用有色金属及其合金的分类、编号、性能及用途。
2. 掌握常用硬质合金的编号、性能及主要用途。
3. 了解部分有色金属及其合金的强化手段。

生活中你经常见到哪些有色金属材料？下图产品是采用何种材料加工的？

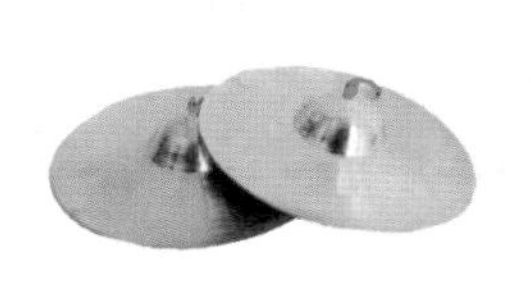

有色金属中密度小于4.5 g/cm^3（如铝、镁、铍等）的称为轻金属；密度大于4.5 g/cm^3（如铜、镍、铅等）的称为重金属。有色金属的产量及用量虽不如黑色金属，但其具有许多特殊性能，如导电性和导热性好、密度及熔点较低、力学性能和工艺性能良好，因此它是现代工业特别是国防工业不可缺少的材料。

常用的有色金属有铜与铜合金、铝与铝合金、钛与钛合金和滑动轴承合金等。

§8-1 铜与铜合金

由于铜与铜合金具有良好的导电性、导热性、抗磁性、耐腐蚀性和工艺性，故它们在电气工业、仪表工业、造船业及机械制造业中得到了广泛应用。铜与铜合金的分类如图8-1所示。

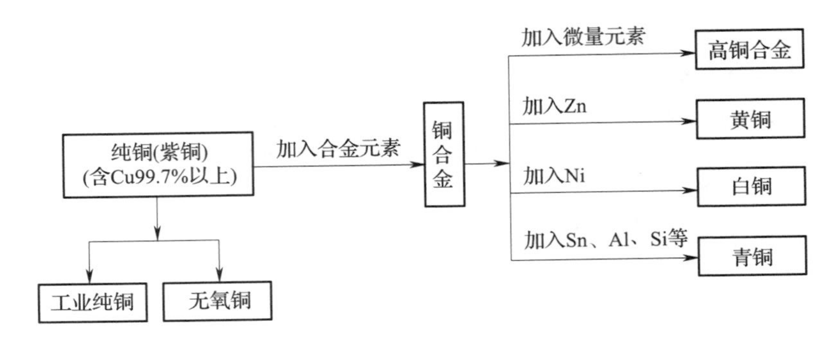

图 8–1　铜与铜合金的分类

一、纯铜（Cu）

纯铜呈紫红色，故又称为紫铜，铜丝如图 8–2 所示。

图 8–2　铜丝

纯铜的密度为 8.96×10^3 kg/m^3，熔点为 1 083 ℃，其导电性和导热性仅次于金和银，是最常用的导电、导热材料。它的塑性非常好，易于冷、热压力加工，在大气及淡水中有良好的耐腐蚀性能，但在含有二氧化碳的潮湿空气中表面会产生绿色铜膜，称为铜绿。

纯铜中常含有 0.05%～0.30% 的杂质（主要有铅、铋、氧、硫和磷等），它们对铜的力学性能和工艺性能有很大的影响，一般不用于受力结构零件。常用冷加工方法来制造电线、电缆、铜管以及配制铜合金等。

工业纯铜分为未加工产品和加工产品两类。未加工产品有 A 级铜（Cu–CATH–1）、1 号标准铜（Cu–CATH–2）、2 号标准铜（Cu–CATH–3）三个牌号；加工产品按化学成分不同可分为工业纯铜和无氧铜两类。我国工业纯铜有四个牌号，即一号纯铜、一点五号纯铜、二号纯铜和三号纯铜，其代号分别为 T1、T1.5、T2、T3；无氧铜的含氧量极低，不大于 0.003%，其代号有 TU00、TU0、TU1、TU2、TU3。纯铜代号中的数字越大，表示铜的纯度越低。

纯铜的牌号、化学成分及用途见表 8–1。

表 8–1　　纯铜的牌号、化学成分及用途（摘自 GB/T 5231—2022）

组别	代号	牌号	化学成分 /%				用途
			Cu + Ag（最小值）	主要杂质元素			
				Bi	Pb	O	
工业纯铜	T10900	T1	99.95	0.001	0.003	0.02	作为导电、导热、耐蚀的器具材料，如电线、蒸发器、雷管、储藏器等
	T10950	T1.5	99.95	—	—	0.008 ~ 0.03	
	T11050	T2	99.90	0.001	0.005	—	
	T11090	T3	99.70	0.002	0.01	—	一般用材，如开关触头、导油管、铆钉
无氧铜	C10100	TU00	99.99	0.000 1	0.000 5	0.000 5	真空电子器件、高导电性的导线和元件
	T10130	TU0	99.97	0.001	0.003	0.001	
	T10150	TU1	99.97	0.001	0.003	0.002	
	T10180	TU2	99.95	0.001	0.004	0.003	
	C10200	TU3	99.95	—	—	0.001 0	

二、铜合金

纯铜强度低，虽然冷加工变形可提高其强度，但塑性显著降低，不能制造受力的结构件。为了满足制造结构件的要求，工业上广泛采用在铜中加入合金元素而制成性能得到强化的铜合金。常用的是高铜合金、黄铜、白铜和青铜。

1. 高铜合金

（1）高铜合金命名方法　以铜为基体金属，加入一种或几种微量元素以获得某些预定特性的合金称为高铜合金。用于冷、热压力加工的高铜，铜含量一般在 96.0% ~ ＜ 99.3% 的范围内。用于铸造的高铜，一般铜含量大于 94%。

高铜合金以“T+ 第一主添加元素化学符号＋各添加元素含量（数字间以“–”隔开）”命名。铬含量为 0.50% ~ 1.5%、锆含量为 0.05% ~ 0.25% 的高铜，其牌号如下：

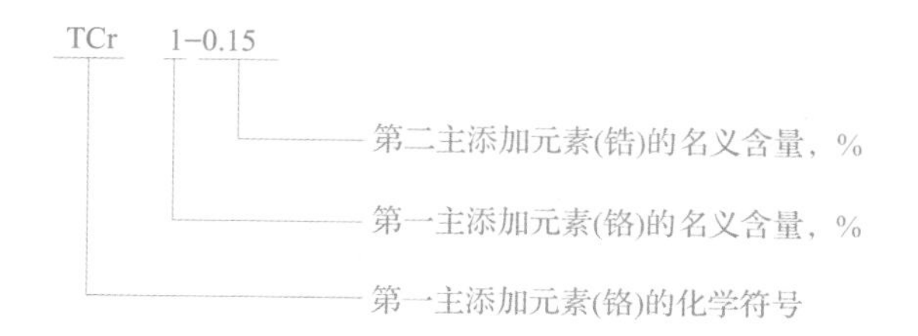

（2）常用铍高铜合金　铍高铜的力学性能与铍含量和热处理工艺有关。强度和硬度随铍含量的增加而很快提高，但铍含量超过 2% 以后其提高速度逐渐变缓，塑性却显著降低。

铍高铜通过淬火及时效强化后能获得很高的强度和硬度（R_m=1 250 ~ 1 400 MPa，硬度为 40 ~ 50HBW，A=2% ~ 4%），超过其他铜合金的强度。铍高铜不但强度高，它的弹性极限、疲劳强度、耐磨性、耐腐蚀性也都很高，另外，它还具有良好的导电、导热性能，具有耐寒、无磁性、受冲击时不产生火花等一系列优点，是力学、物理、化学综合性能很好的一种铜合金。只是由于价格较贵，限制了它的使用。

铍高铜主要用来制作各种精密仪器中重要的弹性零件，耐腐蚀、耐磨损的零件，航海罗盘仪中重要零件及防爆工具等。常用铍高铜的牌号、化学成分、力学性能及用途见表 8–2。

表 8–2　常用铍高铜的牌号、化学成分、力学性能及用途（摘自 GB/T 5231—2022）

代号	牌号	化学成分 /%								状态①	力学性能			应用举例
		Be	Ni	Al	Si	Fe	Pb	其他	Cu		R_m/MPa	A/%	HV	
T17720	TBe2	1.8 ~ 2.1	0.2 ~ 0.5	0.15	0.15	0.15	0.005	—	余量	T	500	40	90	制造各种精密仪表、仪器中的弹簧和弹性元件，各种耐磨零件以及在高速、高压和高温下工作的轴承、衬套，矿山和炼油厂用的冲击不生火花的工具以及各种深冲零件
										L	850	4	250	
T17700	TBe1.7	1.6 ~ 1.85	0.2 ~ 0.4	0.15	0.15	0.15	0.005	Ti: 0.10 ~ 0.25	余量	T	440	50	85	制造各种重要用途的弹簧、精密仪表的弹性元件、敏感元件以及承受高变向载荷的弹性元件，可代替 TBe2 牌号的铍高铜
										L	700	3.5	220	
T17710	TBe1.9	1.85 ~ 2.1	0.2 ~ 0.4	0.15	0.15	0.15	0.005	Ti: 0.10 ~ 0.25	余量	T	450	40	90	
										L	750	3	240	
T17715	TBe1.9–0.1	1.85 ~ 2.1	0.2 ~ 0.4	0.15	0.15	0.15	0.005	Ti: 0.10 ~ 0.25 Mg: 0.07 ~ 0.13	余量	T	450	30	87	制造各种重要用途的弹簧、精密仪表的弹性元件、敏感元件以及承受高变向载荷的弹性元件，可代替 TBe2 牌号的铍高铜
										L	860	5	174	

① T——退火状态，L——冷变形状态。

2. 黄铜

黄铜是以锌为主加合金元素的铜合金。其具有良好的力学性能，易加工成形，对大气、海水有相当好的耐腐蚀能力，是应用最广的有色金属材料，如图 8-3 所示。

图 8-3 黄铜的应用

黄铜按其所含合金元素的种类可分为普通黄铜和特殊黄铜两类；按生产方式可分为压力加工黄铜和铸造黄铜两类。

（1）普通黄铜 普通黄铜是 Cu-Zn 的二元合金。普通黄铜又分为单相黄铜和双相黄铜两类：当含锌量小于 39% 时，锌全部溶于铜中形成 α 固溶体，即单相黄铜；当含锌量大于等于 39% 时，除了有 α 固溶体外，组织中还出现了以化合物 CuZn 为基体的 β 固溶体，即 α + β 的双相黄铜。含锌量对黄铜力学性能的影响如图 8-4 所示。含锌量在 32% 以下时，随含锌量的增加，黄铜的强度和塑性不断提高；当含锌量达到 30% ~ 32% 时，黄铜的塑性最好；当含锌量超过 39% 以后，由于出现了 β 相，强度继续升高，但塑性迅速下降；当含锌量大于 45% 以后，强度也开始急剧下降，所以工业上所用的黄铜含锌量一般不超过 47%。

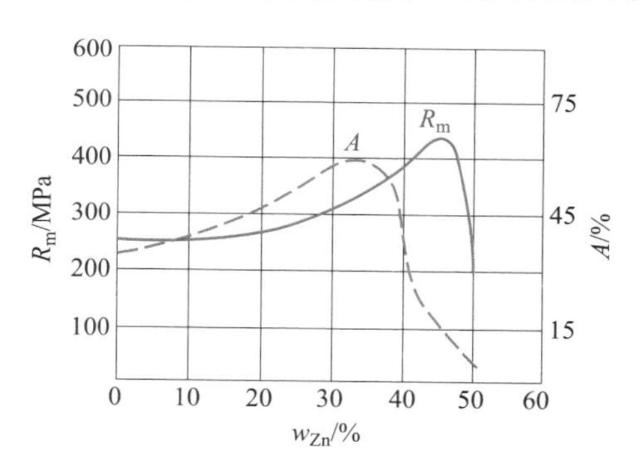

图 8-4 含锌量对黄铜力学性能的影响

单相黄铜塑性很好，适于冷、热变形加工。双相黄铜强度高，热状态下塑性良好，故适于热变形加工。

（2）特殊黄铜 特殊黄铜就是在普通黄铜的基础上加入 Sn、Si、Mn、Pb、Al 等元素所形成的铜合金。根据加入元素的不同，它们分别称为锡黄铜、硅黄铜、锰黄铜、铅黄铜和铝黄铜等。它们比普通黄铜具有更高的强度、硬度和耐腐蚀性。

（3）压力加工黄铜 普通压力加工黄铜的牌号用 H+ 含铜量表示。如 H62 表示含铜量为 62%、其余为锌的普通黄铜。

特殊压力加工黄铜的牌号用 H+ 主加元素符号（除锌外）+ 含铜量 + 主加元素含量表示。如 HMn58-2 表示含铜量为 58%、含锰量为 2% 的特殊压力加工黄铜。

（4）铸造黄铜 牌号均由 ZCu+ 主加元素符号 + 主加元素含量 + 其他加入元素符号及含量组成，如 ZCuZn38、ZCuZn40Mn2 等。

常用黄铜的牌号、化学成分、力学性能及用途见表 8–3。

表 8–3　常用黄铜的牌号、化学成分、力学性能及用途（摘自 GB/T 5231—2022、GB/T 1176—2013）

组别	牌号	化学成分 /%		力学性能			用途
		Cu	其他	R_m/MPa	A/%	HBW	
普通压力加工黄铜	H90	88.0 ~ 91.0	余量 Zn	260/480	45/4	53/130	双金属片、热水管、艺术品、证章
	H68	67.0 ~ 70.0	余量 Zn	320/660	55/3	/150	复杂的冲压件、散热器、波纹管、轴套、弹壳
	H62	60.5 ~ 63.5	余量 Zn	330/600	49/3	56/140	销钉、铆钉、螺钉、螺母、垫圈、夹线板、弹簧
特殊压力加工黄铜	HSn90–1	88.0 ~ 91.0	0.25 ~ 0.75Sn 余量 Zn	280/520	45/5	/82	船舶上的零件、汽车和拖拉机上的弹性套管
	HSi80–3	79.0 ~ 81.0	2.5 ~ 4.0Si 余量 Zn	300/600	58/4	90/110	船舶上的零件、在蒸汽（<250 ℃）条件下工作的零件
	HMn58–2	57.0 ~ 60.0	1.0 ~ 2.0Mn 余量 Zn	400/700	40/10	85/175	弱电电路上使用的零件
	HPb59–1	57.0 ~ 60.0	0.8 ~ 1.9Pb 余量 Zn	400/650	45/16	44/80	热冲压及切削加工零件，如销钉、螺钉、螺母、轴套等
	HAl59–3–2	57.0 ~ 60.0	2.5 ~ 3.5Al 2.0 ~ 3.0Ni 余量 Zn	380/650	50/15	75/155	船舶、电动机及其他在常温下工作的高强度、耐蚀零件
铸造黄铜	ZCuZn38	60.0 ~ 63.0	余量 Zn	295/295	30/30	60/70	法兰、阀座、手柄、螺母
	ZCuZn25Al6–Fe3Mn3	60.0 ~ 66.0	4.5 ~ 7.0Al 2.0 ~ 4.0Fe 1.5 ~ 4.0Mn 余量 Zn	600/600	18/18	160/170	耐磨板、滑块、蜗轮、螺栓
	ZCuZn40Mn2	57.0 ~ 60.0	1.0 ~ 2.0Mn 余量 Zn	345/390	20/25	80/90	在淡水、海水及蒸汽中工作的零件，如阀体、阀杆、泵管接头等
	ZCuZn33Pb2	63.0 ~ 67.0	1.0 ~ 3.0Pb 余量 Zn	180/	12/	50/	煤气和给水设备的壳体、仪器的构件

注：1. 压力加工黄铜的力学性能值中，分子数值应在 600 ℃退火状态下测定，分母数值应在 50% 变形程度的硬化状态下测定。

2. 铸造黄铜的力学性能值中，分子采用砂型铸造试样测定，分母采用金属型铸造试样测定。

3. 白铜

白铜是以镍为主加合金元素的铜合金。Ni 和 Cu 在固态下能完全互溶，所以各类铜镍合金均为单相 α 固溶体，具有良好的冷、热加工性能，不能进行热处理强化，只能用固溶强化和加工硬化来提高其强度。

白铜具有高的耐腐蚀性和优良的冷、热加工性，是精密仪器仪表、化工机械、医疗器械及工艺品制造中的重要材料。

白铜的牌号用 B 加含镍量表示，三元以上的白铜用 B 加第二个主添加元素符号及除基元素铜外的成分数字组表示。如 B30 表示含镍量为 30% 的白铜；BMn3-12 表示含镍量为 3%、含锰量为 12% 的锰白铜。

4. 青铜

以铜为基体金属，除锌和镍以外其他元素为主添加元素的合金称为青铜。按主加元素种类的不同，青铜可分为锡青铜、铝青铜和硅青铜等。按生产方式也可将其分为压力加工青铜和铸造青铜两类。

中国古代青铜文化

中国青铜时代约始于公元前 21 世纪，公元前 13 世纪至公元前 11 世纪为鼎盛时期，它跨越了中国历史上的夏、商、周三代，创造了辉煌灿烂的文明。

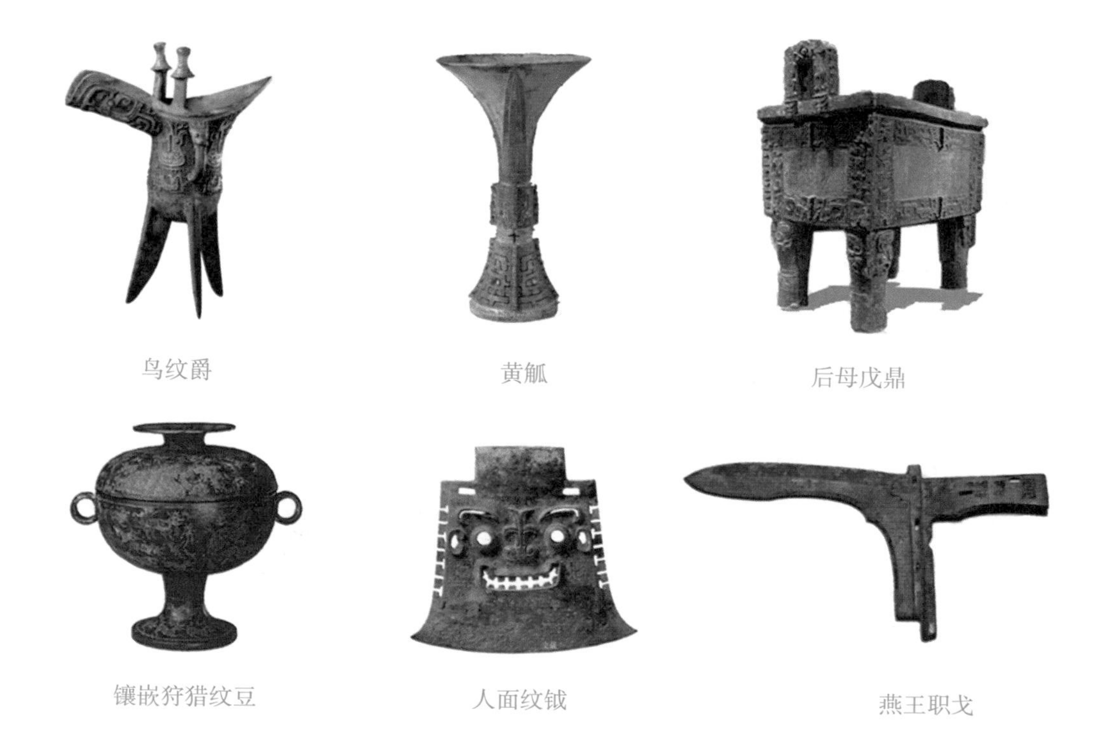
鸟纹爵　黄觚　后母戊鼎

镶嵌狩猎纹豆　人面纹钺　燕王职戈

早期的青铜器种类很多，用途广泛，主要种类有酒器、食器、炊器、兵器、水器、乐器、铜镜、车马饰、度量器、动物造型等。西周社会还对青铜器的使用制定了严格的等级制度。以礼器来说，就有“天子九鼎，诸侯七，大夫五，元士三”的规定。许多贵族视青铜器为身份的象征，除生前大量享用外，死后也把大量的青铜器作为随葬品。此外，青铜器上的文字对后世了解当时社会发展、重大事件和生活习俗有着极其重要的价值。

压力加工青铜的代号由 Q+ 主加元素符号及含量 + 其他加入元素的含量组成。例如，QSn4–3 表示含锡量为 4%、含锌量为 3%、其余为铜的锡青铜；QAl7 表示含铝量为 7%、其余为铜的铝青铜。铸造青铜的牌号表示方法与铸造黄铜的牌号表示方法相同，均由 ZCu+ 主加元素符号 + 主加元素含量 + 其他加入元素符号及含量组成，如 ZCuSn5Pb5Zn5、ZCuAl9Mn2 等。

（1）锡青铜　锡青铜是以锡为主要合金元素的铜合金。锡能溶于铜而形成 α 固溶体，但比锌在铜中的溶解度小得多（小于 14%）。

由于锡青铜在生产条件下不易达到平衡状态，因而在铸造状态下，含锡量超过 6% 时就可能出现 α + δ 的共析体（δ 是一个硬而脆的相）。

锡对铸态青铜力学性能的影响如图 8–5 所示。由图可见，含锡量较小时，随着含锡量的增加，青铜的强度和塑性增加。当含锡量超过 5% ~ 6% 时，因合金中出现 δ 相而塑性急剧下降，强度仍然很高；当含锡量大于 10% 时，塑性已显著降低；当含锡量大于 20% 后，大量的 δ 相使强度显著降低，合金变得硬而脆，已无使用价值，故工业用锡青铜的含锡量一般为 3% ~ 14%。

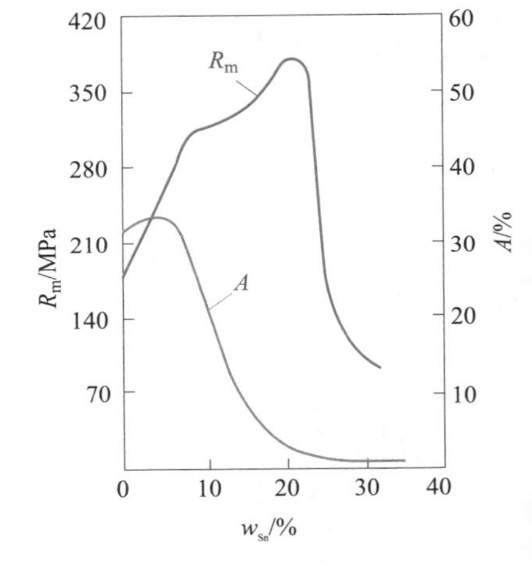

图 8–5　锡对铸态青铜力学性能的影响

通常，含锡量小于 8% 的锡青铜具有较好的塑性和适当的强度，适于压力加工。含锡量大于 10% 的锡青铜塑性较差，只适于铸造。锡青铜在铸造时，因体积收缩小，易形成分散细小的缩孔，可铸造形状复杂的铸件，但铸件的致密性差，在高压下易渗漏，故不适于制造密封性要求高的铸件。

锡青铜在大气及海水中的耐腐蚀性好，故广泛用于制造耐腐蚀零件。在锡青铜中加入磷、锌、铅等元素，可以改善锡青铜的耐磨性、铸造性及切削加工性，使其性能更佳。

（2）铝青铜　通常铝青铜的含铝量为 5% ~ 12%。铝青铜比黄铜和锡青铜具有更好的耐腐蚀性、耐磨性和耐热性，并具有更好的力学性能，还可以进行淬火和回火，以进一步强化其性能，常用于铸造承受重载、耐腐蚀和耐磨的零件。

（3）锰青铜　锰青铜的含锰量为 1.5% ~ 5.5%。锰青铜有较高的强度、硬度和良好的塑性，能很好地在热态及冷态下承受压力加工，有好的耐蚀性，并有高的热强性，400 ℃下还能保持其力学性能。锰青铜主要用于电子仪表零件，也可制作蒸汽机零件和锅炉的各种管接头、蒸汽阀门等高温耐蚀零件。

（4）硅青铜　硅青铜具有很好的力学性能和耐腐蚀性能，并具有良好的铸造性能和冷、热变形加工性能，常用于制造耐腐蚀和耐磨零件。

常用青铜的牌号、化学成分、力学性能及用途见表 8–4。

表 8–4　常用青铜的牌号、化学成分、力学性能及用途（摘自 GB/T 5231—2022、GB/T 1176—2013）

组别	牌号	化学成分 /%		力学性能			用途
		第一主加元素	其他	R_m/MPa	A/%	HBW	
压力加工青铜	QSn4–3	3.5 ~ 4.5Sn	2.7 ~ 3.3Zn 余量 Cu	350/350	40/4	60/160	弹性元件、管配件、化工机械中的耐磨零件及抗磁零件等
	QSn6.5–0.1	6.0 ~ 7.0Sn	0.1 ~ 0.25P 余量 Cu	$\frac{350 \sim 450}{700 \sim 800}$	$\frac{60 \sim 70}{7.5 \sim 12}$	$\frac{70 \sim 90}{160 \sim 200}$	弹簧、接触片、振动片、精密仪器中的耐磨零件等
	QSn4–4–4	3.0 ~ 5.0Sn	3.5 ~ 4.5Pb 3.0 ~ 5.0Zn 余量 Cu	220/250	3/5	80/90	重要的减磨零件，如轴承、轴套、蜗轮、丝杠、螺母等
	QAl7	6.0 ~ 8.0Al	余量 Cu	470/980	3/70	70/154	重要用途的弹性元件等
	QAl9–4	8.0 ~ 10.0Al	2.0 ~ 4.0Fe 余量 Cu	550/900	4/5	110/180	耐磨零件，如轴承、蜗轮、齿圈等；在蒸汽及海水中工作的高强度、耐蚀性零件等
	QMn5	4.5 ~ 5.5Mn	0.35Fe 0.4Zn 余量 Cu	290/440	3/30	—	用于制作蒸汽机零件和锅炉的各种管接头、蒸汽阀门等高温耐蚀零件
	QSi3–1	2.7 ~ 3.5Si	1.0 ~ 1.5Mn 余量 Cu	370/700	3/55	80/180	弹性元件；在腐蚀介质下工作的耐磨零件，如齿轮、蜗轮等
铸造青铜	ZCuSn5Pb5Zn5	4.0 ~ 6.0Sn	4.0 ~ 6.0Zn 4.0 ~ 6.0Pb 余量 Cu	200/200	13/3	60/60	较高负荷、中速的耐磨、耐蚀零件，如轴瓦、缸套、蜗轮等
	ZCuSn10Pb1	9.0 ~ 11.5Sn	0.5 ~ 1.0Pb 余量 Cu	200/310	3/2	80/90	高负荷、高速的耐磨零件，如轴瓦、衬套、齿轮等
	ZCuPb30	27.0 ~ 33.0Pb	余量 Cu			/25	高速双金属轴瓦等
	ZCuAl9Mn2	8.0 ~ 10.0Al	1.5 ~ 2.5Mn 余量 Cu	390/440	20/20	85/95	耐磨、耐蚀零件，如齿轮、蜗轮、衬套等

注：1. 压力加工青铜力学性能数值中，分子应在 600 ℃退火状态下测定，分母应在 50% 变形程度的硬化状态下测定。

2. 铸造青铜力学性能数值中，分子采用砂型铸造试样测定，分母采用金属型铸造试样测定。

§8-2　铝与铝合金

铝是一种具有良好导电性、导热性及延展性的轻金属。1 g 铝可拉成 37 m 的细丝，其直径小于 2.5×10^{-5} m；也可展成面积达 50 m^2 的铝箔，其厚度只有 8×10^{-7} m。铝具有很强的导电能力，被大量用于电气设备和高压电缆。如今铝已被广泛应用于制造金属器具、工具、体育设备等。

铝中加入少量的铜、镁、锰等形成的铝合金，具有坚硬、美观、轻巧耐用、长久不锈的优点，是制造飞机的理想材料。据统计，一架飞机大约有 50 万个用铝合金做的铆钉。用铝与铝合金制造的飞机元件质量占飞机总质量的 70%；每枚导弹的用铝量约占其总质量的 10% ~ 15%，因此铝被人们称作“会飞”的金属。铝与铝合金的应用如图 8–6 所示。

图 8–6　铝与铝合金的应用

一、铝与铝合金的性能特点

1. 密度小，熔点低，导电性、导热性好，磁化率低

纯铝的密度为 2.72 g/cm^3，仅为铁的 1/3 左右，熔点为 660.4 ℃；导电性仅次于银、铜、金。铝合金的密度也很低，熔点更低，但导电性、导热性不如纯铝。铝与铝合金的磁化率极低，属于非铁磁材料。

2. 抗大气腐蚀性能好

铝和氧的化学亲和力大，在空气中铝与铝合金表面会很快形成一层致密的氧化膜，可防止内部继续氧化。但在碱和盐的水溶液中，氧化膜易被破坏，因此不能用铝与铝合金制作的容器盛放盐溶液和碱溶液。

3. 加工性能好

纯铝具有较高的塑性（A=30% ~ 50%，Z=80%），易于压力成形加工，并有良好的低温性能。纯铝的强度低，即使经冷形变强化，也不能直接用于制造受力的结构件，而铝合金通过冷成形和热处理，具有低合金钢的强度。因此，铝与铝合金被广泛应用于电气工程、航空航天、汽车制造等各个领域。

二、铝与铝合金的分类

铝与铝合金的分类如图 8–7 所示。

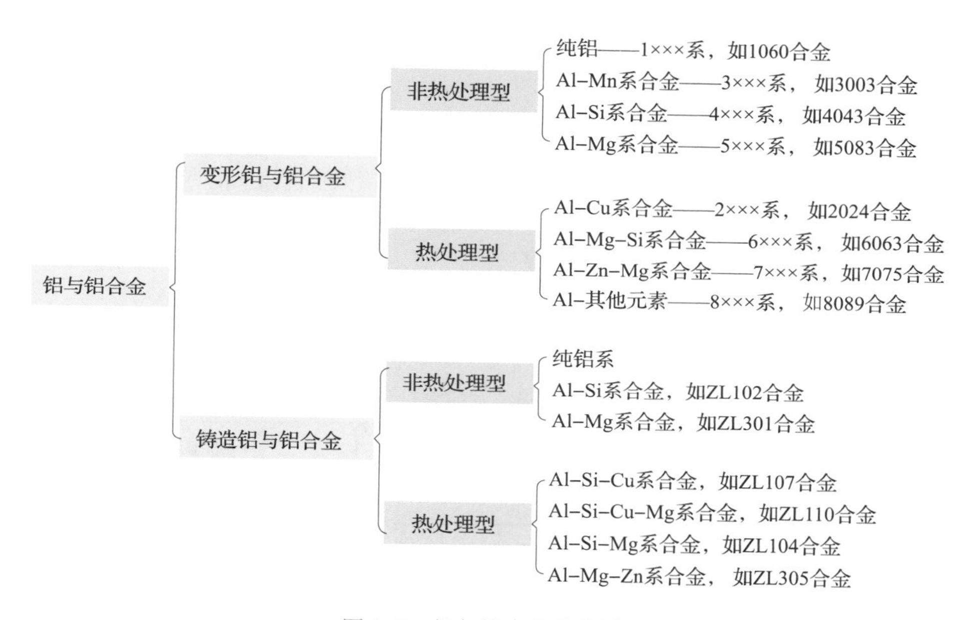

图 8–7　铝与铝合金的分类

三、纯铝（Al）的牌号和用途

纯铝分为未压力加工产品（铸造纯铝）和压力加工产品（变形铝）两种。

根据 GB/T 8063—2017《铸造有色金属及其合金牌号表示方法》的规定，铸造纯铝的牌号由“Z”和铝的化学元素符号以及表明含铝量的数字组成。如 ZA199.5 表示含铝量为 99.5% 的铸造纯铝。根据 GB/T 16474—2011《变形铝及铝合金牌号表示方法》的规定，铝的质量分数不低于 99.00% 的纯铝，其牌号用四位字符体系的方法命名，即用 1××× 表示，牌号的最后两位数字表示铝的最低质量分数（百分数）×100 后的小数点后面两位数字；牌号第二位的字母表示原始纯铝的改型情况，如字母 A 表示原始纯铝。例如，牌号 1A30 表示含铝量为 99.30% 的原始纯铝。若为其他字母（B ~ Y），则表示原始纯铝的改型，与原始纯铝相比，其元素含量略有改变。

变形铝的牌号、化学成分及用途见表 8–5。

表 8-5　　变形铝的牌号、化学成分及用途

旧牌号	牌号	化学成分 /%		用途
		Al	杂质总量	
L1	1070	99.7	0.3	垫片、电容、电子管隔离罩、电线、电缆、导电体和装饰件
L2	1060	99.6	0.4	
L3	1050	99.5	0.5	
L4	1035	99.0	1.0	
L5	1200	99.0	1.0	不受力而具有某种特性的零件，如电线保护套管、通信系统的零件、垫片和装饰件

四、铝合金的牌号和用途

1. 变形铝合金

按国家标准（GB/T 16474—2011）规定，我国变形铝及铝合金采用国际四位数字体系牌号和四位字符体系牌号两种命名方法。化学成分已在国际牌号注册组织注册命名的铝及铝合金，直接采用四位数字体系牌号；国际牌号注册组织未命名的，则按四位字符体系牌号命名。两种牌号命名方法的区别仅在第二位，字符体系牌号第二位为英文大写字母。

（1）牌号第一位数字表示铝与铝合金的组别，见表 8-6。

表 8-6　　铝与铝合金的组别

组别	牌号系列
纯铝（含铝量不小于 99.00%）	1×××
以铜为主要合金元素的铝合金	2×××
以锰为主要合金元素的铝合金	3×××
以硅为主要合金元素的铝合金	4×××
以镁为主要合金元素的铝合金	5×××
以镁和硅为主要合金元素的铝合金	6×××
以锌为主要合金元素的铝合金	7×××
以其他合金元素为主要合金元素的铝合金	8×××
备用合金组	9×××

（2）牌号第二位数字（国际四位数字体系）或字母（四位字符体系）表示原始纯铝或铝合金的改型情况。

1）数字 0 或字母 A 表示原始纯铝和原始合金。

2）如果是 1 ~ 9 或 B ~ Y（C、I、L、N、O、P、Q、Z 八个字母除外）中的一个，则表示改型情况。

（3）最后两位数字用以标识同一组中不同的铝合金。

常用变形铝合金的牌号、力学性能及用途见表 8–7。

表 8–7　　常用变形铝合金的牌号、力学性能及用途

（摘自 GB/T 3190—2020、GB/T 16475—2023、GB/T 16474—2011）

类别	代号	牌号	半成品种类	状态	力学性能		用途
					R_m/MPa	A/%	
防锈铝合金	LF2	5A02	冷轧板材 热轧板材 挤压板材	0 H112 0	167 ~ 226 117 ~ 157 ≤ 226	16 ~ 18 6 ~ 7 10	在液体中工作的中等强度的焊接件、冷冲压件和容器、骨架零件等
	LF21	3A21	冷轧板材 热轧板材 挤制厚壁管材	0 H112 H112	98 ~ 147 108 ~ 118 ≤ 167	18 ~ 20 12 ~ 15 —	要求高的塑性和良好的焊接性，在液体或气体介质中工作的低载荷零件，如油箱、油管、液体容器、饮料罐等
硬铝合金	LY11	2A11	冷轧板材（包铝） 挤压棒材 拉挤制管材	0 T4 0	226 ~ 235 353 ~ 373 ≤ 245	12 10 ~ 12 10	各种要求中等强度的零件和构件、冲压的连接部件、空气螺旋桨叶片、局部镦粗的零件（如螺栓、铆钉）
	LY12	2A12	冷轧板材（包铝） 挤压棒材 拉挤制管材	T4 T4 0	407 ~ 427 255 ~ 275 ≤ 245	10 ~ 13 8 ~ 12 10	用量最大，用作各种要求高载荷的零件和构件（但不包括冲压件和锻件），如飞机上的骨架零件、蒙皮、翼梁、铆钉等
	LY8	2B11	铆钉线材	T4	J225	—	铆钉材料
超硬铝合金	LC3	7A03	铆钉线材	T6	J284	—	受力结构的铆钉
	LC4 LC9	7A04 7A09	挤压棒材 冷轧板材 热轧板材	T6 0 T6	490 ~ 510 ≤ 240 490	5 ~ 7 10 3 ~ 6	承力构件和高载荷零件，如飞机上的大梁、桁条、加强框、起落架零件等，通常多用以取代 2A12
锻铝合金	LD5	2A50	挤压棒材	T6	353	12	形状复杂、中等强度的锻件和冲压件，内燃机活塞、压气机叶片、叶轮、圆盘以及其他在高温下工作的复杂锻件
	LD7	2A70	挤压棒材	T6	353	8	
	LD8	2A80	挤压棒材	T6	432 ~ 441	8 ~ 10	
	LD10	2A14	热轧板材	T6	432	5	高负荷、形状简单的锻件和模锻件

注：状态符号采用 GB/T 16475—2023 规定代号：0——退火，T4——淬火 + 自然时效，T6——淬火 + 人工时效，H112——热加工。

2. 铸造铝合金

（1）铸造铝合金代号　按国家标准（GB/T 1173—2013）规定，铸造铝合金代号是由表示铸铝的汉语拼音字母 ZL 及其后面的三个阿拉伯数字组成。ZL 后面的第一位数字表示合金的系列（1 为 Al–Si 系，2 为 Al–Cu 系，3 为 Al–Mg 系，4 为 Al–Zn 系），后两位为合金的顺序号，如 ZL102、ZL203、ZL302、ZL401；优质合金在其代号后附加字母 A。

（2）铸造铝合金牌号　按国家标准 GB/T 8063—2017 规定，铸造铝合金牌号由“铸”的汉语拼音首字母“Z”、铝的化学元素符号 Al、主要合金元素的化学符号（其中混合稀土元素符号统一用 RE 表示）以及表示主要合金元素名义百分含量的数字组成。当添加合金元素多于两个时，合金牌号中应列出足以表明合金主要特性的元素符号及其名义百分含量的数字。添加合金元素符号按其名义百分含量递减的次序排列。如：

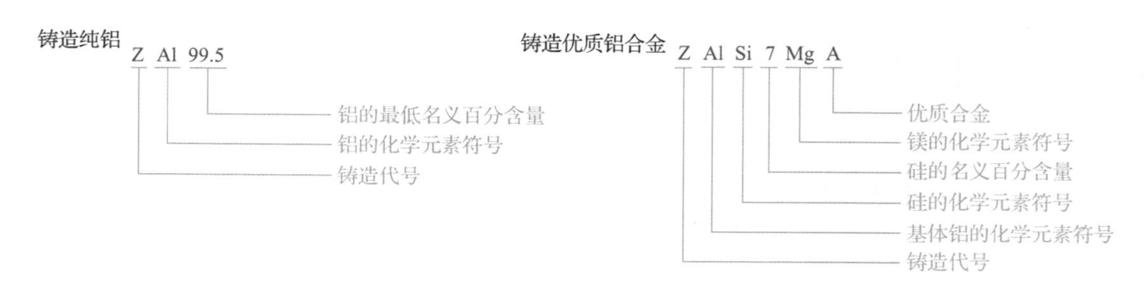

（3）压铸铝合金的牌号　压铸铝合金的牌号是用汉语拼音字母字首 YZ+ 基本元素（铝元素）符号 + 主要添加合金元素符号 + 主要添加合金元素的百分含量表示。例如，YZAlSi12 表示 Si 含量为 12%、余量为铝的压铸铝合金，其代号为 YL102。

常用铸造铝合金的牌号、化学成分、力学性能及用途见表 8–8。

表 8–8　常用铸造铝合金的牌号、化学成分、力学性能及用途（摘自 GB/T 1173—2013）

合金代号	合金牌号	化学成分 /%				铸造方法与合金状态	力学性能（不低于）			用途
		Si	Cu	Mg	其他		R_m/MPa	A/%	HBW	
ZL101	ZAlSi7Mg	6.5 ~ 7.5		0.25 ~ 0.45		J、T5 S、T5	202 192	2 2	60 60	工作温度低于 185 ℃的飞机、仪器零件，如汽化器
ZL102	ZAlSi12	10.0 ~ 13.0				J、SB JB、SB T2	153 143 133	2 4 4	50 50 50	工作温度低于 200 ℃，承受低载，要求好的气密性的零件，如仪表、抽水机壳体

续表

合金代号	合金牌号	化学成分 /%				铸造方法与合金状态	力学性能（不低于）			用途
		Si	Cu	Mg	其他		R_m/MPa	A/%	HBW	
ZL105	ZAlSi5Cu1Mg	4.5 ~ 5.5	1.0 ~ 1.5	0.4 ~ 0.6		J、T5 S、T5 S、T6	231 212 222	0.5 1.0 0.5	70 70 70	形状复杂、在 225 ℃以下工作的零件，如风冷发动机的气缸头、油泵体、机壳
ZL108	ZAlSi12Cu2Mg1	11.0 ~ 13.0	1.0 ~ 2.0	0.4 ~ 1.0	0.3 ~ 0.9 Mn	J、T1 J、T6	192 251	— —	85 90	有高温、高强度及低膨胀系数要求的零件，如高速内燃机活塞等耐热零件
ZL201	ZAlCu5Mn		4.5 ~ 5.3		0.6 ~ 1.0 Mn 0.15 ~ 0.35 Ti	S、T4 S、T5	290 330	8 4	70 90	在 175 ~ 300 ℃温度下工作的零件，如内燃机气缸、活塞、支臂
ZL202	ZAlCu10		9.0 ~ 11.0			S、J S、J、T6	104 163	— —	50 100	形状简单、要求表面光滑的中等承载零件
ZL301	ZAlMg10			9.0 ~ 11.5		J、S、T4	280	9	60	在大气或海水中工作，工作温度低于 150 ℃，承受大振动载荷的零件
ZL401	ZAlZn11Si7	6.0 ~ 8.0		0.1 ~ 0.3	9.0 ~ 13.0 Zn	J、T1 S、T1	241 192	1.5 2	90 80	工作温度低于 200 ℃，形状复杂的汽车、飞机零件

注：铸造方法与合金状态的符号：J——金属型铸造，S——砂型铸造，SB——变质处理，T1——人工时效（不进行淬火），T2——290 ℃退火，T4——淬火 + 自然时效，T5——淬火 + 不完全时效（时效温度低或时间短），T6——淬火 + 人工时效（180 ℃以下，时间较长）。

关于铝合金的分类

铝合金一般均具有下图所示的相图。从相图中可以看出，若铝合金中溶质B含量低于最大溶解度 D 点，则在加热时形成单相 α 固溶体，这类铝合金的塑性好，适于压力加工，故被称为变形铝合金。

变形铝合金中溶质B含量小于 F 点成分的合金，冷却时其组织不随温度变化，故不能用热处理强化，称为热处理不能强化的铝合金；而溶质B含量在 $F \sim D$ 点的铝合金，其 α 固溶体中溶质的含量将随温度而变化，这类铝合金可以通过热处理强化其性能，称为热处理能强化的铝合金。

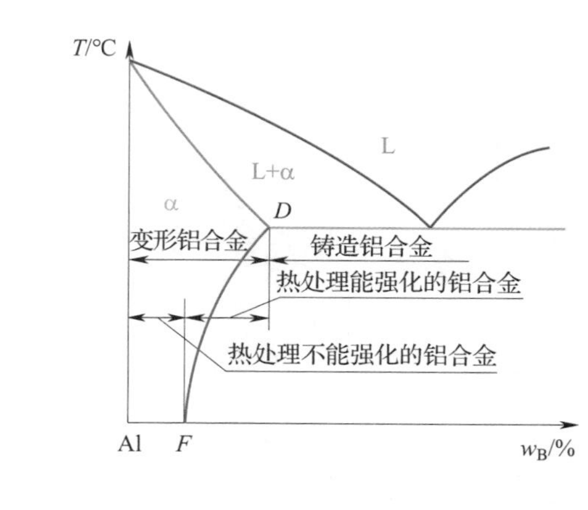

溶质B含量位于 D 点右边的铝合金，结晶时有共晶组织存在，这类合金的凝固温度低，塑性差，但充型时流动性好，适于铸造，故被称为铸造铝合金。铸造铝合金用于铸造成形零件的毛坯。

3. 铝合金的强化

在铝合金的相图中，将B溶质含量在 $D \sim F$ 的变形铝合金加热到 α 相区，经保温后迅速水冷（这种淬火称为固溶处理），在室温下得到过饱和的 α 固溶体。这种组织是不稳定的，在室温下放置或低温加热时，有分解出强化相过渡到稳定状态的倾向，而使强度和硬度明显提高，实现时效。例如，含铜4%并有少量镁、锰元素的铝合金，经固溶处理后获得过饱和的 α 固溶体，经时效后，其强度从处理前的180～200 MPa提高到400 MPa。图8-8所示为其自然时效曲线。

由图可知，自然时效在最初一段时间（2 h）内，铝合金的强度变化不大，这段时间称为孕育期。在这段时间内，合金的塑性较好，可进行冷加工（如铆接、弯形等），随时间的延长，铝合金才逐渐强化。

对于铸造铝合金，其合金元素的含量要比变形铝合金高些，其中绝大多数可以通过热处理进行强化。另外，铸造铝合金还可以通过变质处理（细化晶粒）以及采用金属模铸造提高冷却速度等方法来进行力学性能的强化。

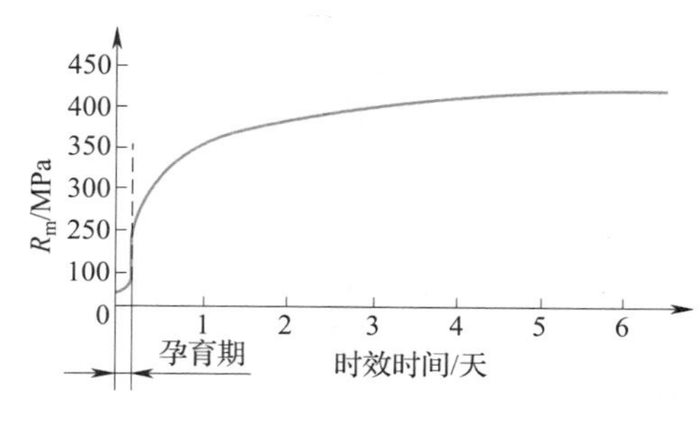

图8-8　含铜4%的铝合金的自然时效曲线

§8-3 钛与钛合金

钛是一种新金属，由于它具有一系列的优异特性，被广泛用于航空、航天、化工、石油、冶金、轻工、电力、海水淡化、舰艇和日常生活器具等领域，被誉为“现代金属”。图 8-9 所示为钛及其合金的应用。

图 8-9　钛及其合金的应用

一、纯钛（Ti）

纯钛是一种银白色并具有同素异构转变现象的金属。钛在 882 ℃以下为密排六方晶格，称为 α 型钛（α-Ti）；在 882 ℃以上为体心立方晶格，称为 β 型钛（β-Ti）。纯钛的密度小（4.508 g/cm^3），熔点高（1 677 ℃），热膨胀系数小，塑性好，容易加工成形，可制成细丝、薄片，在 550 ℃以下有很好的耐腐蚀性，不易氧化，在海水和蒸汽中的耐腐蚀能力比铝合金、不锈钢和镍合金还好。

工业纯钛的牌号用“TA+ 顺序号”表示，如 TA3 表示 3 号工业纯钛，顺序号越大，杂质含量越多。工业纯钛的牌号、力学性能及用途见表 8-9。

表 8-9　　工业纯钛的牌号、力学性能及用途

（摘自 GB/T 3620.1—2016、GB/T 3621—2022、GB/T 2965—2023）

牌号	材料状态	力学性能（退火状态）			用途
		R_m/MPa	A/%	HBW	
TA1	板材	370 ~ 530	25 ~ 40	—	航空、航天：飞机、火箭的骨架，发动机的部件 化工：热交换器、泵体、搅拌器 造船：耐海水腐蚀的管道、阀门、泵、发动机的活塞和连杆 医疗：人造骨骼、植入人体的固定螺钉 机械：在低于 350 ℃条件下工作且受力较小的零件
	棒材	240	24	80	
TA2	板材	440 ~ 620	18 ~ 35	—	
	棒材	400	20	75	
TA3	板材	540 ~ 720	16 ~ 30	—	
	棒材	500	18	50	

二、钛合金

目前世界上已研制出的钛合金有数百种，最著名的钛合金有 20 ~ 30 种，常用的钛合金可以分为 α 型、β 型、α－β 型三类。钛合金牌号的命名用“T+ 合金类型 + 顺序号”表示。“T”表示钛合金；合金的类型分别用大写字母 A、B 和 C 表示，A 表示 α 型钛合金，B 表示 β 型钛合金，C 表示 α－β 型钛合金；顺序号是阿拉伯数字，按注册的先后自然顺序排序。例如，TA6 表示 6 号 α 型钛合金，TB2 表示 2 号 β 型钛合金，TC4 表示 4 号 α－β 型钛合金。

1. α 型钛合金

它的主要合金元素有 Al 和 Sn。由于此类合金的 α 型钛向 β 型钛转变温度较高，因而在室温或较高温度下均为单相 α 固溶体组织，不能进行热处理强化。常温下，它的硬度低于其他钛合金，但高温（500 ~ 600 ℃）条件下其强度最高。α 型钛合金组织稳定，焊接性能良好。常用 α 型钛合金的牌号、力学性能及用途见表 8–10。

表 8–10　常用 α 型钛合金的牌号、力学性能及用途

（摘自 GB/T 3620.1—2016、GB/T 2965—2023）

牌号	力学性能（退火状态）		用　　途
	R_m/MPa	A/%	
TA5	685	15	与纯钛 TA1、TA2 等用途相似
TA6	685	10	飞机骨架，气压泵壳体、叶片，温度小于 400 ℃环境下工作的焊接零件
TA7	785	10	温度小于 500 ℃环境下长期工作的零件和各种模锻件

注：A 值指棒材最小直径或截面厚度在 7 ~ 230 mm 的状态下。

2. β 型钛合金

β 型钛合金中主要加入铜、铬、铝、钒和铁等促使 β 相稳定的元素，它们在正火或淬火时容易将高温 β 相保留到室温组织，得到较稳定的 β 相组织。这类合金具有良好的塑性，在 540 ℃以下具有较高的强度，但其生产工艺复杂，合金密度大，故在生产中用途不广。

3. α－β 型钛合金

这类合金除含有铬、钼、钒等 β 相稳定元素外，还含有锡、铝等 α 相稳定元素。在冷却到一定温度时发生 β → α 相转变，室温下为 α－β 两相组织。

α－β 型钛合金的强度、耐热性和塑性都比较好，并可以热处理强化，应用范围较广。应用最广的是 TC4（钛铝钒合金），它具有较高的强度和良好的塑性，在 400 ℃时组织稳定，强度较高，抗海水腐蚀能力强。

α－β 型钛合金的牌号、力学性能及用途见表 8–11。

表 8–11　α－β 型钛合金的牌号、力学性能及用途

（摘自 GB/T 3620.1—2016、GB/T 2965—2023）

牌号	力学性能（退火状态）		用途
	R_m/MPa	A/%	
TC1	585	15	低于 400 ℃环境下工作的冲压件和焊接零件
TC2	685	12	低于 500 ℃环境下工作的焊接零件和模锻件

续表

牌号	力学性能（退火状态）		用途
	R_m/MPa	A/%	
TC4	895	10	低于 400 ℃环境下长期工作的零件，如各种锻件、容器、泵、坦克履带、舰船耐压壳体等
TC6	980	10	低于 350 ℃环境下工作的各种零件
TC10	1 030	12	低于 450 ℃环境下长期工作的零件

钛的三大功能

功能材料是以物理性能为主的工程材料，即在电、磁、声、光、热等方面具有特殊性质，或在其作用下表现出特殊功能的材料。通过对钛和钛合金的研究发现，其有三种特殊功能具有应用前途。

1．记忆功能

钛－镍合金在一定环境温度下具有单向、双向和全方位的记忆效应，被公认为最佳记忆合金，应用广泛。例如，在工程上作管接头，用于战斗机的油压系统，在宇航飞行器上用直径 0.5 mm 丝做成直径 500 mm 抛物网状天线，在医学工程上用于鼾症治疗等。

2．超导功能

钛－铌合金在温度低于临界温度时，呈现零电阻的超导功能。

3．储氢功能

钛－铁合金具有吸氢的特性，把大量的氢安全地储存起来，在一定的环境中又把氢释放出来。这在氢气分离、氢气净化、氢气储存及运输、制造以氢为能源的热泵和蓄电池等方面很有应用前途。

§8-4　滑动轴承合金

滑动轴承是支承轴颈和其他转动或摆动零件的支承件，一般由轴承体和轴瓦构成。由于滑动轴承具有承压面积大、工作平稳、无噪声、维修更换方便等优点，因此常用于重载、高速的场合，如汽车发动机轴承、磨床轴承、连杆轴承等。

一、性能要求与组织特征

滑动轴承的轴瓦直接与轴接触，当轴旋转时，二者不可避免地会产生相互摩擦和磨损，因此滑动轴承应具有以下性能：

1．足够的强度和硬度，以承受轴颈较大的压力。

2．足够的塑性和韧性，较高的抗疲劳强度，以承受轴颈周期性载荷，并抵抗冲击和振动。

3．高的耐磨性和小的摩擦系数，并能储存润滑油。

4．良好的磨合性，使其与轴能较快地紧密配合。

5．良好的耐腐蚀性和耐热性，较小的膨胀系数，防止因摩擦升温而发生咬合。

为满足上述性能要求，滑动轴承合金应具备软硬兼备的理想组织：软基体和均匀分布的硬质点，或是硬基体上分布着软质点。轴承在工作时，软的组织首先被磨损下凹，可储存润滑油，形成连续分布的油膜，硬的组织则起着支承轴颈的作用，如图 8–10 所示。这样，轴承与轴颈的实际接触面积大大减少，使轴承的摩擦减少。

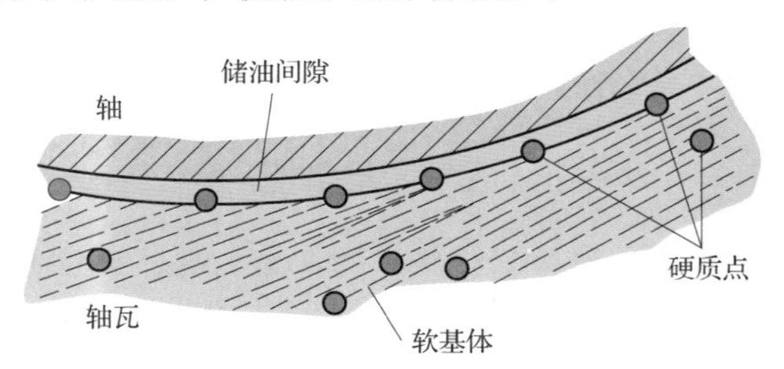

图 8–10　滑动轴承合金的理想组织示意图

二、滑动轴承合金的牌号表示方法

滑动轴承合金的牌号由其基体金属元素及主要合金元素的化学符号组成。主要合金元素后面跟有表示其名义百分含量的数字。如果合金元素名义百分含量不小于 1，该数字用整数表示。如果合金元素名义百分含量小于 1，一般不标数字。在合金牌号前面冠以“铸”字汉语拼音第一个字母 Z 表示属于铸造合金。Z+ 基体金属元素 + 主加元素符号 + 主加元素含量 + 其他加入元素符号及含量。如：

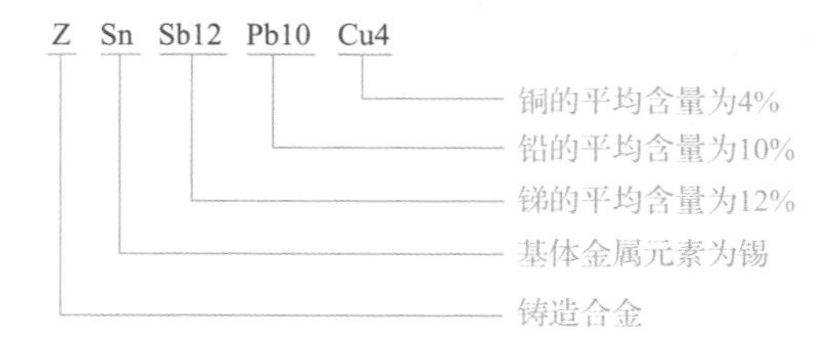

三、滑动轴承合金的分类

常用的滑动轴承合金有锡基轴承合金、铅基轴承合金、铜基轴承合金、铝基轴承合金等，锡基与铅基轴承合金又称巴氏合金。滑动轴承合金的分类、典型牌号、性能及用途见表 8–12。

表 8–12　　滑动轴承合金的分类、典型牌号、性能及用途

分类		典型牌号	性能及用途
巴氏合金	锡基轴承合金	ZSnSb12Pb10Cu4 ZSnSb8Cu4 ZSnSb11Cu6 ZSnSb4Cu4	以锡为基体元素，加入锑、铜等元素组成的合金。这种合金摩擦系数小，塑性和导热性好，是优良的减摩材料，常用作重要的轴承，如汽轮机、发动机、压气机等巨型机器的高速轴承

续表

分类		典型牌号	性能及用途
巴氏合金	铅基轴承合金	ZPbSb16Sn16Cu2 ZPbSb15Sn10 ZPbSb15Sn5 ZPbSb10Sn6	以铅－锑为基的合金。铅基轴承合金的强度、塑性、韧性及导热性、耐腐蚀性均较锡基轴承合金低，且摩擦系数较大；但价格较便宜。因此，铅基轴承合金常用来制造承受中、低载荷的中速轴承，如汽车、拖拉机的曲轴、连杆轴承及电动机轴承
铜基轴承合金	锡青铜	ZCuSn10Pl ZCuSn5Pb5Zn5	合金的组织中存在较多的分散缩孔，有利于储存润滑油。这种合金能承受较大的载荷，广泛用于中等速度及承受较大的固定载荷的轴承，如电动机、泵、金属切削机床轴承
	铅青铜	ZCuPb30	该合金具有高的疲劳强度和承载能力，同时还有高的导热性（约为锡基轴承合金的 6 倍）和低的摩擦系数，并可在较高温度（如 250 ℃）下工作。铅青铜适宜制造高速、高压下工作的轴承，如航空发动机、高速柴油机及其他高速机器的主轴承
铝基轴承合金		ZAlSn6Cu1Ni1	具有原料丰富、价格低廉、导热性好、疲劳强度高和耐腐蚀性好等优点。而且能轧制成双金属，广泛应用于高速、重载下的汽车、拖拉机及柴油机的滑动轴承

四、常用滑动轴承合金

常用滑动轴承合金的牌号、化学成分及应用举例见表 8-13。

表 8-13　常用滑动轴承合金的牌号、化学成分及应用举例（摘自 GB/T 1174—2022）

类别	牌号	主要化学成分 /%				杂质（≤）	硬度 HBW	应用举例
		Sb	Cu	Pb	Sn			
锡基轴承合金	ZSnSb12Pb10Cu4	11.0 ~ 13.0	2.5 ~ 5.0	9.0 ~ 11.0	余量	0.50	≥ 29	一般发动机的主轴承，但不适于高温工作
	ZSnSb11Cu6	10.0 ~ 12.0	5.5 ~ 6.5	—	余量	0.50	≥ 27	1 500 kW 以上蒸汽机、370 kW 涡轮压缩机、涡轮泵及高速内燃机轴承
	ZSnSb8Cu4	7.0 ~ 8.0	3.0 ~ 4.0	—	余量	0.50	≥ 24	一般大机器轴承及高载荷汽车发动机的双金属轴承
	ZSnSb4Cu4	4.0 ~ 5.0	4.0 ~ 5.0	—	余量	0.50	≥ 20	涡轮内燃机的高速轴承及轴承衬
铅基轴承合金	ZPbSb16Sn16Cu2	15.0 ~ 17.0	1.5 ~ 2.5	余量	15.0 ~ 17.0	0.6	≥ 30	110 ~ 880 kW 蒸汽涡轮机、150 ~ 750 kW 电动机和小于 1 500 kW 起重机及重载荷推力轴承

续表

类别	牌号	主要化学成分 /%				杂质（≤）	硬度 HBW	应用举例
		Sb	Cu	Pb	Sn			
铅基轴承合金	ZPbSb15Sn5Cu3Cd2	14.0 ~ 16.0	2.5 ~ 3.0	Cd1.75 ~ 2.25 As0.6 ~ 1.0 余量 Pb	5.0 ~ 6.0	0.4	≥ 32	船舶机械、小于 250 kW 电动机、抽水机轴承
	ZPbSb15Sn10	14.0 ~ 16.0	—	余量	9.0 ~ 11.0	0.45	≥ 24	中等压力的机械，也适用于高温轴承
	ZPbSb15Sn5	14.0 ~ 15.5	0.5 ~ 1.0	余量	4.0 ~ 5.5	0.75	≥ 20	低速、轻压力机械轴承
	ZPbSb10Sn6	9.0 ~ 11.0	—	余量	5.0 ~ 7.0	0.70	≥ 18	重载荷、耐腐蚀、耐磨轴承

五、滑动轴承合金的性能比较

各种滑动轴承合金的性能比较见表 8–14。

表 8–14　　各种滑动轴承合金的性能比较

合金种类	抗咬合性	磨合性	耐腐蚀性	耐疲劳性	合金硬度 HBW	轴颈硬度 HBW	最大允许压力 / MPa	最高使用温度 / ℃
锡基轴承合金	优	优	优	劣	20 ~ 30	150	600 ~ 1 000	150
铅基轴承合金	优	优	中	劣	15 ~ 30	150	600 ~ 800	150
锡青铜	中	劣	优	优	50 ~ 100	300 ~ 400	700 ~ 2 000	200
铅青铜	中	差	差	良	40 ~ 80	300	200 ~ 3 200	220 ~ 250
铝基轴承合金	劣	中	优	良	45 ~ 50	300	200 ~ 2 800	100 ~ 150

§8–5　硬质合金

硬质合金是将一种或多种难熔金属硬碳化物和黏结剂金属，通过粉末冶金工艺生产的一类合金材料。即将高硬度、难熔的碳化钨（WC）、碳化钛（TiC）、碳化钽（TaC）等和钴（Co）、镍（Ni）等黏结剂金属，经制粉、配料（按一定比例混合）、压制成形，再通过高温烧结制成。硬质合金在刀具、量具、模具的制造中得到了广泛应用。

一、硬质合金的性能特点

1. 硬质合金硬度高、红硬性高、耐磨性好，在室温下的硬度可达 86 ~ 93HRA，在 900 ~ 1 000 ℃温度下仍然有较高的硬度，故硬质合金刀具的切削速度、耐磨性及使用寿命均比高速钢显著提高。

2. 抗压强度比高速钢高，但抗弯强度只有高速钢的 1/3 ~ 1/2，韧性差，约为淬火钢的 30% ~ 50%。

二、切削工具用硬质合金

硬质合金按用途不同，可分为切削工具用硬质合金，地质、矿山工具用硬质合金，耐磨零件用硬质合金。本节主要介绍切削工具用硬质合金。

根据 GB/T 18376.1—2008《硬质合金牌号　第 1 部分：切削工具用硬质合金牌号》规定，切削工具用硬质合金牌号按使用领域的不同，可分为 P、M、K、N、S、H 六类，见表 8–15。各个类别为满足不同的使用要求，以及根据切削工具用硬质合金材料的耐磨性和韧性的不同，可分成若干个组，并用 01、10、20 等两位数字表示组号。必要时，可在两个组号之间插入一个补充组号，用 05、15、25 等表示。

表 8–15　　切削工具用硬质合金的分类和使用领域

类别	使用领域
P	长切屑材料的加工，如钢、铸钢、长切屑可锻铸铁等的加工
M	通用合金，用于不锈钢、铸钢、锰钢、可锻铸铁、合金钢、合金铸铁等的加工
K	短切屑材料的加工，如铸铁、冷硬铸铁、短切屑可锻铸铁、灰铸铁等的加工
N	非铁金属、非金属材料的加工，如铝、镁、塑料、木材等的加工
S	耐热和优质合金材料的加工，如耐热钢，含镍、钴、钛的各类合金材料的加工
H	硬切削材料的加工，如淬硬钢、冷硬铸铁等材料的加工

机械切削工具用硬质合金按成分与性能特点不同，常用的有钨钴类硬质合金、钨钴钛类硬质合金和钨钛钽（铌）类硬质合金三大类，根据 GB/T 18376.1—2008 标准规定，分别用英文字母 K、P、M 表示。

1. 钨钴类硬质合金（K 类硬质合金）

它的主要成分为碳化钨及钴。其牌号用“硬”“钴”二字的汉语拼音字母字头 YG 加数字表示，数字表示含钴量的百分数。例如，YG8 表示钨钴类硬质合金，含钴量为 8%。

2. 钨钴钛类硬质合金（P 类硬质合金）

它的主要成分为碳化钨、碳化钛及钴。其牌号用“硬”“钛”二字的汉语拼音字母字头 YT 加数字表示，数字表示含碳化钛的百分数。例如，YT5 表示钨钴钛类硬质合金，含碳化钛为 5%。

硬质合金中，碳化物含量越多，钴含量越少，则合金的硬度越高，热硬性及耐磨性越好，强度和韧性越低。含钴量相同时，由于碳化钛的加入，P 类硬质合金具有较高的硬度及耐磨性，同时合金表面会形成一层氧化薄膜，切削不易粘刀，具有较好的热硬性；但其强度和韧性比 K 类硬质合金低。因此，K 类硬质合金刀具适合加工脆性材料（如铸铁、青铜等），而 P 类硬质合金刀具适合加工塑性材料（如钢等）。

3. 钨钛钽（铌）类硬质合金（M 类硬质合金）

它是以碳化钽或碳化铌取代 P 类硬质合金中的一部分碳化钛制成的。由于加入碳化钽（碳化铌）显著提高了合金的热硬性，常用来加工不锈钢、耐热钢、高锰钢等难加工的材料，所以也称其为通用硬质合金或万能硬质合金。万能硬质合金牌号用“硬”“万”二字的汉语拼音字母字头 YW 加顺序号表示，如 YW1、YW2 等。

上述硬质合金的硬度高、脆性大，除磨削外，不能进行切削加工，一般不能制成形状复杂的整体刀具，故一般将硬质合金制成一定规格的刀片，使用前将其紧固在刀体或模具上，如图 8–11 所示。

图 8–11　硬质合金刀片及刀具

常用硬质合金的牌号、化学成分、力学性能及用途见表 8–16。

近年来，又开发了一种钢结硬质合金，它与上述硬质合金的不同点在于其黏结剂为合金粉末（不锈钢或高速钢），从而使其与钢一样可以进行锻造、切削、热处理及焊接，可以制成各种形状复杂的刀具、模具及耐磨零件等。例如，高速钢结硬质合金可以制成整体的铣刀、钻头、滚刀等刀具，如图 8–12 所示。

表 8–16　常用硬质合金的牌号、化学成分、力学性能及用途

类别	牌号	ISO 分组代号	化学成分 /%				力学性能（不低于）		用途
			WC	TiC	TaC	Co	HRA	抗弯强度 /MPa	
钨钴类硬质合金	YG3X	K01	96.5	—	<0.5	3	92	1 000	适于加工铸铁、有色金属及非金属材料的刀具，钢、有色金属棒料与管材的拉伸模，冲击钻钻头，机器及工件的易磨损零件
	YG6	K20	94.0	—	—	6	89.5	1 450	
	YG6X	K10	93.5	—	<0.5	6	91	1 400	
	YG8	K20 ~ K30	92.0	—	—	8	89	1 500	
	YG8C	K30	92.0	—	—	8	88	1 750	
	YG11C	K40	89.0	—	—	11	88.5	2 100	
	YG15	K40	85.0	—	—	15	87	2 200	
	YG20C	—	80.0	—	—	20	83	1 400	
	YG6A	K10	91.0	—	3	6	91.5	1 500	
	YG8A	K20	91.0	—	<1	8	89.5	1 400	

续表

类别	牌号	ISO 分组代号	化学成分 /%				力学性能（不低于）		用途
			WC	TiC	TaC	Co	HRA	抗弯强度 /MPa	
钨钴钛类硬质合金	YT5 YT15 YT30	P30 P10 —	85.0 79.0 66.0	5 15 30	— — —	10 6 4	88.5 91 92.5	1 400 1 130 880	适于非合金钢、合金钢的连续切削加工
通用硬质合金	YW1 YW2	M10 M20	84.0 82.0	6 6	4 4	6 8	92 91.5	1 230 1 470	适于高锰钢、不锈钢、耐热钢、普通合金钢及铸铁的加工

注：牌号中 X 代表该晶粒是细颗粒，C 代表该晶粒是粗颗粒，不标字母的为一般颗粒合金；A 代表在原合金基础上，还含有少量 TaC 或 NbC 的合金。

图 8-12　高速钢结硬质合金滚刀

§8-6　常用有色金属与硬质合金的性能（试验）

一、试验目的

1. 了解常用有色金属与硬质合金的成分、牌号和应用。
2. 增强对常用有色金属与硬质合金的感性认识。
3. 加深对常用有色金属与硬质合金性能的了解。

二、试验器材

1. 洛氏硬度计、台虎钳、砂轮机、锉刀、锤子、錾子等。
2. 铜合金、铝合金、钛合金、硬质合金试样（也可用旧工件代替）。

三、试验步骤

1. 根据金属光泽来区分常用有色金属及硬质合金。

2. 将试样分别夹在台虎钳上，用锉刀、錾子切削试样，通过切削时的用力、切削纹的深浅、切屑的粗细来比较它们的硬度。

3. 用洛氏硬度计测各试样的硬度。

4. 用锤子将试样在台虎钳上弯折、延展，比较它们的强度、韧性和延展性。

四、注意事项

1. 用锉刀锉削试样时，应将锉刀放平稳，用力要均衡，在每个试样上所加的压力要基本相同。

2. 试样不得有油污，否则锉刀会打滑，影响试验结果。

3. 用洛氏硬度计测试样的硬度，要根据试样的材料合理地选择洛氏硬度计标尺（铜合金、铝合金选择 B 标尺，钛合金、硬质合金选择 A 标尺）。

4. 用锤子在台虎钳上弯折、延展试样时，要注意将试样夹紧，防止其滑脱。

5. 试验要在教师的指导下进行。

五、试验报告

1. 简述常用有色金属与硬质合金的牌号、成分和应用。

2. 通过试验完成表 8–17。

表 8–17　　试验记录

方法	操作示例	试验			
		铜合金	铝合金	钛合金	硬质合金
锉	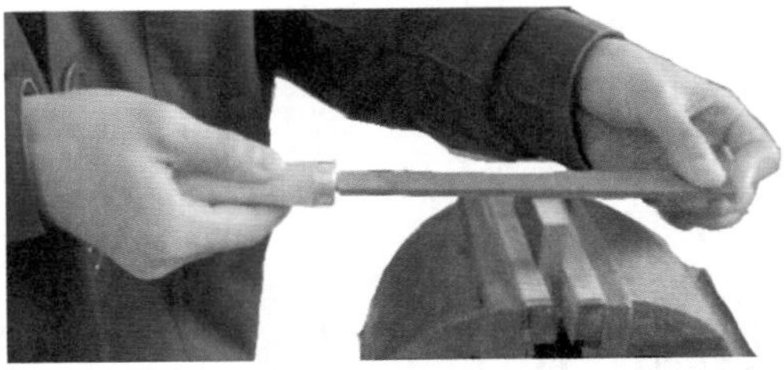				
磕	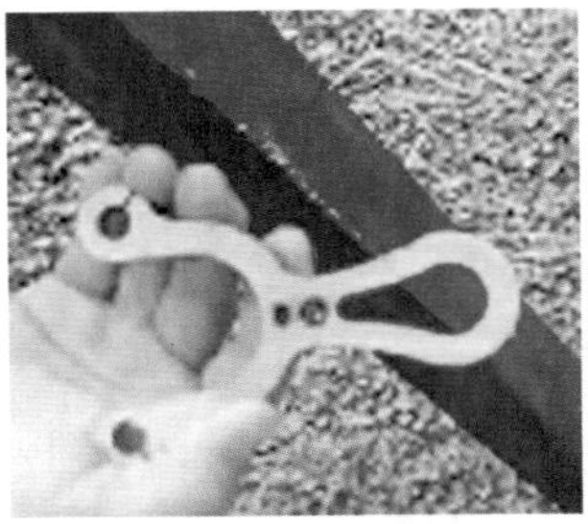				

续表

方法	操作示例	试验			
		铜合金	铝合金	钛合金	硬质合金
磨					
錾					
折					
硬度测验	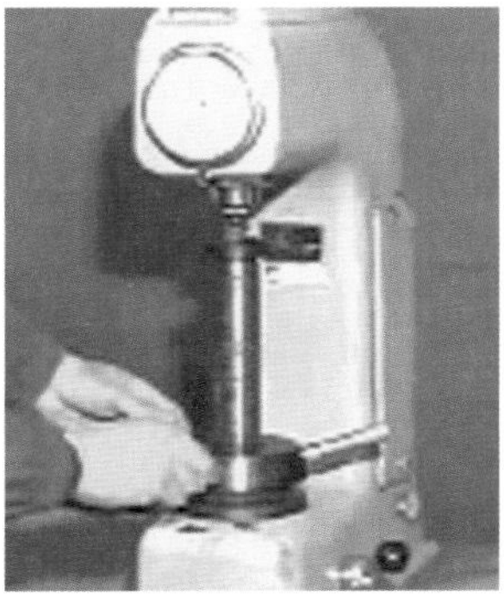				

1．纯铜的性能有何特点？纯铜的牌号如何表示？

2．铜合金有哪几类？它们是根据什么来区分的？

3．锌的含量对黄铜的性能有何影响？

4．青铜按生产方式分有哪两类？它们的牌号如何表示？

5．含锡量对锡青铜的性能有何影响？

6．铜及其合金有哪些主要用途？试举例说明。

7．铝及其合金是如何分类的？

8．纯铝有何性能特点？牌号如何表示？

9．变形铝合金的代号是如何规定的？

10．什么样的铝合金可进行热处理强化？

11．铸造铝合金分为哪几种？牌号如何表示？

12．举例说明铝及其合金的主要用途。

13．钛及其合金有哪些特殊性能特点？有哪些主要用途？

14．钛合金是如何分类的？牌号如何表示？哪种钛合金用途最为广泛？

15．什么是硬质合金？它可分为哪几类？通常怎样选用？

*第九章 国外金属材料牌号及新型工程材料简介

§9-1 国外常用金属材料的牌号

1. 了解一些主要工业国家的标准名称。
2. 了解 ISO 标准钢铁材料牌号命名方法。
3. 了解新型工程材料的发展。
4. 能通过查阅相关资料进行中外材料的对照。

课堂讨论

中国正在由制造大国向制造强国转变，与世界接轨是中国制造发展的必然，你对世界上一些主要工业国家的标准代号了解吗？ISO 是什么意思？你对新型工程材料的发展有所了解吗？

一、国外金属材料牌号标准概述

国际上通用的金属材料牌号标准是由国际标准化组织（ISO）制定的。1989 年国际标准化组织颁布了“以字母符号为基础的牌号表示方法”的技术文件，它是针对目前各国金属材料牌号标准差异较大而发出的建立统一的国际钢铁牌号系统的建议。

近年来，中国的制造业蓬勃发展，为了更好地与世界接轨，我国制定的材料牌号标准也在向 ISO 标准靠拢，同时也保留了自己的一些特色。

表 9-1 所示为常见铝与铝合金中外牌号对照表，从中可以看出中外牌号的一些特点。我国常用钢铁牌号与其他一些主要工业国家钢铁牌号的对照情况，可查阅附录Ⅳ。

表 9-1　　常见铝与铝合金中外牌号对照表

类别	中国 GB	美国 ASTM	英国 BS	日本 JIS	法国 NF	德国 DIN	俄罗斯 ΓOCT
纯铝	1A99	1199	S1	1N99	—	Al99.98R	AB000
	1A85	1080	1A	A1080	—	Al99.8	AB2
防锈铝	5A02	5052	N4	A5052	5052	AlMg2.5	AMΓ2
	5A03	5154	N5	A5154	—	AlMg3	AMΓ3
硬铝	2A12	2024	—	A2024	2024	AlCuMg2	Д16
锻铝	2A90	2018	—	A2018	—	—	AK2
超硬铝	7A09	7075	L95	A7075	7075	AlZnMgCu1.5	—

二、ISO 标准钢铁材料牌号命名方法

国产常用钢铁材料的牌号与 ISO 标准牌号命名方法的对照见表 9-2。

表 9-2　　国产常用钢铁材料的牌号与 ISO 标准牌号命名方法对照表

中国 GB		ISO		
类别	举例	类别	举例	说明
结构钢	Q235 Q275A	非合金钢	S235/E235 E275A	含义相同，将 Q 换成 HR 或 E，结构用钢标 HR，工程用钢标 E
优质碳素结构钢	10 45	可热处理的非合金钢	C10 C45EX	牌号用字母 C 加平均含碳量（以万分数计）表示，当为优质钢或高级优质钢时，牌号尾部加字母 EX 或 MX
合金结构钢（含弹簧钢）	45Cr	合金结构钢（含弹簧钢）	42Cr4TU	在德国标准（DIN）表示方法基础上，在牌号尾部附加字母 TU 等表示热处理的状态
不锈钢和耐热钢	022Cr18Ni9Ti 20Cr13	不锈钢和耐热钢	X6CrNiTi181011 X20Cr13	用欧洲标准（EN）方法表示，在牌号前加字母 X，随后用数字表示含碳量。1、2、3、5、6、7 分别表示含碳量 ≤ 0.020%、0.030%、0.040%、0.070%、0.080% 和 0.040% ~ 0.080%，后面按合金元素含量排出合金元素符号，最后用组合数字标出合金元素含量
碳素工具钢	T8A	冷作非合金工具钢	C8U	用欧洲标准（EN）方法表示，牌号前缀字母为 C，后缀字母为 U，中间数字表示平均含碳量（以千分数计）
合金工具钢	3Cr2W8V Cr12 Cr12MoV	合金工具钢	30WCrV9 210Cr12 160CrMoV12	牌号表示方法与合金结构钢相同。对于平均含碳量超过 1.00% 的牌号用三位数字表示，当有一种合金元素超过 5% 时，以高合金钢牌号表示

续表

中国 GB		ISO		
类别	举例	类别	举例	说明
高速工具钢	W18Cr4V W6Mo5Cr4V2 W18Cr4VCo5	高速工具钢	HS18-0-1（S1） HS6-5-2（S4）	牌号前缀字母为 HS，后面的数字分别表示钨、钼、钒、钴等元素的含量。仅含钼的高速工具钢为两组数字；一般高速工具钢用三组数字表示；不含钼的高速工具钢，其中一组数字用“0”表示；不含钴的高速工具钢，仍用三组数字表示。尾部加字母 C 的高速工具钢，表示其含碳量高于同类牌号钢的含碳量
滑动轴承钢	GCr15	整体淬火轴承钢	100CrMo7-4	滑动轴承钢分为整体淬火轴承钢（相当于我国高碳铬轴承钢）、表面硬化轴承钢、高频加热淬火轴承钢、不锈轴承钢和高温轴承钢五大类别。整体淬火轴承钢牌号头部均标注三位数字“100”，其后表示方法与合金结构钢相同
铸钢	ZG200-400	铸钢	200-400	含义相同
灰铸铁	HT100	灰铸铁	100 H175	含义相同，若前面有 H，含义为以布氏硬度值表示。如 H175 表示布氏硬度值为 175 MPa 的灰铸铁
可锻铸铁	KTH350-10 KTZ650-02 KTB380-12	可锻铸铁	B35-10 P65-02 W38-12	用一组力学性能值表示可锻铸铁牌号，前缀字母 B、P、W 分别表示黑心可锻铸铁、珠光体可锻铸铁和白心可锻铸铁
球墨铸铁	QT600-3	球墨铸铁	600-3	含义相同

注：由于各国生产的钢铁产品具有很大的互补性，加之国产钢材成分与国外企业生产的钢材成分不可能完全相同，因此表中所列牌号为相近牌号。

ISO 标准中附加字母及含义见表 9-3。

表 9-3　　ISO 标准中附加字母及含义

附加字母	含义	附加字母	含义	附加字母	含义
TU	未经热处理	TAC	经球化退火处理	H	保证淬透性
TQF	经形变热处理	TQ	经淬火处理	TT	经回火处理
TM	经热机械处理	TQW	经水淬处理	TA	经软化退火处理
TSR	经消除应力处理	TQO	经油淬处理	E	用于冷镦（含冷挤压）
THC	经热 / 冷加工处理	TQA	经空气淬火处理	TN	经正火处理或热轧处理
TC	经冷加工处理	TQS	经盐淬火处理	TP	经沉淀硬化处理
TS	经固溶处理	TQB	经等温淬火处理		

在工作中遇到国外进口的金属材料时，若不清楚牌号的含义，可通过相关金属材料牌号的对照手册或网络上的资源进行查询。

§9-2 新型工程材料

一、新型工程材料概述

工程材料是工程建设中所使用的材料，除了金属材料外，还包括高聚物材料、陶瓷材料、复合材料等。而新型工程材料指近年来被研制和应用的具有独特的工艺性能、力学性能及其他特殊性能的材料。

新型工程材料的应用

对于跑车、飞机等产品，为了提高速度、增加机动性能，不但要在不降低强度的前提下减小它们自身的质量，而且用来制造这些产品的材料还要具有强度高、耐腐蚀性好、电绝缘性能好、传热慢、热绝缘性好、耐瞬时超高温等特殊性能。因此，近年来在许多高级跑车和飞机上都广泛采用碳素纤维复合材料、玻璃纤维增强塑料（玻璃钢）、铝锂合金、钛合金和铝合金等新型工程材料。在体育运动装备中，我们也能经常看到新型工程材料的身影。

下面介绍几种应用前景广阔的新型工程材料。

1. 复合材料

复合材料是以一种材料为基体，以另一种材料为增强体组合而成的材料。各种材料在性能上互相取长补短，产生协同效应，因此复合材料的综合性能优于原组成材料而满足各种不同的应用。复合材料的基体材料分为金属和非金属两大类。常用的金属基体主要有铝、镁、铜、钛及其合金，常用的非金属基体主要有合成树脂、橡胶、陶瓷、石墨、碳等。增强体材料主要有玻璃纤维、碳纤维、硼纤维、芳纶纤维、碳化硅纤维、石棉纤维、晶须、金属丝和硬质细粒等。

2. 铝锂合金

铝锂合金是近年来航空金属材料中发展最为迅速的一种。锂是金属中最轻的元素，把金属锂作为合金元素加入铝中，就形成了铝锂合金。加入金属锂后，可以降低合金的密度，增加其刚度，同时仍然可以保持其较高的强度、较好的耐腐蚀性和抗疲劳性以及适宜的延展性。由于这些特性，铝锂合金在航空、航天以及航海等领域中得到了一定的应用。

3. 碳纤维

碳纤维是一种力学性能优异的非金属材料，其密度不到钢的 1/4。碳纤维树脂复合材料抗拉强度是钢的 7 ~ 9 倍，抗拉弹性模量（材料抵抗弹性变形能力的指标）可达 43 000 MPa，远高于钢。碳纤维的比强度（强度与其密度之比）可达 2 000 MPa 以上，而 Q235 钢的比强度仅为 590 MPa 左右。其比模量（弹性模量与其密度之比）也高于钢。材料的比强度越高，则构件自重越小；材料的比模量越高，则构件刚度越大，从这个意义上已预示了碳纤维在工程应用上的广阔前景。

4. 超高分子量聚乙烯纤维

超高分子量聚乙烯纤维的比强度在各种纤维中位居第一，且其抗化学试剂侵蚀性和抗老化性优良。此外，它还具有优良的高频声呐透过性和耐海水腐蚀性，许多国家已用它来制造舰艇的高频声呐导流罩，大大提高了舰艇的探雷、扫雷能力。除应用于军事领域外，它还在汽车、船舶、医疗器械、体育运动器材等制造领域中有着广阔的应用前景。

二、新型工程材料的发展

工程材料是工业生产的物质基础，是衡量一个国家经济实力与技术水平的重要标志。它与信息、能源并列为现代文明的三大支柱，是当今人类社会赖以生存和发展的重要条件。

近年来新型工程材料品种繁多，性能各异，新的产业革命和发展对材料的工艺性能、力学性能及特殊性能的要求越来越高，这促进了一系列新材料的发展。例如：

1. 高强度材料的应用和加工速度的提高，促进一系列陶瓷、氮化物、氧化物等新型刀具材料的发展。

2. 汽车轻量化和节能的要求，促进高强度、高成形性的材料如双相钢、IF 钢、增磷钢等新型钢材料的发展。

3. 飞行速度的提高以及减小飞行物质量所带来的巨额效益，促进高比强度的新材料如铝锂合金、工程塑料、新型复合材料的发展。

4. 智能化、高效率和高精度的加工要求，促进耐磨材料和表面处理工艺的发展。

5. 生物工程、生物医学、仿生设计的发展，促进一系列功能材料及纳米技术的发展。

1．国际上通用的金属材料牌号标准是由哪个组织制定的？该组织的简称是什么？

2．中国国家标准的代号是 GB，美国、英国、法国和日本的国家标准代号各是什么？

3．有三种从日本进口的金属材料（7075、NAK80、S45C），请查一查它们分别属于什么材料。

4．什么是新型工程材料？你知道的新型工程材料有哪些？

5．新型工程材料都有哪些性能特点？

附录

附录 I　压痕直径与布氏硬度对照表

压痕直径 d/mm	HBW D=10 mm F=29.42 kN	压痕直径 d/mm	HBW D=10 mm F=29.42 kN	压痕直径 d/mm	HBW D=10 mm F=29.42 kN
2.40	653	2.96	426	3.52	298
2.42	643	2.98	420	3.54	295
2.44	632	3.00	415	3.56	292
2.46	621	3.02	409	3.58	288
2.48	611	3.04	404	3.60	285
2.50	601	3.06	398	3.62	282
2.52	592	3.08	393	3.64	278
2.54	582	3.10	388	3.66	275
2.56	573	3.12	383	3.68	272
2.58	564	3.14	378	3.70	269
2.60	555	3.16	373	3.72	266
2.62	547	3.18	368	3.74	263
2.64	538	3.20	363	3.76	260
2.66	530	3.22	359	3.78	257
2.68	522	3.24	354	3.80	255
2.70	514	3.26	350	3.82	252
2.72	507	3.28	345	3.84	249
2.74	499	3.30	341	3.86	246
2.76	492	3.32	337	3.88	244
2.78	485	3.34	333	3.90	241
2.80	477	3.36	329	3.92	239
2.82	471	3.38	325	3.94	236
2.84	464	3.40	321	3.96	234
2.86	457	3.42	317	3.98	231
2.88	451	3.44	313	4.00	229
2.90	444	3.46	309	4.02	226
2.92	438	3.48	306	4.04	224
2.94	432	3.50	302	4.06	222

续表

压痕直径 d/mm	HBW D=10 mm F=29.42 kN	压痕直径 d/mm	HBW D=10 mm F=29.42 kN	压痕直径 d/mm	HBW D=10 mm F=29.42 kN
4.08	219	4.74	160	5.40	121
4.10	217	4.76	158	5.42	120
4.12	215	4.78	157	5.44	119
4.14	213	4.80	156	5.46	118
4.16	211	4.82	154	5.48	117
4.18	209	4.84	153	5.50	116
4.20	207	4.86	152	5.52	115
4.22	204	4.88	150	5.54	114
4.24	202	4.90	149	5.56	113
4.26	200	4.92	148	5.58	112
4.28	198	4.94	146	5.60	111
4.30	197	4.96	145	5.62	110
4.32	195	4.98	144	5.64	110
4.34	193	5.00	143	5.66	109
4.36	191	5.02	141	5.68	108
4.38	189	5.04	140	5.70	107
4.40	187	5.06	139	5.72	106
4.42	185	5.08	138	5.74	105
4.44	184	5.10	137	5.76	105
4.46	182	5.12	135	5.78	104
4.48	180	5.14	134	5.80	103
4.50	179	5.16	133	5.82	102
4.52	177	5.18	132	5.84	101
4.54	175	5.20	131	5.86	101
4.56	171	5.22	130	5.88	99.9
4.58	172	5.24	129	5.90	99.2
4.60	170	5.26	128	5.92	98.4
4.62	169	5.28	127	5.94	97.7
4.64	167	5.30	126	5.96	96.9
4.66	166	5.32	125	5.98	96.2
4.68	164	5.34	124	6.00	95.5
4.70	163	5.36	123		
4.72	161	5.38	122		

附录Ⅱ　黑色金属硬度与强度换算表

洛氏硬度		布氏硬度 HB	维氏硬度 HV	近似强度值 R_m/MPa	洛氏硬度		布氏硬度 HB	维氏硬度 HV	近似强度值 R_m/MPa
HRC	HRA				HRC	HRA			
70	(86.6)		(1 037)		43	72.1	401	411	1 389
69	(86.1)		997		42	71.6	391	399	1 347
68	(85.5)		959		41	71.1	380	388	1 307
67	85.0		923		40	70.5	370	377	1 268
66	84.4		889		39	70.0	360	367	1 232
65	83.9		856		38		350	357	1 197
64	83.3		825		37		341	347	1 163
63	82.8		795		36		332	338	1 131
62	82.2		766		35		323	329	1 100
61	81.7		739		34		314	320	1 070
60	81.2		713	2 607	33		306	312	1 042
59	80.6		688	2 496	32		298	304	1 015
58	80.1		664	2 391	31		291	296	989
57	79.5		642	2 293	30		283	289	964
56	79.0		620	2 201	29		276	281	940
55	78.5		599	2 115	28		269	274	917
54	77.9		579	2 034	27		263	268	895
53	77.4		561	1 957	26		257	261	874
52	76.9		543	1 885	25		251	255	854
51	76.3	(501)	525	1 817	24		245	249	835
50	75.8	(488)	509	1 753	23		240	243	816
49	75.3	(474)	493	1 692	22		234	237	799
48	74.7	(461)	478	1 635	21		229	231	782
47	74.2	449	463	1 581	20		225	226	767
46	73.7	436	449	1 529	19		220	221	752
45	73.2	424	436	1 480	18		216	216	737
44	72.6	413	423	1 434	17		211	211	724

附录Ⅲ　常用钢的临界点

钢号	临界点/℃					
	Ac_1	Ac_3（A_{cm}）	Ar_1	Ar_3	*Ms*	*Mf*
15	735	865	685	840	450	
30	732	815	677	796	380	
40	724	790	680	760	340	
45	724	780	682	751	345 ~ 350	
50	725	760	690	720	290 ~ 320	
55	727	774	690	755	290 ~ 320	
65	727	752	696	730	285	
30Mn	734	812	675	796	355 ~ 375	
65Mn	736	765	689	741	270	
20Cr	766	838	702	799	390	
30Cr	740	815	670	—	350 ~ 360	
40Cr	743	782	693	730	325 ~ 330	
20CrMnTi	740	825	650	730	360	
30CrMnTi	765	790	660	740	—	
35CrMo	755	800	695	750	271	
25MnTiB	708	817	610	710	—	
40MnB	730	780	650	700	—	
55Si2Mn	775	840	—	—	—	
60Si2Mn	755	810	700	770	305	
50CrMn	750	775	—	—	250	
50CrVA	752	788	688	746	270	
GCr15	745	900	700	—	240	
GCr15SiMn	770	872	708	—	200	
T7	730	770	700	—	220 ~ 230	
T8	730	—	700	—	220 ~ 230	−70
T10	730	800	700	—	200	−80
9Mn2V	736	765	652	125	—	—
9SiCr	770	870	730	—	170 ~ 180	—
CrWMn	750	940	710	—	200 ~ 210	—
Cr12MoV	810	1 200	760	—	150 ~ 200	−80
5CrMnMo	710	770	680	—	220 ~ 230	—
3Cr2W8V	820	1 100	790	—	240 ~ 380	−100
W18Cr4V	820	1 330	760	—	180 ~ 220	—

注：临界点的范围因奥氏体化温度不同或试验不同而有差异，表中数据为近似值，仅供参考。

附录Ⅳ 各国常用钢铁牌号对照表

1. 结构钢

中国 GB	德国 DIN	英国 BS	法国 NF	西班牙 UNE	日本 JIS	美国 ASTM
15	C15	080M15	C12	F.111	S15C	1015
20	C22	055M15	C20	F.112	S20C	1020
35	C35	080M36	C35	F.113	S35C	1035
45	C45	080M46	C45	F.114	S45C	1045
55	C55	070M55	C54	F.115	S55C	1055
60	C60	060A62	C60	—	S58C	1060
Y15	9SMn28	230M07	S250	F.2111–11SMn28	SUM22	1213
—	9SMnPb28	—	S250Pb	F.2112–11SMnPb28	SUM22L	12L13
—	10SPb20	—	10PbF2	F.2122–10SPb20	—	—
—	35S20	212M36	35MF6	F.210.G	—	1140
Y13	9SMn36	—	S300	F.2113–12SMn35	SUM25	1215
—	9SMnPb36	—	S300Pb	F.2114–12SMnP35	—	12L14
55Si2Mn	5SS19	250A53	55S7	56Si7	—	9255
—	60SiCr7	—	60SC7	60SiCr8	—	9262
15	Ck15	080M15	XC15	F.1511–C16K	S15CK	—
40Mn	40Mn4	150M36	35M5	—	—	1039
25	Ck25	—	XC25	—	S28C	—
35Mn2	36Mn5	150M36	35Mn5	F.1203–36Mn6	SMn438（H）(M)	1335
30Mn	28Mn6	（150M28）	20M5	28Mn6	SCMn1	1330
35Mn	Cf35	080A35	XS38H1TS	—	S35C	1035
45	Ck45	080M46	XC42H1	F.1140–C45K	S45C	1045
55	Ck55	070M55	XC55H1	F.1150–C55K	S55CM	1055
50	Cf53	070M55	XC48H1TS	—	S50C	1050
60Mn	Ck60	070M60	2C60	—	S60CM	1064
—	Ck101	5770–95	C100	—	SUP4	1095
—	X120Mn12	3100–BW10	Z120M12	F.8251–AM–X120Mn12	SCMnH1	A128（A）
Gr15；45Gr	100Cr6	535A99	100C6	F.130–100Cr6	SUJ2	52100
—	15Mo3	3059–243	15D3	F.2601–16Mo3	STFA12	A204Gr.A
—	16Mo5	—	—	F.2602–16Mo5	SB450M	4419
—	14Ni6	—	16N6	F.2641–15Ni6	—	A203（A）(B)
—	X8Ni9	3603–509LT	9Ni490	F.2645–X8Ni09	SL9N520	A353
—	12Ni19	—	Z10N05	—	—	2517

续表

中国 GB	德国 DIN	英国 BS	法国 NF	西班牙 UNE	日本 JIS	美国 ASTM
—	36NiCr6	640A35	35NC6	—	SNC236	3135
—	14NiCr10	—	14NC11	F.1540-15NiCr11	SNC415（H）	3415
—	14NiCr14	655M13	14NC12	F.1540-15NiCr13	SNC815（H）	3312
—	36CrNiMo4	817M37	36CrNiMo4	F.1280-35CrNiMo4	—	9840
—	21NiCrMo2	805M20	22NCD2	F.1534-20NiCrMo31	SNCM220（H）（M）	8617
—	40NiCrMo2-2	3111-Type7	—	F.1204-40NiCrMo2	SNCM240	8740
40CrNiMoA	34CrNiMo6	817M40	35NCD6	F.1272-40NiCrMo7	SNCM447	4340
—	17CrNiMo6	—	18NCD6	F.1560-14CrNiMo13	—	—
15Cr	45Cr3	523M15	12C3	—	SCr415（H）	5015
35Cr	34Cr4	530A32	32C4	F.8221-35Cr4	SCr430（H）	5132
40Cr	41Cr4	530M40	42C4	F.1211-41Cr4DF	SCr440（H）（M）	5140
40Cr	42Cr4	530A40	42C4TS	F.1202-42Cr4	SCr440	5140
18CrMn	16MnCr5	527M17	16MC5	F.1516-16MnCr15	—	5115
20CrMn	55Cr3	525A60	55C3	F.1431-55Cr3	SUP9（A）（M）	5155
30CrMn	25CrMo4	708A25	25CD4	F.8330-AM25CrMo4	SCM420	4130
					SCM430	
35CrMo	34CrMo4	708A30	34CD4	F.8331-AM34CrMo4	SCM432	4135；4137
				F.8231-34CrMo4	SCCrM3	
40CrMoA	41CrMo4	708M40	42CD4TS	F.8232-42CrMo4	SCM440	4142
42CrMo	42CrMo4	708A42	42CrMo4	F.8332-AM42CrMo4	SCM440（H）（M）	4140；4142
42CrMnMo				F.8232-42CrMo4		
—	15CrMn5	—	12CD4	F.1551-12CrMo4	SCM415（H）（M）	—
—	13CrMo4-4	1502620-470	15CD4.05	—	STBA20	A387（11；12）
					STBA22	
		1502620-540				
—	32CrMo12	722M24	30CD12	F.124.A	—	—
—	10CrMo9-10	3059-622-490	12CD9-10	TU.H	SFVAF22A；B	A182（F22）A387（22；22L）
		3606-622				
—	14MoV6-3	1503-660-460	14Mo6	F.2621-13MoCrV6	—	K11591
50CrVA	50CrV4	735H51	51CrV4	F.1430-51CrV4	SUP10	6150
—	41CrAIMo7-10	905M39	40CAD6.12	F.1740-41CrAlMo7	SACM1	E7140
—	39CrMoV13-9	897M39	—	—	—	—

2. 工具钢

中国 GB	德国 DIN	英国 BS	法国 NF	西班牙 UNE	日本 JIS	美国 ASTM
T10	C105W1	—	Y1105	F.5117	SK3	W110
T12A	C125W	—	Y2120	F.5123（C120）	SK–2	W112
CrV；9SiCr	100Cr6	2S135	100C6	F.1310–100Cr6	SUJ2	52100
Cr12	X210Cr12	BD3	X200Cr12	X210Cr12	SKD1	D3
4Cr5MoVSi	X40CrMoV5–1	BH13	Z40CDV5	X40CrMoV5	SKD61	H13
Cr6WV	X100CrMoV5–1	BA2	Z100CDV5	X100CrMoV5	SKD12	A2
CrWMo	105WCr6	—	105WC13	105WCr5	SKS31	—
					SKS2；SKS3	
Cr12W	X210CrW12	—	X210CrW12–1	X210CrW12	—	—
5CrNiMo	45WCrV7	BS1	45WCrV8	45WCrSi8	—	S1
3Cr2W8V	X30WCrV9–3	BH21	Z30WCV9	X30WCrV9	SKD5	H21
Cr12MoV	X165CrMoV12	—	—	X160CrMoV12	—	—
5CrNiMo	55NiCrMoV6	BH224/5	55NCDV7	F.250.S	SKT4	L6
V	100V1	BW2	Y1105V	—	SKS43	W210
W6Mo5Cr4V2Co5	S6–5–2–5	BM35	HS6–5–2–5HC	6–5–2–5	SKH55	—
W18Cr4VCo5	S18–1–2–5	BT4	Z80WKCV	18–1–1–5	SKH3	T4
			18–05–04–01			
W6Mo5Cr4V2	S6–5–2	BM2	Z85WDCV	6–5–2	SKH51	M2
			06–05–04–02			
—	S2–9–2	—	Z100WCWV	2–9–2	—	M7
			09–02–04–02			
W18Cr4V	S18–0–1	BT1	Z80WCV	18–0–1	SKH2	T1
			18–04–01			
W6Mo5Cr4V3	S6–5–3	—	HS6–5–4	6–5–3	SKH52	M3
—	HS2–9–1–8	BM42	HS2–9–1–8	2–10–1–8	SKH59	M42

3. 不锈钢

中国 GB	德国 DIN	英国 BS	法国 NF	西班牙 UNE	日本 JIS	美国 ASTM
06Cr13	X6Cr13	403S17	Z8C12	F.3110–X6Cr13	SUS403	403
12Cr12						
—	X7Cr14	—	Z8C13FF	F.8401–AM–X12Cr13	SUS410S	410S
12Cr13	X12Cr13	410S21	Z10C13	F.3401– X10Cr13	SUS410	410
06Cr17	X6Cr17	430S17	Z8C17	F.3113–X6Cr17	SUS430	430

续表

中国 GB	德国 DIN	英国 BS	法国 NF	西班牙 UNE	日本 JIS	美国 ASTM
20Cr13	X20Cr13	420S37	Z20C13	F.3402-X20Cr13	SUS420J1	420
—	GX20Cr14	420C29	Z20C13M	—	SCS2	—
40Cr13	X46Cr13	420S45	Z44C14	F.3405-X45Cr13	SUS420J2	—
			Z38C13M			
10Cr17Ni2	X17CrNi16-2	431S29	Z15CN16-02	F.3427-X19CrNi17 2	SUS431	431
Y10Cr17	X14CrMoS17	—	Z13CF17	F.3117-X10CrS17	SUS430F	430F
10Cr17Mo	X6CrMo17-1	434S17	—	F.3116-X6CrMo17 1	SUS434	434
—	X3CrNiMo13-4	425C11	Z4CND13.4M	—	SCS5	CA6-NM
—	GX5CrNiMo19-11-2	316C16	—	F.8414-AM- X7CrNiMo20 10	SCS14	CF-8M
40Cr9Si2	X45CrSi9-3	401S45	Z45CS9	F.3220-X4SCrSi09-03	SUH1	HNV3
06Cr13Al	X6CrAl13	405S17	Z8CA12	F.3111-X6CrAl13	SUS405	405
12Cr17	X6Cr17	430S17	Z8C17	F.3113-X6Cr17	SUS430	430
80Cr20Si2Ni	X80CrNiSi20	443S65	Z80CNS20-02	F.3222-X80CrSiNi20-02	SUH4	HNV6
20Cr25N	X10CrAl24	—	Z12CAS25	F.3154-X10CrAl24	SUH446	446
06Cr19Ni10	X5CrNi18-10	304S15	Z6CN18-09	F.3504-X5CrNi18 10	SUS304	304
10Cr18Ni9MoZr	X8CrNiS18-9	303S22	Z8CNF18-09	F.3508-X10CrNiS18-09	SUS303	303
0Cr19Ni10	X2CrNi19-11	304S11	Z1CN18-12	F.3503-X2CrNi18 10	SCS19	304L
—	GX5CrNi19-10	304C15	Z6CN18.10M	—	SCS13	CF-8
12Cr17Ni7	X10CrNi18-8	302S26	Z11CN17-08	F.3517-X12CrNi17 7	SUS301	301
—	X2CrNiN18-10	304S61	Z3CN18-07Az	F.3541- X2CrNiN18 10	SUS304LN	304LN
06Cr19Ni9	X5CrNi189	304S31	Z6CN18.09	—	SUS304	304
06Cr17Ni11Mo2	X5CrNiMo17-12-2	316S13	Z3CND17-11-01	F.3534-X5CrNiMo17 12 2	SUS316	316
022Cr17Ni13Mo2	X2CrNiMoN17-13-3	316S63	Z3CND17-12Az	F.3543-X2CrNiMoN17 13 3	SUS316LN	316LN
06Cr27Ni12Mo3	X2CrNiMo17-12-2	316S11	Z2CDN17-12	F.3533-X2CrNiMo17 13 2	SUS316L	316L
022Cr19Ni13Mo3	X2CrNiMo18-15-4	317S12	Z2CND19-15-04	F.3539-X2CrNiMo18 16 4	SUS317L	317L
—	X3CrNiMoN27-5-2	—	Z5CND27-05Az	F.3309-X8CrNiMo27-05	SUS329J1	329
10Cr18Ni9Ti	X6CrNiTi18-10	321S31	Z6CNT18-10	F.3523-X6CrNiTi18 10	SUS321	321
10Cr18Ni11Nb	X6CrNiNb18-10	347S20	Z6CNNb18-10	F.3524-X6CrNiNb18 10	SUS347	347

续表

中国 GB	德国 DIN	英国 BS	法国 NF	西班牙 UNE	日本 JIS	美国 ASTM
06Cr18Ni12Mo2Ti	X6CrNiMoTi17-12-2	320S18	Z6NDT17-12	F.3535-X6CrNiMoTi17 12 2	—	316Ti
—	GX5CrNiMoNb19-11-2	318C17	Z4CNDNb18.12M	—	SCS22	—
10Cr17Ni12Mo3Nb	X10CrNiMoNb18-12	—	—	—	—	318
15Cr23Ni13	X15CrNiSi20-12	309S24	Z9CN24-13	F.3312-X15CrNiSi20-12	SUH309	309
0Cr25Ni20	X8CrNi25-21	310S24	Z8CN25-20	—	SUS310S	310S
	X12NiCrSi36-16	NA17	Z20NCS33-16	F.3313- X12CrNiSi36-16	SUH330	330
—	GX40NiCrSi38-19	330C11	—	—	SCH15	—
5Cr2Mn9Ni4N	X53CrMnNiN21-9	349S54	Z53CMNS21-09 Az	F.3217-X53CrMnNiN21-9	SUH35	EV8
10Cr18Ni9Ti	X12CrNiTi18-9	321S51	Z6CNT18-10	—	SUS321	321

4. 铸铁

中国 GB	德国 DIN	英国 BS	法国 NF	西班牙 UNE	日本 JIS	美国	
						UNS	AWS
灰铸铁							
HT100	сч10	EN-GJL-100	GG 10	—	FC100	F11401	No.20
HT150	сч15	EN-GJL-150	GG 15	—	FC150	F11701	No.25
HT200	сч18 сч20 сч21	EN-GJL-200	GG 20	—	FC200	F12101	No.30
HT250	сч24 сч25	EN-GJL-250	GG 25	—	FC250	F12801	No.35 No.40
HT300	сч30	EN-GJL-300	GG 30	—	FC300	F13101	No.45
HT350	сч35	EN-GJL-350	GG 35	—	FC350	F13501	No.50
—	—		GG 40	—	—	F14101	No.60
球墨铸铁							
—	—	350/22	—	—	FCD350-22	—	—
QT400-15	GGG-40	370/17	EN-GJS-400-15	—	FCD400-15	—	—
QT400-18	—	400/18	EN-GJS-400-18	—	FCD400-18	F32800	60-40-18
QT450-10	—	450/10	EN-GJS-450-10	—	FCD450-10	F33100	65-45-12
QT500-7	GGG-50	500/7	EN-GJS-500-7	—	FCD500-7	F33800	80-55-06
QT600-3	GGG-60	600/3	EN-GJS-600-3	—	FCD600-3	F3300 F34800	~ 80-55-06 ~ 100-70-03

续表

中国 GB	德国 DIN	英国 BS	法国 NF	西班牙 UNE	日本 JIS	美国	
						UNS	AWS
QT700–2	GGG–70	700/2	EN–GJS–700–2	—	FCD700–2	F34800	100–70–03
QT800–2	GGG–80	800/2	EN–GJS–800–2	—	FCD800–2	F36200	120–90–02
QT900–2	—	900/2	EN–GJS–900–2	—	—	F36200	120–90–02
可锻铸铁							
KTH300–06	—	B30/06	EN–GJMB–300–6	—	FCMB30–06 FCMB27–05	—	—
KTH330–08	GTS–35–10	B32/10	—	—	FCMB31–08	—	—
KTH350–10	—	B35/12	EN–GJMB–350–10	—	FCMB35–10	F22200	32510
KTH370–12	—	—	—	—	（FCMB37）	22400	35018
KTZ450–06	GTS–45–06	P45/06	EN–GJMB–450–6	—	FCMP45–06 FCMP44–06	F23131 F23130	45006 45008
—	—	P10/05	EN–GJMB–500–5	—	FCMP50–05	F23530	50005
KTZ550—04	GTS–55–04	P55/04	EN–GJMB–550–4	—	FCMP55–04	F24130	60004
—	—	P60/03	EN–GJMB–600–3	—	FCMP60–03	F24830	70003
KTZ650–02	GTS–65–02	P65/02	EN–GJMB–650–2	—	FCMP65–02	F25530	80002
KTZ700–02	GTS–70–02	P690/02	EN–GJMB–700–2	—	FCMP70–02	F26230	90001
KTB350–04	GTW–35–04	W35/04	EN–GJMW–350–4	—	FCMW34–04	—	—
KTB380–12	GTW–38–12	W38/12	EN–GJMW–360–13	—	FCMW38–12	—	—
KTB400–05	GTW–40–05	W40/05	EN–GJMW–400–5	—	FCMW40–05	—	—
KTB450–07	GTW–45–07	W45/07	EN–GJMW–450–7	—	FCMW45–07	—	—